材料学シリーズ

堂山 昌男　小川 恵一　北田 正弘
監　修

強相関物質の基礎

原子，分子から固体へ

藤森　淳　著

内田老鶴圃

材料学シリーズ刊行にあたって

科学技術の著しい進歩とその日常生活への浸透が20世紀の特徴であり，その基盤を支えたのは材料である．この材料の支えなしには，環境との調和を重視する21世紀の社会はありえないと思われる．現代の科学技術はますます先端化し，全体像の把握が難しくなっている．材料分野も同様であるが，さいわいにも成熟しつつある物性物理学，計算科学の普及，材料に関する膨大な経験則，装置・デバイスにおける材料の統合化は材料分野の融合化を可能にしつつある．

この材料学シリーズでは材料の基礎から応用までを見直し，21世紀を支える材料研究者・技術者の育成を目的とした．そのため，第一線の研究者に執筆を依頼し，監修者も執筆者との討論に参加し，分かりやすい書とすることを基本方針にしている．本シリーズが材料関係の学部学生，修士課程の大学院生，企業研究者の格好のテキストとして，広く受け入れられることを願う．

監修　　堂山昌男　小川恵一　北田正弘

「強相関物質の基礎」によせて

固体の示す性質はバンド理論によってその大方が説明される．金属電子論上・下（水谷宇一郎著），バンド理論（小口多美夫著），金属電子論の基礎（沖憲典，江口鐵男著）がすでに本シリーズでも刊行されている．

ところが1986年に発見された高温超伝導体の母体物質は，バンド理論の予想に反して絶縁体であり，キャリアーのドーピングにより初めて導電性を示す．この特異な性質は互いに強い相関関係のもとで運動する電子に由来する．強相関物質について実験，理論の両面から世界に先駆け研究を進めてこられたのが藤森淳教授である．本書はその基礎を系統的に解説した得がたい教科書となっている．読者の予備知識として大学1，2年で学ぶ量子力学と固体物理学が求められる．強相関物質の全貌解明にはいくつかのブレークスルーが欠かせない．本書を手がかりに挑戦してみようではありませんか．

小川恵一

まえがき

エレクトロニクス，コンピュータ，通信をはじめとする現在の科学技術は，半導体，金属，磁性体などの固体材料が基盤となって支えているといっても過言ではありません．これらの材料が有効に使われてきた背景には，固体電子論に基づいてこれら固体材料の物性が基礎的に理解され，物性を制御し利用する方法が確立されてきたことがあります．固体電子論は，バンド理論に基づいています．バンド理論では，電子間の相互作用を平均場で置き換えることによって，電子をあたかも相互作用のない粒子のように取り扱い，10^{23} 個の電子の気の遠くなるような多体問題を一電子問題に還元して解いています．最近，半導体素子の設計に「バンド・エンジニアリング」という言葉が聞かれますが，精密化したバンド理論は，必要な機能を設計できるエンジニアリングのレベルに達しているのです．一方，すべての固体材料の物性がバンド理論で説明できるのではありません．遷移金属酸化物をはじめとする，いわゆる強相関物質がそれです．フェライトなどの磁性体，銅酸化物高温超伝導体，巨大磁気抵抗を示す Mn 酸化物や Mn をドープした半導体など，電子間の相互作用が強く，普通のバンド理論が適用できない“強相関物質”です．従来の固体電子論とは異なったアプローチが必要なのです．一方，原子や分子では，電子間の相互作用を正確に取り扱う方法がすでに確立しています．これらの方法や考え方を利用して，固体の一部だけで電子間相互作用を正確に取り入れて多体問題を解くことが有効である場合が多々あります．

以上のような背景のもとに，本書では，まず原子，分子の電子状態から出発して固体を理解するというアプローチを採用します．ほとんどすべての固体物性の教科書が，自由電子近似から出発して，バンド理論に電子間相互作用を徐々に入れていく道筋をとっているのとは全く逆ですが，強相関物質を理解するためにはこのようなアプローチが必要です．このことは，東京大学理学部物理学科のカリキュラム委員会で認識され，4 年前から 3 年生に向けて「物質科学基礎」という講義が開講され，筆者が講義を担当しました．本書の一部，とくに前半はこの講義の内容に基づいています．初歩の量子力学の知識があれば充分に理解し，読み進めるよう，数式や説明を省略しないように心がけました．また，本書の後半は，大学院（新領域創成科学研究科）で行ってきた強相関電子系に関する講義の内容を含んでおり，前半に比較してやや高度ですが，同様に，独力で読み進めるように数式や説明を省略せず図も多用しました．

本書が世に出るきっかけとなったのは，科学技術庁振興調整費のプロジェクト「機能調和酸化物」でご一緒させていただいた小川恵一先生（現横浜市立大学学長）から，酸化物をはじめとする強相関電子系の電子構造研究に役立つ本を書いてみないか，とお誘いを受けたことでした．大変光栄に思っておりましたところ，後日小川先生から，小川先生と堂山昌男先生，北田正弘先生で構成されている材料学シリーズ監修委員会で企画が認められたとのご連絡を受けました．それ以来，2年を越える執筆の間，小川先生には激務の間の貴重なお時間を割いて，実に丁寧に私の原稿を読んでいただき，数多くの適切なご助言をいただきました．先生のご指導がなければ，本書はこのような形で完成しなかったはずで，全く頭の下がる思いがします．

また，本書の内容に関しては，東京大学大学院新領域創成科学研究科 溝川貴司助教授との長年の共同研究や議論に負うところが大きく，原稿に対する貴重なコメントもいただきました．大学院生の和達大樹君には，講義ノートの段階から本書に関して有益なコメント，誤りの訂正などをいただき大変お世話になりました．

最後に，本書の出版にあたって，小川恵一先生とともに，堂山昌男先生，北田正弘先生から多大なご援助をいただきました．また，内田老鶴圃 内田学氏とスタッフの方々には，原稿作成から編集作業まで辛抱強くお世話いただき，深く感謝しております．

2004 年 12 月

藤森　淳

目　次

第1章 はじめに

1

固体，液体は，総称して凝縮系（condensed matter）と呼ばれる原子の集合体である．凝縮系の物性で最も対照的なものは，金属と絶縁体であろう．今，典型的な金属（銅，金属ナトリウムなど）を考え，仮想的に原子間の距離を広げていったとする．原子間距離が充分大きければ，この系は孤立した原子の集合であるから電気は流れないはずである．したがってこの系は，原子間距離の関数として，金属から絶縁体への相転移を起こすはずである．

凝縮系の物性を理解するには，金属側から考える（電子が物質全体を運動している状態から出発する，すなわち自由電子に近い状態から出発する）アプローチと，絶縁体側から考える（電子が各原子に局在している状態，すなわち原子状態から出発する）アプローチが考えられる．両方のアプローチを統合し，すべての物質を統一に記述することが物性物理の究極の目標であるが，そこへの道のりは遠い．まずは，それぞれのアプローチで物質の理解を着実に進めることが，最終目標に近付くために必要である．多くの物性物理学の教科書は前者のアプローチをとっているが，本書では主に後者のアプローチをとる．

本書の構成は以下の通りである．

まず，第2章で原子を舞台にして，電子間相互作用を1電子近似の範囲内で取り扱う方法（Hartree-Fock近似）から，多電子をあらわに取り扱い電子相関をできるだけ正確に取り入れる方法までについて解説する．続く第3章では，これを水素分子をはじめとする分子に拡張する．次に，結晶固体を取り扱う前に，第4章では結晶の周期性の正確な取り扱いは後回しにし，結晶中の遷移金属原子を不純物原子と見た場合の電子状態について述べる．そして第5章で，それらの原子間の相互作用について考察する．

最後の第6章では，結晶の周期性を考慮したバンド理論と，バンド電子に対する電子相関の効果について述べる．

第2章

原子の電子状態

2

2.1 原子軌道

2.1.1 波動関数とエネルギー固有値

水素原子は最も単純な原子であり，波動関数とエネルギー固有値が厳密にわかる唯一の原子でもある．水素原子の発光スペクトルの研究は，量子力学が生まれる発端のひとつになった．水素原子における電子の波動関数 $\phi(\mathbf{r})$ とエネルギー固有値 ε は，**ハミルトニアン演算子**

$$h = \frac{\mathbf{p}^2}{2m} - \frac{e^2}{r} = -\frac{\hbar^2}{2m}\nabla^2 - \frac{e^2}{r} \tag{2.1}$$

を用いた Schrödinger 方程式

$$h\phi(\mathbf{r}) = \varepsilon\phi(\mathbf{r}) \tag{2.2}$$

を解いて得られる．ここで，$-e$ は電子の電荷，m は電子の質量，$\hbar = h/2\pi$（$h \simeq 6.63 \times 10^{-27}$ erg·s：Planck 定数），

$$\mathbf{p} \equiv \frac{\hbar}{i}\nabla \equiv \left(\frac{\hbar}{i}\frac{\partial}{\partial x}, \frac{\hbar}{i}\frac{\partial}{\partial y}, \frac{\hbar}{i}\frac{\partial}{\partial z}\right)$$

は**運動量演算子**，

$$\begin{aligned}\nabla^2 &\equiv \frac{\partial^2}{\partial x^2} + \frac{\partial^2}{\partial y^2} + \frac{\partial^2}{\partial z^2} \\ &= \frac{\partial^2}{\partial r^2} + \frac{2}{r}\frac{\partial}{\partial r} + \frac{1}{r^2}\left[\frac{1}{\sin\theta}\frac{\partial}{\partial\theta}\left(\sin\theta\frac{\partial}{\partial\theta}\right) + \frac{1}{\sin^2\theta}\frac{\partial^2}{\partial\phi^2}\right]\end{aligned}$$

である．

球対称のポテンシャル（中心力ポテンシャル）の中を運動する 1 個の粒子の波動関数は，角度方向の運動（θ, ϕ 依存性）を表す波動関数である球

面調和関数 $Y_l^m(\theta,\phi)$（m, l は整数，ただし $|m| \le l$, $l = 0, 1, 2, ...$）と[1]，動径方向の運動（r 依存性）を表す波動関数（ここでは $R(r)$ と表す）の積で与えられるので，式 (2.2) の解の波動関数 $\phi(\mathbf{r})$ は

$$\phi(\mathbf{r}) = \phi(r,\theta,\phi) = R(r)Y_l^m(\theta,\phi)$$

の形に書ける．ここで，l は**方位量子数**で $\hbar l$ が角運動量 $\hbar\mathbf{l} \equiv \mathbf{r} \times \mathbf{p}$ の大きさを，m は**磁気量子数**で $m\hbar$ が角運動量を量子化軸（ここでは z 軸）に射影した大きさを表す．演算子 $\mathbf{l}^2 = l_x^2 + l_y^2 + l_z^2$ の固有値は $l(l+1)$，演算子 l_z の固有値は m である．

動径方向の波動関数 $R(r)$ は，動径方向の Schrödinger 方程式

$$\begin{aligned} h_l R(r) &= \varepsilon R(r), \\ h_l &\equiv -\frac{\hbar^2}{2m}\left[\frac{d^2}{dr^2} + \frac{2}{r}\frac{d}{dr} - \frac{l(l+1)}{r^2}\right] - \frac{e^2}{r} \end{aligned} \tag{2.3}$$

を満たす．式 (2.3) の解のうち，束縛状態（$r \to \infty$ に対して $R(r) \to 0$ となり，$\varepsilon < 0$ なる固有値をもつ解）の固有関数 $R(r)$ とエネルギー固有値 ε は，

$$\begin{aligned} R_{nl}(r) &= -\left[\left(\frac{2}{na_B}\right)^3 \frac{(n-l-1)!}{2n[(n+l)!]^3}\right]^{1/2} e^{-1/2\rho}\rho^l L_{n+l}^{(2l+1)}(\rho), \\ \varepsilon_{nl} &= \varepsilon_n = -\frac{me^4}{2\hbar^2}\frac{1}{n^2} = -\frac{e^2}{2a_B}\frac{1}{n^2} \end{aligned} \tag{2.4}$$

（$n \ge l+1$）で与えられる．ここで，n は主量子数，$a_B \equiv \hbar^2/me^2 = 0.053$ nm は Bohr 半径，$e^2/a_B = 27.2$ eV は Rydberg 定数，$\rho \equiv 2r/na_B$ である．$L_{n+l}^{(2l+1)}(\rho)$ は

$$L_{n+m}^{(m)}(z) \equiv \frac{d^m}{dz^m}\left[e^z \frac{d^{n+m}}{dz^{n+m}}(z^{n+m}e^{-z})\right]$$

で定義される Laguerre の陪多項式である．図 2.1 に，いろいろな値の量子数 n, l に対する $rR_{nl}(r)$ を示す．$n-l-1$ は動径方向の波動関数の節（波動関数 $\phi(\mathbf{r})$ の値がゼロになる面）の数を与える．

---

[1] 例えば，寺澤寛一：数学概論（岩波書店，1954 年）．

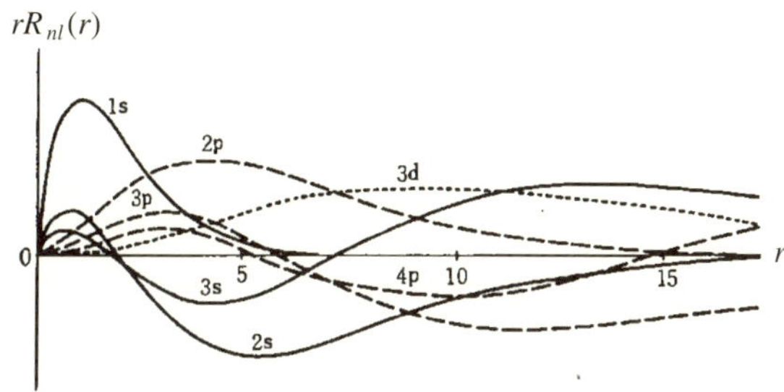

図 2.1: 水素元素の動径方向波動関数 $rR_{nl}(r)$ のプロット．横軸 r の単位は Bohr 半径 [小出昭一郎：量子論（裳華房，1968 年）]．

式 (2.4) が示すように，水素原子は $n \to \infty$ でエネルギー固有値 ε が 0（真空準位）に収束する無限個の固有状態（Rydberg 系列）をもつ．これは，クーロン・ポテンシャル $V(r) = -e^2/r$（式 (2.1)）が遠方まで及ぶためである．

Rydberg 系列は，複数個の電子をもつ一般の中性原子や陽イオンにおいても存在する．なぜなら，中性原子中のある電子が充分大きな r で感じるポテンシャルは，原子に残された $+e$ の電荷のつくるクーロン・ポテンシャル $-e^2/r$ に漸近するからである．陽イオンの場合は，イオンの電荷を $+ne$ とすると，充分大きな r で電子の感じるポテンシャルは，イオンに残された $+(n+1)e$ の電荷のつくるクーロン・ポテンシャル $-(n+1)e^2/r$ である．しかし，凝縮系中では，ある原子のクーロン・ポテンシャルは他の原子の電子や原子核の動きにより遮蔽されるので，それぞれの原子は有限個の束縛状態しかもたない．

水素原子では，電子のエネルギー固有値 ε は n にのみ依存するが，一般の原子では，エネルギー固有値 ε は n と l の両方に依存する．動径方向の波動関数 $R(r)$ は，各原子で異なるポテンシャルを反映して異なるが，角度方向の波動関数は共通して球面調和関数 $Y_l^m(\theta, \phi)$ である．$Y_l^m(\theta, \phi)$ の具体的な形は，

$$Y_0^0 = 1/\sqrt{4\pi}, \tag{2.5}$$

$$Y_1^0 = \sqrt{\frac{3}{4\pi}}\cos\theta, \qquad Y_1^{\pm 1} = \mp\sqrt{\frac{3}{8\pi}}\sin\theta e^{\pm i\phi}, \tag{2.6}$$

$$\begin{aligned} Y_2^0 &= \sqrt{\frac{5}{16\pi}}(3\cos^2\theta - 1), \qquad Y_2^{\pm 1} = \mp\sqrt{\frac{15}{8\pi}}\sin\theta\cos\theta e^{\pm i\phi}, \\ Y_2^{\pm 2} &= \sqrt{\frac{15}{32\pi}}\sin^2\theta e^{\pm 2i\phi} \end{aligned} \tag{2.7}$$

で与えられる．

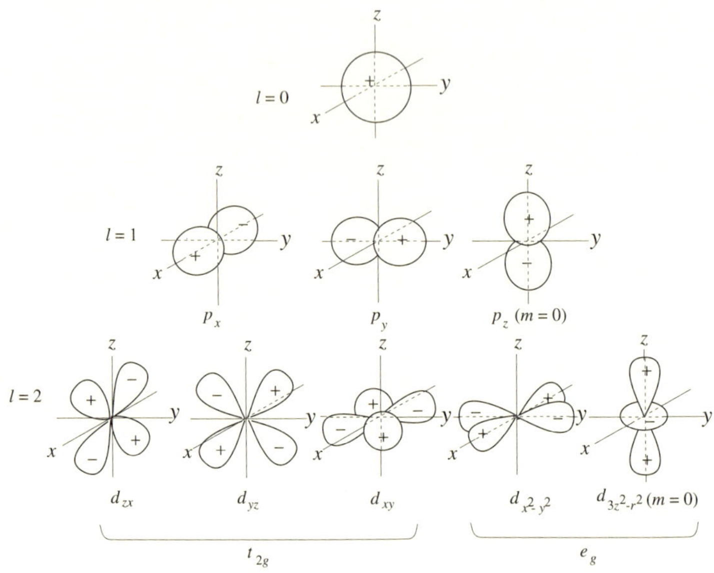

図 2.2: 角度方向の波動関数 $Y_l^m(\theta,\phi)$（$l = 0, 1, 2$）の形状と符号．$m = 0$ については Y_l^0 そのものを，$m \neq 0$ については，Y_l^m を線型結合 $Y_l^m \pm Y_l^{-m}$ をとることによって実数化したもの（式 (2.8), (2.9)）を示す．

Y_l^0 は実数となり，その節（波動関数 $\phi(\mathbf{r})$ の値が 0 になる面）の数は l である．Y_l^m（$m \neq 0$）も線型結合 $Y_l^m \pm Y_l^{-m}$ をとることによって実数化（あるいは純虚数化）され，同じく l 個の節をもつ．$l = 1$（p 軌道）は

$$\begin{aligned} Y_1^0 &\propto z, \\ \frac{1}{\sqrt{2}}[Y_1^1 \pm Y_1^{-1}] &\propto x, y, \end{aligned} \tag{2.8}$$

と実数化される．これらに動径方向の波動関数 $R(r)$ をかけた波動関数（原子軌道）を，それぞれ $\phi_{p_z}, \phi_{p_x}, \phi_{p_y}$ と表すことにする．$l=2$（d 軌道）は

$$Y_2^0 \propto 3z^2 - r^2, \qquad \frac{1}{\sqrt{2}}[Y_2^1 \pm Y_2^{-1}] \propto yz, zx,$$
$$\frac{1}{\sqrt{2}}[Y_2^2 + Y_2^{-2}] \propto x^2 - y^2, \qquad \frac{1}{\sqrt{2}}[Y_2^2 - Y_2^{-2}] \propto xy \tag{2.9}$$

と実数化される．これらに動径方向の波動関数 $R(r)$ をかけた波動関数（原子軌道）を，$\phi_{d_{3z^2-r^2}}, \phi_{d_{zx}}, \phi_{d_{yz}}, \phi_{d_{x^2-y^2}}, \phi_{d_{xy}}$ と表すことにする．これら実数化された角度方向の波動関数の形状を図 2.2 に示す．

2.1.2 スピンと Zeeman 効果

原子からの発光線が磁場中で分裂する現象（**Zeeman 効果**）は，量子力学の誕生する以前に発見され，その研究が量子力学の発展の原動力となり，さらにはスピンの発見につながった[2]．電子の運動は，スピンまで考慮すると，$\phi(\mathbf{r})$ で表される実空間における軌道運動の自由度の他に，複素 2 次元ベクトル $\chi(s)$ で表されるスピン空間における運動の自由度をもち，電子の波動関数はそれらの積 $\psi(\mathbf{x}) = \phi(\mathbf{r})\chi(s)$ で与えられることが導かれる[3]．ここで，s は**スピン座標**で，$s=1,2$ の値をとる．電子の位置座標 $\mathbf{r}$ とスピン座標 s を併せて，$\mathbf{x} \equiv (\mathbf{r}, s)$ と表記する．**スピン角運動量演算子** $\hbar\mathbf{s}$ の z 成分 $\hbar s_z$ の固有関数で固有値が $\hbar m_s = \pm\frac{\hbar}{2}$ となるものを $\chi_\uparrow(s)$, $\chi_\downarrow(s)$ を表すと，

$$\chi_\uparrow \equiv \begin{pmatrix} \chi_\uparrow(1) \\ \chi_\uparrow(2) \end{pmatrix} = \begin{pmatrix} 1 \\ 0 \end{pmatrix},$$
$$\chi_\downarrow \equiv \begin{pmatrix} \chi_\downarrow(1) \\ \chi_\downarrow(2) \end{pmatrix} = \begin{pmatrix} 0 \\ 1 \end{pmatrix} \tag{2.10}$$

で与えられる．

---

[2] 朝永振一郎：スピンはめぐる（中央公論社，1974 年）．

[3] ハミルトニアン演算子 h が，軌道部分 h_o とスピン部分 h_s の和で表され（$h = h_o + h_s$），軌道とスピンの相互作用がない（$h_{s-o} = 0$）とき，波動関数は軌道部分とスピン部分の積で表される．もし，$h_{s-o} \neq 0$ ならば，より一般的に $\psi(\mathbf{x}) = \sum_{\gamma,\sigma} c_{\gamma\sigma}\phi_\gamma(\mathbf{r})\chi_\sigma(s)$（$c_{\gamma\sigma}$：展開係数）と展開する必要がある．

$$s_z\chi_\uparrow(s)=\frac{1}{2}\chi_\uparrow(s),$$
$$s_z\chi_\downarrow(s)=-\frac{1}{2}\chi_\downarrow(s)$$

であるから，s_z は行列表示で

$$s_z=\begin{pmatrix}\sum_s\chi_\uparrow(s)s_z\chi_\uparrow(s) & \sum_s\chi_\uparrow(s)s_z\chi_\downarrow(s)\\ \sum_s\chi_\downarrow(s)s_z\chi_\uparrow(s) & \sum_s\chi_\downarrow(s)s_z\chi_\downarrow(s)\end{pmatrix}=\begin{pmatrix}\frac{1}{2} & 0\\ 0 & -\frac{1}{2}\end{pmatrix}$$

となる．

外部磁場 $\mathbf{H}$ 中の電子のハミルトニアン演算子は，ベクトル・ポテンシャル $\mathbf{A}$（$\mathbf{H}=\mathrm{rot}\mathbf{A}$）を用いて $\mathbf{p}\to\mathbf{p}+\frac{e}{c}\mathbf{A}$ の置き換えを行い，スピンの磁気モーメント $-2\mu_B\mathbf{s}$ と外部磁場 $\mathbf{H}$ の相互作用エネルギー $2\mu_B\mathbf{s}\cdot\mathbf{H}$ を加えたものである．ここで，$\mu_B\equiv e\hbar/2mc$ は電子の Bohr 磁子，電子の g 因子は $g=2.0$ である．したがって，式 (2.1) で

$$-\frac{\hbar^2}{2m}\nabla^2\to-\frac{\hbar^2}{2m}\nabla^2-\frac{ie\hbar}{2mc}\mathbf{A}\cdot\nabla-\frac{ie\hbar}{2mc}\mathrm{div}\mathbf{A}+\frac{e^2}{2mc^2}A^2+2\mu_B\mathbf{s}\cdot\mathbf{H} \tag{2.11}$$

の置き換えを行う．z 軸に平行な磁場 $\mathbf{H}=(0,0,H)$ を与えるベクトル・ポテンシャルとして $\mathbf{A}=(-Hy/2,Hx/2,0)$ を採用すると，ハミルトニアン演算子は軌道角運動量 $\hbar\mathbf{l}$ を用いて

$$h=\frac{\mathbf{p}^2}{2m}-\frac{e}{r}+\mu_B\mathbf{l}\cdot\mathbf{H}+2\mu_B\mathbf{s}\cdot\mathbf{H}+\frac{e^2}{2mc^2}A^2 \tag{2.12}$$

と書けることが示される[4]．式 (2.12) は，電子の軌道運動による磁気モーメントが $-\mu_B\mathbf{l}$ であることを示しており，電子が原子核の回りで古典的な円運動をしている描像と一致している．式 (2.12) の右辺の $\mathbf{H}$ に比例する 2 つの項は，磁場中のエネルギー準位の分裂 **Zeeman 分裂**を表す．ここでは簡単のため，スピン-軌道相互作用（$h_{s-o}=\lambda(\mathbf{l}\cdot\mathbf{s})$）は無視している．図 2.3 に，スピン-軌道相互作用を無視した場合の Zeeman 分裂を示す．A^2 の項は，磁場により系のエネルギーが上がるので，磁束を系から排除する方向に働き，**反磁性**を表す．

---

[4] 例えば，ランダウ，リフシッツ：量子力学 2（東京図書，1970 年）p.489.

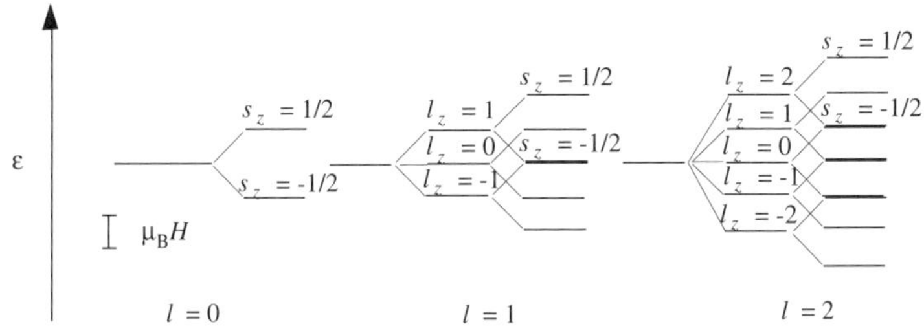

図 2.3: 原子軌道の Zeeman 分裂．それぞれの l について左より，磁場のないとき，軌道のみを考えたときの Zeeman 分裂，軌道とスピンを考えた Zeeman 分裂．反磁性の効果（式 (2.12) の A^2 項によるエネルギーの上昇）は省略されている．

2.1.3 結晶場分裂

自由原子ではポテンシャルが球対称であるために，同じ n, l をもち m が異なる原子軌道のエネルギーは縮退している．したがって，n, l が同じで m が異なる波動関数の線型結合も Schrödinger 方程式の固有関数である．しかし，磁場，電場，結晶場などの外場中に原子が置かれると，m に関する縮退が解け，外場の対称性に応じて特定の m の波動関数の線型結合が固有関数となる．z 方向の一様な磁場の効果は，第 2.1.2 節で述べた通りである．一様な電場のもとでは，エネルギー固有値が $|m|$ に依存するように縮退が解ける．これは **Stark 効果**と呼ばれる．

原子が分子中あるいは結晶中で他の原子に囲まれると，中心原子の電子は，周囲の原子（とくに，最近接の非金属原子は**配位子**（ligands）と呼ば

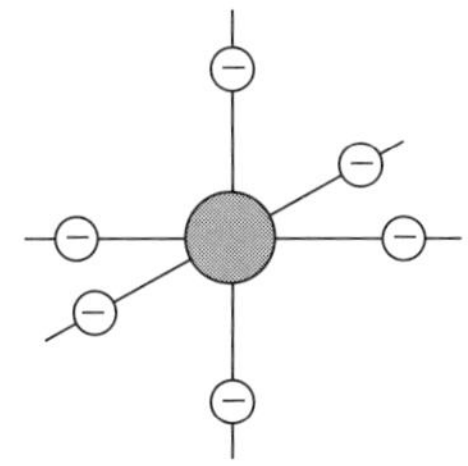

図 2.4: $\pm x$，$\pm y$，$\pm z$ 方向の等距離にある同じ大きさの負の点電荷に囲まれた遷移金属イオン（灰色丸）．遷移金属 d 軌道が立方対称の結晶場を感じる．

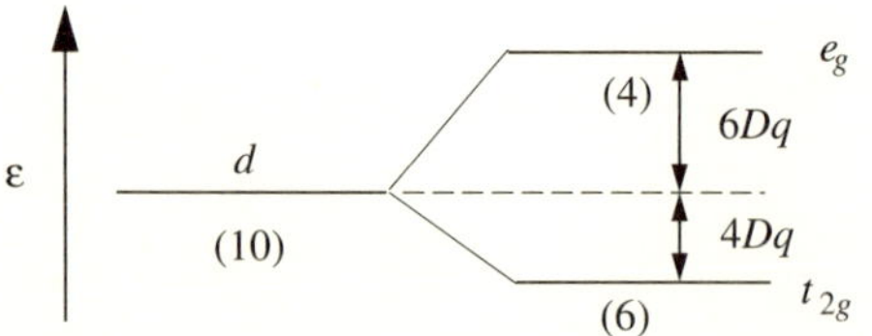

図 2.5: 図 2.4 の結晶場による d 原子軌道の分裂.（ ）内の数字はスピンも含めた縮退度.

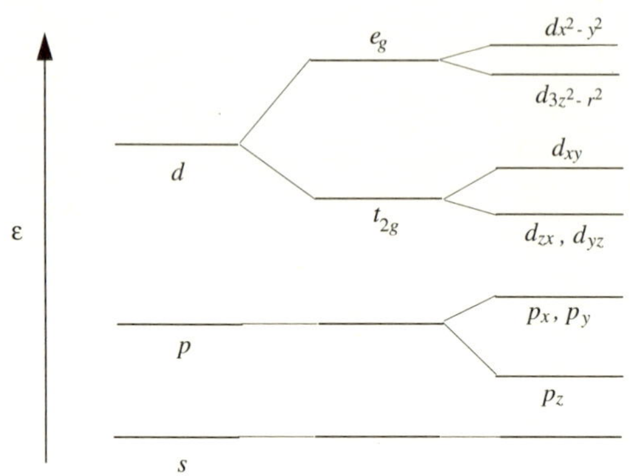

図 2.6: 一軸性ポテンシャルによる s，p 原子軌道，e_g，t_{2g} 軌道の分裂.

れる）の原子核や電子から異方的な（球対称からずれた）ポテンシャルを感じる．このポテンシャルの球対称からのずれを**結晶場**（crystal field）という．結晶場が立方対称性をもつ場合，$l=1$ の軌道（p 軌道）は式 (2.8) に示すように，互いに等価な軌道になるので分裂しない．$l=2$ の軌道（d 軌道）は，式 (2.9) に示した波動関数が，$\phi_{d_{xy}}$，$\phi_{d_{yz}}$，$\phi_{d_{zx}}$ からなる 3 重縮退したエネルギー準位（t_{2g} 準位）と，$\phi_{d_{x^2-y^2}}$，$\phi_{d_{3z^2-r^2}}$ からなる 2 重縮退した準位（e_g 準位）に分裂する[5]．立方対称の結晶場の典型例として，

[5] 立方対称場において 2 つの e_g 軌道が縮退していることはただちには理解し難いが，立方対称のポテンシャル形状を変えない回転操作，例えば x 軸の回りの 90° 回転のもとで，$\phi_{3z^2-r^2} \to -\frac{3}{2}\phi_{x^2-y^2} - \frac{1}{2}\phi_{3z^2-r^2}$，$\phi_{x^2-y^2} \to \frac{1}{2}\phi_{x^2-y^2} - \frac{1}{2}\phi_{3z^2-r^2}$ のように，両者の線型結合の範囲で変換されることから，これらの軌道が縮退していることがわかる.

原点より等距離の $\pm x$，$\pm y$，$\pm z$ 方向に置かれた負の点電荷による結晶場（図 2.4）に対する，d 軌道の分裂の様子を図 2.5 に示す．$10Dq$ は分裂の大きさを表すパラメータである[6]．

さらに，z 方向に 1 軸性のポテンシャルが加わり，結晶場の対称性が低下すると，図 2.6 に示すように，$l = 1$ 準位は縮退のない準位（ϕ_{p_z}）と 2 重縮退した準位（ϕ_{p_x}, ϕ_{p_y}）に分裂する．e_g 準位は 2 つに，t_{2g} 準位も 2 つ（縮退のない $\phi_{d_{xy}}$ と 2 重縮退した $\phi_{d_{yz}}$, $\phi_{d_{zx}}$）に分裂する．図では，$\pm z$ 方向の負電荷（図 2.4 参照）が遠ざかった場合の準位の分裂の様子を示している．これら縮退度の低下した軌道は，固体物性で重要な役割を果たす．

同じ立方対称の結晶場でも，図 2.7(a) に示すような立方体の頂点に置かれた点電荷による結晶場の場合は，結晶場分裂は図 2.8 に示すように，

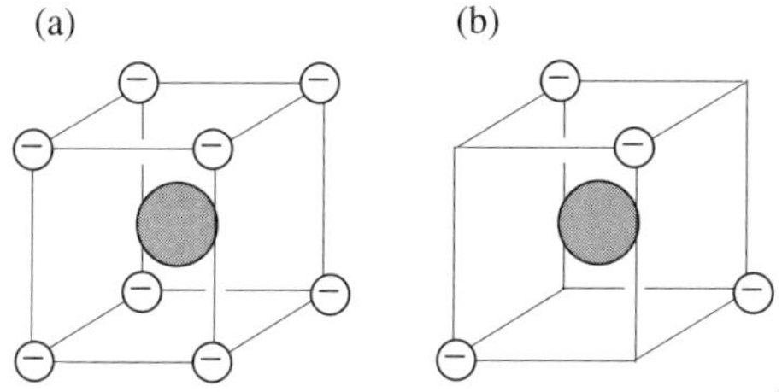

図 2.7: 立方体の頂点に位置する負の点電荷に囲まれた遷移金属イオン（灰色丸）．(a) ではすべての頂点に，(b) は 1 個おきに点電荷が置かれている．

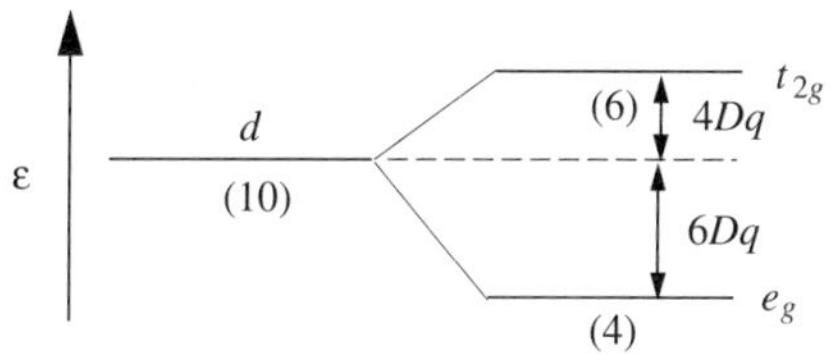

図 2.8: 図 2.7 の結晶場による d 原子軌道の分裂．(　) 内の数字はスピンも含めた縮退度．

[6] D は点電荷の大きさに比例する量，q は d 軌道の波動関数の広がりを表す量であるが，通常は「$10Dq$」のように 1 つにまとめて用いる [上村洸，菅野暁，田辺行人：配位子場理論とその応用 (裳華房，1969 年)，p.31]．

e_g 準位と t_{2g} 準位が逆になる．図 2.7(b) のような頂点 1 個おきの点電荷の場合には，対称性は正四面体に低下するが，結晶場分裂は同じく図 2.8 のようになる．ただし，正四面体対称の場合は，t_{2g}, e_g の代わりに t_2, e を用いる習慣になっている[7].

2.1.4 混成軌道

水素原子の場合は，同じ n と異なった l をもつすべての軌道が縮退しているので，これらの原子軌道の線型結合もエネルギー固有状態と考えられる．このように，原子軌道の線型結合で作られる規格直交系は**混成軌道**（hybrid）と呼ばれ，とくに有機物中の炭素，窒素，酸素原子の軌道を記述するのによく用いられる．混成軌道を用いる利点は，波動関数の広がりに明らかな方向性をもっているので，化学結合を考えるのに便利なことである．

代表的な混成軌道として，s 軌道と p 軌道の線型結合である sp 混成軌道，sp^2 混成軌道，sp^3 混成軌道があり，図 2.9 に示すような形状をもつ．規格化された s 原子軌道 ϕ_s，p 原子軌道 ϕ_{p_x}，ϕ_{p_y}，ϕ_{p_z} を用いる．sp 混成軌道

$$\begin{aligned}\phi_+ &= (1/\sqrt{2})(\phi_s + \phi_{p_x}),\\ \phi_- &= (1/\sqrt{2})(\phi_s - \phi_{p_x})\end{aligned} \tag{2.13}$$

は互いに 180° をなす 2 方向に伸びている．sp^2 混成軌道

$$\begin{aligned}\phi_0 &= \sqrt{1/3}\phi_s + \sqrt{2/3}\phi_{p_x},\\ \phi_1 &= \sqrt{1/3}\phi_s - \sqrt{1/6}\phi_{p_x} + \sqrt{1/2}\phi_{p_y},\\ \phi_2 &= \sqrt{1/3}\phi_s - \sqrt{1/6}\phi_{p_x} - \sqrt{1/2}\phi_{p_y}\end{aligned} \tag{2.14}$$

は互いに 120° をなす 3 方向に伸びている．sp^3 混成軌道

$$\begin{aligned}\phi_{(111)} &= (1/2)(\phi_s + \phi_{p_x} + \phi_{p_y} + \phi_{p_z}),\\ \phi_{(\underline{11}1)} &= (1/2)(\phi_s - \phi_{p_x} - \phi_{p_y} + \phi_{p_z}),\end{aligned}$$

[7] t_{2g}, e_g の添え字 g は空間反転に対して符号を変えない（gerade）という意味で，符号を変える u（ungerade）と対照される．正四面体対称性の場合，空間反転は対称操作ではないので，g，u の区別は意味をもたない．

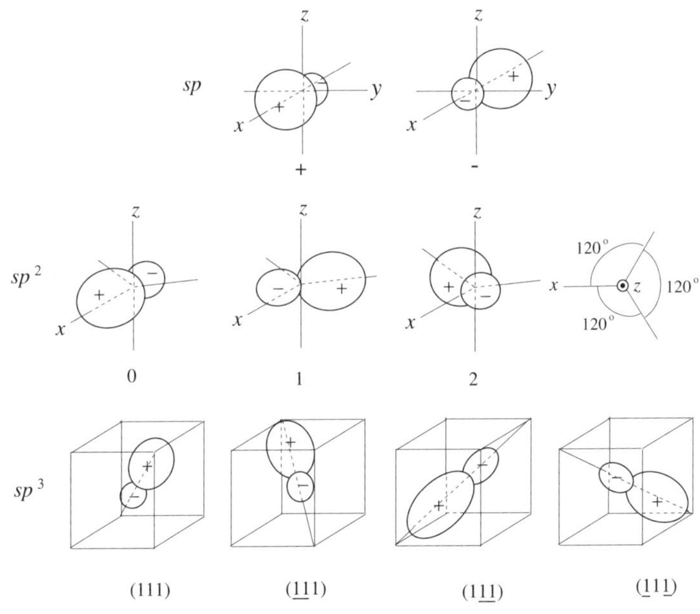

図 2.9: sp, sp^2, sp^3 混成軌道の波動関数（式 (2.13)-(2.15)）の形状．3 個の sp^2 混成軌道は互いに 120° をなす．

$$\phi_{(1\underline{1}\underline{1})} = (1/2)(\phi_s + \phi_{p_x} - \phi_{p_y} - \phi_{p_z}),$$
$$\phi_{(\underline{1}1\underline{1})} = (1/2)(\phi_s - \phi_{p_x} + \phi_{p_y} - \phi_{p_z}) \quad (2.15)$$

は正四面体の頂点 4 方向に向かって伸びている．sp 混成軌道，sp^2 混成軌道，sp^3 混成軌道は，それぞれ 2 回対称性，平面 3 回対称性，正四面体対称性をもつ構造に対する対称操作で互いに入れ替わるような基底関数として導かれたものであり，式 (2.13)-(2.15) に現れる $1/\sqrt{2}$, $\sqrt{2/3}$, ... などの係数は，混成軌道が規格直交系となるように定められた（付録 A）．原子軌道から混成軌道を系統的に導出するには群論を用い，より複雑な混成軌道も求められる．その方法については，付録 A に述べる．

ここで，水素原子以外では上記の**混成軌道は原子のエネルギーの固有状態でない**ことに注意が必要である．例えば sp^3 混成軌道の 1 つ $\phi_{(111)}$（式 (2.15)）に原子のハミルトニアン演算子 h を作用させると，

$$h\phi_{(111)} = \frac{1}{2}[\varepsilon_s\phi_s + \varepsilon_p(\phi_{p_x} + \phi_{p_y} + \phi_{p_z})]$$

となり，$\varepsilon_s = \varepsilon_p$ でない限り $\phi_{(111)}$ は h の固有関数ではないことが示される．4 個の sp^3 混成軌道（式 (2.15)）を基底関数とした h の行列表示が，

$$h = \begin{pmatrix} \frac{1}{4}\varepsilon_s + \frac{3}{4}\varepsilon_p & \frac{1}{4}(\varepsilon_s - \varepsilon_p) & \frac{1}{4}(\varepsilon_s - \varepsilon_p) & \frac{1}{4}(\varepsilon_s - \varepsilon_p) \\ \frac{1}{4}(\varepsilon_s - \varepsilon_p) & \frac{1}{4}\varepsilon_s + \frac{3}{4}\varepsilon_p & \frac{1}{4}(\varepsilon_s - \varepsilon_p) & \frac{1}{4}(\varepsilon_s - \varepsilon_p) \\ \frac{1}{4}(\varepsilon_s - \varepsilon_p) & \frac{1}{4}(\varepsilon_s - \varepsilon_p) & \frac{1}{4}\varepsilon_s + \frac{3}{4}\varepsilon_p & \frac{1}{4}(\varepsilon_s - \varepsilon_p) \\ \frac{1}{4}(\varepsilon_s - \varepsilon_p) & \frac{1}{4}(\varepsilon_s - \varepsilon_p) & \frac{1}{4}(\varepsilon_s - \varepsilon_p) & \frac{1}{4}\varepsilon_s + \frac{3}{4}\varepsilon_p \end{pmatrix} \tag{2.16}$$

となることからも，$\varepsilon_s = \varepsilon_p$ でない限り混成軌道が原子の固有関数でないことがわかる．しかし，原子が他の原子と強い化学結合（結合エネルギーが $|\varepsilon_s - \varepsilon_p|$ に比べて充分大きい化学結合）を作る場合には，式 (2.16) の非対角要素を無視して混成軌道を考えるのが便利である．ホウ素，炭素，シリコン，ゲルマニウム等は，最外殻の s 軌道と p 軌道のエネルギー差が小さく，混成軌道をつくりやすい．これらの元素が分子中や結晶中で 3 配位，4 配位されやすいのは，sp^2, sp^3 混成軌道をつくりやすいことで説明される．

sp 混成軌道に直交する p_x, p_y 軌道，sp^2 混成軌道に直交する p_z 軌道は π 軌道と呼ばれ，2 重結合や，分子性結晶の電気伝導に寄与する．

2.2 Hartree-Fock 近似

以下では複数の電子をもつ一般の原子について述べる．$Z = 2$ 以上の原子番号をもつ中性原子（同様に，$Z = 3$ 以上の 1 価の陽イオン，$Z = 4$ 以上の 2 価の陽イオン，.... など）は 2 個以上の電子をもつ．電子数を n,[8] 電子 i（$i = 1, ..., n$）の位置座標を $\mathbf{r}_i$，スピン座標を s_i（$\mathbf{r}_i$ と s_i を併せて $\mathbf{x}_i \equiv (\mathbf{r}_i, s_i)$ と表記）とすると，n 電子系の波動関数 $\Psi_n(\mathbf{x}_1, \mathbf{x}_2, ..., \mathbf{x}_n)$ とエネルギー固有値 E_n は，n 電子系のハミルトニアン演算子 H_n に対する Schrödinger 方程式，

[8] 中性原子の場合は $n = Z$，1 価の陽イオンの場合は $n = Z - 1$，など．

$$H_n\Psi_n(\mathbf{x}_1,...,\mathbf{x}_n) = E_n\Psi_n(\mathbf{x}_1,...,\mathbf{x}_n),$$

$$\begin{aligned}H_n &\equiv H_0 + H' \\ &= \sum_{i=1}^{n}\left[\frac{\mathbf{p}_i^2}{2m} - \frac{Ze^2}{r_i}\right] + \sum_{i>j=1}^{n}\frac{e^2}{r_{ij}} = \sum_{i=1}^{n}\left[-\frac{\hbar^2}{2m}\nabla_i^2 - \frac{Ze^2}{r_i}\right] + \sum_{i>j=1}^{n}\frac{e^2}{r_{ij}} \\ &\equiv \sum_{i=1}^{n}h_i + \sum_{i>j=1}^{n}v_{ij} = \sum_{i=1}^{n}h_i + \frac{1}{2}\sum_{i\neq j=1}^{n}v_{ij}\end{aligned} \tag{2.17}$$

を解いて得られる．ここで，$H_0 \equiv \sum_i h_i$ はハミルトニアン演算子 H_n の 1 電子部分，$H' \equiv \sum_{i>j} v_{ij}$ は電子間の相互作用を表す部分，$r_{ij} \equiv |\mathbf{r}_i - \mathbf{r}_j|$ である．ここでは，スピン-軌道相互作用は無視している．

多電子系においては，電子間のクーロン反発相互作用 $H' = \sum_{i>j} v_{ij}$ のために，電子は互いに避け合いながら複雑な運動する．ある瞬間のある電子（電子 i）の位置座標あるいはスピン座標によって，他の電子（電子 j $(\neq i)$）の位置座標やスピン座標が影響を受ける．この複雑な運動を**電子相関**（electron correlation）と呼ぶ．実空間では，電子 i が $\mathbf{r}_i = \mathbf{r}_0$ にある瞬間は，クーロン反発により，$\mathbf{r}_j$ の分布確率が $\mathbf{r}_0$ 付近で低くなる．スピン空間（式 (2.10) 参照）では，$s_i = 1$（電子 i が上向きスピン）の瞬間に $s_j = 1$（電子 j が上向きスピン）の確率が減り，$s_j = 2$（下向きスピン）の確率が増える場合を，電子スピン間に**反強磁性相関**があるといい，$s_j = 1$ の確率が増え $s_j = 2$ の確率が減る場合を，電子スピン間に**強磁性相関**があるという．電子が実空間とスピン空間で刻々と座標を変える**動的な**（dynamical）側面が，電子相関の本質である．多数の電子が相関しながら運動する様子を動的に記述することは非常に難しい．電子相関を無視して，各電子は原子核と他の電子のつくる平均的・静的なポテンシャルの中を動くとするのが，**平均場近似**（mean-field aproximation），あるいは **Hartree-Fock 近似**（Hartree-Fock approximation）である．

中性原子の場合，ある電子が他の電子と原子核から感じるポテンシャル $v(\mathbf{x})$ は，$r \to \infty$ では残された電荷 $+e$ によるポテンシャルを感じるために $v(\mathbf{x}) \to -e^2/r$ に近づく．$r \to 0$ では，原子核の電荷 $+Ze$ が作るポテンシャル $v(\mathbf{x}) \to -Ze^2/r$ に近づく．したがって，Hartree-Fock 近似では，水素原子の波動関数とエネルギー固有値に 1 対 1 に対応する 1 電子の波動関数とエネルギー固有値が得られるが，水素原子と異なり，量子数 l に対する縮退は解け，エネルギー固有値は n と l の両方に依存する．

2.2.1 Hartree 近似

Pauli の原理あるいは **Pauli の排他律**（Pauli's exclusion princile）により，Fermi 粒子系の波動関数は 2 個の粒子の交換により符号が反転しなければならない．Pauli の原理を満たす Hartree-Fock 近似について説明する前に，簡単のために Pauli の原理を無視した **Hartree 近似**について説明を行う．Pauli の原理を無視すると，電子間に相互作用がなければ，n 電子系の波動関数は 単純に n 個の 1 電子波動関数 $\psi_q(\mathbf{x}) \equiv \phi_{nlm}(\mathbf{r})\chi_\sigma(s) \equiv \phi_\gamma(\mathbf{r})\chi_\sigma(s)$ の積として書ける：

$$\Psi_n(\mathbf{x}_1, ..., \mathbf{x}_n) \equiv \psi_{q'}(\mathbf{x}_1)\psi_{q''}(\mathbf{x}_2)......\psi_{q^{(n)}}(\mathbf{x}_n). \tag{2.18}$$

ここで q（$= q', q'', ..., q^{(n)}$；$q^{(n)} \equiv q\underbrace{''' \cdots '''}_{n\text{ 個}}$）は，1 電子状態の量子数をまとめて表す添え字である：ここで $q \equiv nlm\sigma \equiv \gamma\sigma$ で，$\gamma \equiv nlm$ は軌道の状態を，$\sigma =\uparrow, \downarrow$ はスピンの状態（s_z の固有値 $m_s = \pm\frac{1}{2}$ に同じ）を表す．Hartree 近似とは，電子間に相互作用がある場合も n 電子系の波動関数が式 (2.18) と同じ形で表されると仮定して，**変分原理**を適用し基底状態を求める近似である：

$$\Psi_n^{\mathrm{H}}(q', q'', ..., q^{(n)}; \mathbf{x}_1, ..., \mathbf{x}_n) \equiv \psi_{q'}(\mathbf{x}_1)\psi_{q''}(\mathbf{x}_2)......\psi_{q^{(n)}}(\mathbf{x}_n) \tag{2.19}$$

Hartree 近似の波動関数 Ψ_n^{H}（式 (2.19)）では，電子はそれぞれの軌道を運動し，電子の運動の間に相関がない．

状態 Ψ_n^{H}（式 (2.19)）におけるハミルトニアン H_n（式 (2.17)）の期待値

$$E_n^{\mathrm{H}} \equiv \langle\Psi_n^{\mathrm{H}}|H_n|\Psi_n^{\mathrm{H}}\rangle \equiv \int d\mathbf{x}_1 \int d\mathbf{x}_2 ..... \int d\mathbf{x}_n \Psi_n^{\mathrm{H}*} H_n \Psi_n^{\mathrm{H}}$$

$$\equiv \sum_{s_1=1}^{2} \int d\mathbf{r}_1 \sum_{s_2=1}^{2} \int d\mathbf{r}_2 ..... \sum_{s_n=1}^{2} \int d\mathbf{r}_n \Psi_n^{\mathrm{H}*} H_n \Psi_n^{\mathrm{H}}$$

を求めよう．ここで，$\int d\mathbf{x} \equiv \sum_{s=1}^{2} \int d\mathbf{r}$ は，位置座標 $\mathbf{r}$ とスピン座標 s の両方についての積分と和を表す．ハミルトニアン中の **1 電子演算子**（1 個の電子の変数で表される演算子）からなる部分 $\sum_i h_i$ の期待値は，

$$\langle \Psi_n^{\rm H}|\sum_{i=1}^{n} h_i|\Psi_n^{\rm H}\rangle = \sum_{q}^{q^{(n)}} \langle q|h|q\rangle \tag{2.20}$$

で与えられる．ここで，1電子演算子 h_i の積分（**1電子積分**）は，

$$\begin{aligned}\langle q|h|q'\rangle &\equiv \langle \psi_q(\mathbf{x})|h|\psi_{q'}(\mathbf{x})\rangle \equiv \int d\mathbf{x}\psi_q^*(\mathbf{x})h\psi_{q'}(\mathbf{x}) \\ &\equiv \sum_{s=1}^{2} \chi_\sigma^*(s)\chi_{\sigma'}(s)\int d\mathbf{r}\phi_\gamma^*(\mathbf{r})h\phi_{\gamma'}(\mathbf{r})\end{aligned} \tag{2.21}$$

で定義される[9]．ここで * は複素共役を表す．**2電子演算子**（2個の電子の変数で表される演算子）からなる部分 $H' = \sum_{i>j} v_{ij}$ の期待値は，

$$\langle \Psi_n^{\rm H}|\sum_{i>j=1}^{n} v_{ij}|\Psi_n^{\rm H}\rangle \equiv \sum_{q>q'}^{q^{(n)}} \langle qq'|v|qq'\rangle \tag{2.22}$$

となる．ここで $q > q'$ は，$q \equiv nlm\sigma$ を任意の順に並べ通し番号をふったものとして考える．また，2電子演算子の積分（**2電子積分**）は，

$$\begin{aligned}\langle qq'|v|q''q'''\rangle &\equiv \langle \psi_q(\mathbf{x}_1)\psi_{q'}(\mathbf{x}_2)|v_{12}|\psi_{q''}(\mathbf{x}_1)\psi_{q'''}(\mathbf{x}_2)\rangle \\ &\equiv \int\int d\mathbf{x}_1 d\mathbf{x}_2 \psi_q^*(\mathbf{x}_1)\psi_{q'}^*(\mathbf{x}_2)\frac{e^2}{r_{12}}\psi_{q''}(\mathbf{x}_1)\psi_{q'''}(\mathbf{x}_2) \\ &\equiv \sum_{s_1=1}^{2}\chi_\sigma^*(s_1)\chi_{\sigma''}(s_1)\sum_{s_1=1}^{2}\chi_{\sigma'}^*(s_2)\chi_{\sigma'''}(s_2) \\ &\times \int d\mathbf{r}_1 \int d\mathbf{r}_2 \phi_\gamma^*(\mathbf{r}_1)\phi_{\gamma'}^*(\mathbf{r}_2)\frac{e^2}{r_{12}}\phi_{\gamma''}(\mathbf{r}_1)\phi_{\gamma'''}(\mathbf{r}_2)\end{aligned} \tag{2.23}$$

で定義される[10]．したがって，ハミルトニアン (2.17) の期待値は，

---

[9] 1電子積分 (2.21) は，状態 ψ_q と $\psi_{q'}$ が等しい l，m の値をもち，スピンが平行な場合のみ，すなわち $l=l'$，$m=m'$，$\sigma=\sigma'$ の場合のみ，ゼロと異なる値をもつ．

[10] 2電子積分 (2.23) は，状態 ψ_q と $\psi_{q''}$ のスピンが平行，状態 $\psi_{q'}$ と $\psi_{q'''}$ のスピンが平行，かつ $m+m'=m''+m'''$ の場合のみゼロと異なる値をもつ．なぜならば，式 (2.23) 内の被積分関数

$$\phi_\gamma^*(\mathbf{r}_1)\phi_{\gamma'}^*(\mathbf{r}_2)\frac{e^2}{r_{12}}\phi_{\gamma''}(\mathbf{r}_1)\phi_{\gamma'''}(\mathbf{r}_2)$$

は，z 軸の回りの任意の角 α の回転により，因子 $\exp[i(m''+m'''-m-m')\alpha]$ がかかるために，$m+m'=m''+m'''$ 以外は，$\mathbf{r}_1, \mathbf{r}_2$ に関する積分はゼロとならなければならないからである．

$$
\begin{aligned}
E_n^{\mathrm{H}} \equiv \langle \Psi_n^{\mathrm{H}} | H_n | \Psi_n^{\mathrm{H}} \rangle &= \sum_q^{q^{(n)}} \langle q|h|q \rangle + \sum_{q>q'}^{q^{(n)}} \langle qq'|v|qq' \rangle \\
&\equiv \sum_q^{q^{(n)}} \langle q|h|q \rangle + \sum_{q>q'}^{q^{(n)}} U_{qq'}
\end{aligned} \tag{2.24}
$$

となる．ここで，$U_{qq'} \equiv \langle qq'|v|qq' \rangle$ は**クーロン積分**（Coulomb integral）と呼ばれ，状態 q と状態 q' の間のクーロン相互作用 e^2/r_{ij} の期待値を表す．

以上の結果を用いて，1 電子波動関数 $\psi_q(\mathbf{x})$ が満たす方程式を変分原理で導く．すなわち，規格化条件

$$
\begin{aligned}
\langle \psi_q(\mathbf{x}) | \psi_{q'}(\mathbf{x}) \rangle &\equiv \int d\mathbf{x} \psi_q^*(\mathbf{x}) \psi_{q'}(\mathbf{x}) \\
&\equiv \sum_{s=1}^{2} \chi_\sigma^*(s) \chi_{\sigma'}(s) \int d\mathbf{r} \phi_\gamma^*(\mathbf{r}) \phi_{\gamma'}(\mathbf{r}) = \delta_{q,q'}
\end{aligned}
$$

のもとで，$E_n^{\mathrm{H}} \equiv \langle \Psi_n^{\mathrm{H}} | H_n | \Psi_n^{\mathrm{H}} \rangle$ の最小値を求める．変分原理によれば，Lagrange の未定係数 $\varepsilon_{qq'}$ を用いて，1 電子波動関数の任意の微小な変化 $\delta\psi_q(\mathbf{x})$，$\delta\psi_q^*(\mathbf{x})$ に対して[11]，

$$
\delta \left[\langle \Psi_n^{\mathrm{H}} | H_n | \Psi_n^{\mathrm{H}} \rangle - \sum_{q,q'}^{q^{(n)}} \varepsilon_{qq'} \langle \psi_q(\mathbf{x}) | \psi_{q'}(\mathbf{x}) \rangle \right] = 0 \tag{2.25}
$$

を満たさなければならない．ある特定の q についての微小変化 $\delta\psi_q^*(\mathbf{x})$ を考えると，

$$
\begin{aligned}
&\delta \left[\langle \Psi_n^{\mathrm{H}} | H_n | \Psi_n^{\mathrm{H}} \rangle - \sum_{q,q'}^{q^{(n)}} \varepsilon_{qq'} \langle \psi_q(\mathbf{x}) | \psi_{q'}(\mathbf{x}) \rangle \right] \\
&= \langle \delta\psi_q(\mathbf{x}) | h | \psi_q(\mathbf{x}) \rangle \\
&\quad + \sum_{q'(\neq q)}^{q^{(n)}} \langle \delta\psi_q(\mathbf{x}_1) \psi_{q'}(\mathbf{x}_2) | v_{12} | \psi_q(\mathbf{x}_1) \psi_{q'}(\mathbf{x}_2) \rangle \\
&\quad - \sum_{q'}^{q^{(n)}} \varepsilon_{qq'} \langle \delta\psi_q(\mathbf{x}) | \psi_{q'}(\mathbf{x}) \rangle = 0
\end{aligned} \tag{2.26}
$$

11　波動関数 $\psi_q(\mathbf{x})$ は複素数なので，実部 $\mathrm{Re}\psi_q(\mathbf{x})$ と虚部 $\mathrm{Im}\psi_q(\mathbf{x})$ は独立に変分できる．実部，虚部を独立に変分する代わりに $\psi_q(\mathbf{x})$ と $\psi_q^*(\mathbf{x})$ を独立に変分させてもよい．微小変化 $\delta\psi_q^*(\mathbf{x})$ が，式 (2.26) の $\langle \delta\psi_q(\mathbf{x}) ....|$ を与える．

を満たさなければならない．したがって，$\psi_q(\mathbf{x})$ の満たす方程式は，

$$
\begin{aligned}
h^{\mathrm{H}}\psi_q(\mathbf{x}) &= \sum_{q'}^{q^{(n)}} \varepsilon_{qq'}\psi_{q'}(\mathbf{x}), \\
h^{\mathrm{H}} &\equiv \frac{\mathbf{p}^2}{2m} - \frac{Ze^2}{r} + v_C(\mathbf{r}) \equiv h + v_C(\mathbf{r}), \\
v_C(\mathbf{r}) &= \sum_{q'(\neq q)}^{q^{(n)}} \int d\mathbf{x}' \frac{e^2}{|\mathbf{r}-\mathbf{r}'|}\psi^*_{q'}(\mathbf{x}')\psi_{q'}(\mathbf{x}') \\
&= \sum_{q'(\neq q)}^{q^{(n)}} \int d\mathbf{r}' \frac{e^2}{|\mathbf{r}-\mathbf{r}'|}\phi^*_{\gamma'}(\mathbf{r}')\phi_{\gamma'}(\mathbf{r}')
\end{aligned}
\tag{2.27}
$$

となる．式 (2.27) を **Hartree 方程式**と呼ぶ．ここで，**クーロン・ポテンシャル** $v_C(\mathbf{r})$ の表式における q' についての和は，γ' についての和に加えてスピン状態についての和も含むことに注意されたい．$v_C(\mathbf{r})$ は，今考えている q 以外の電子の分布が作るポテンシャルを表すので，q に依存することになる．

ハミルトニアンの期待値 (2.24) は，$\psi_{q'}(\mathbf{x})$，$\psi_{q''}(\mathbf{x})$，......，$\psi_{q^{(n)}}(\mathbf{x})$ をユニタリ変換[12]しても不変であるので，$\psi_q(\mathbf{x})$ はすでに $\varepsilon_{qq'} = \varepsilon_q\delta_{q,q'}$ となるようにユニタリ変換されているとする．すると，方程式 (2.27) は

$$
h^{\mathrm{H}}\psi_q(\mathbf{x}) = \varepsilon_q\psi_q(\mathbf{x}) \tag{2.28}
$$

となり，式 (2.28) は自分以外の電子の分布が作るポテンシャル中を運動する 1 電子の Schrödinger 方程式の形になる．したがって，演算子 h^{H} は q に依存する．

2.2.2 Hartree-Fock 近似

上で述べたように，Hartree 近似の波動関数 (2.19) は，Pauli の原理を満たしていない．Pauli の原理を満たすために，2 個の電子の交換により符

[12] ユニタリ行列 U（行列要素が $\sum_l U_{ql}U^*_{q'l} = \delta_{q,q'}$ を満たす行列）を用いた変換 $\psi_{q'}$，$\psi_{q''}$，...... $\rightarrow \sum_l U_{q'l}\psi_l$，$\sum_l U_{q''l}\psi_l$，... をユニタリ変換という．

号が反転するように反対称化演算子 $\mathcal{A}$ を式 (2.19) に作用させた波動関数

$$\Psi_n^{\mathrm{HF}}(q',q'',....,q^{(n)};\mathbf{x}_1,...,\mathbf{x}_n) \equiv \mathcal{A}\Psi_n^{\mathrm{H}}(q',q'',....,q^{(n)};\mathbf{x}_1,...,\mathbf{x}_n)$$

を用いる近似を Hartree-Fock 近似と呼ぶ．演算子 $\mathcal{A}$ を，n 個の粒子の置換演算子 $\mathcal{P}$ を用いて[13]具体的に書き下すと，Hartree-Fock 近似の波動関数は，

$$\begin{aligned}
&\Psi_n^{\mathrm{HF}}(q',q'',....,q^{(n)};\mathbf{x}_1,...,\mathbf{x}_n) \\
&= \frac{1}{\sqrt{n!}}\sum_{\mathcal{P}}(-)^{\mathcal{P}}\psi_{q'}(\mathbf{x}_{\mathcal{P}(1)})\psi_{q''}(\mathbf{x}_{\mathcal{P}(2)})......\psi_{q^{(n)}}(\mathbf{x}_{\mathcal{P}(n)}) \\
&= \frac{1}{\sqrt{n!}}\begin{vmatrix}
\psi_{q'}(\mathbf{x}_1) & \psi_{q'}(\mathbf{x}_2) & ... & \psi_{q'}(\mathbf{x}_n) \\
\psi_{q''}(\mathbf{x}_1) & \psi_{q''}(\mathbf{x}_2) & ... & \psi_{q''}(\mathbf{x}_n) \\
... & ... & ... & ... \\
\psi_{q^{(n)}}(\mathbf{x}_1) & \psi_{q^{(n)}}(\mathbf{x}_2) & ... & \psi_{q^{(n)}}(\mathbf{x}_n)
\end{vmatrix} \\
&\equiv |\psi_{q'}\psi_{q''}......\psi_{q^{(n)}}| \\
&\equiv |q'q''......\ q^{(n)}|
\end{aligned} \tag{2.29}$$

となる．ここで，$(-)^{\mathcal{P}}$ は $\mathcal{P}$ が偶置換演算子の場合 1，$\mathcal{P}$ が奇置換演算子の場合 -1 の値をとるものとする[14]．式 (2.29) の行列式は **Slater 行列式**（Slater determinant）と呼ばれる．したがって，Hartree-Fock 近似は，**多電子系の波動関数を 1 つの Slater 行列式で表す近似**である．第 2 量子化形式（付録 B）では，Hartree-Fock 近似の波動関数 (2.29) は，

$$|\Psi_n^{\mathrm{HF}}(q',q'',....,q^{(n)})\rangle \equiv c_{q'}^{\dagger}c_{q''}^{\dagger}......c_{q^{(n)}}^{\dagger}|0\rangle \tag{2.30}$$

で与えられる．ここで，$|0\rangle$ は，内殻準位がすべて電子で占有され，価電子はまったく占有されていない状態を表す．

---

[13] （n 個の）要素を並べ替える演算子を置換演算子と呼ぶ．n 個の要素に対する置換演算子は $n!$ 個存在する．最も簡単なものは 2 個の要素 i，j を交換する交換演算子 $\mathcal{P}_{ij}$ である（例：$\mathcal{P}_{12}(1)=2$，$\mathcal{P}_{12}(2)=1$）．

[14] 任意の置換演算子は，交換演算子の積で表される．奇数個の交換演算子の積で表される置換演算子を奇置換，偶数個の交換演算子の積で表される置換演算子を偶置換演算子と呼ぶ．

Hartree-Fock 基底状態 (2.29) におけるハミルトニアン (2.17) の期待値 $E_n^{\rm HF} \equiv \langle \Psi_n^{\rm HF} | H_n | \Psi_n^{\rm HF} \rangle$ を求めるために，Slater 行列式の性質

$$
\begin{aligned}
&|\psi_{q'}\psi_{q''}......\psi_{q^{(n)}}|(\mathbf{x}_1, \mathbf{x}_2, ..., \mathbf{x}_n) \\
&= \frac{1}{\sqrt{n}} \sum_q^{q^{(n)}} (-1)^{q+1} \psi_q(\mathbf{x}_1) |\psi_{q'}\psi_{q''}....[\psi_q \text{欠}]....\psi_{q^{(n)}}|(\mathbf{x}_2, \mathbf{x}_3, ..., \mathbf{x}_n),
\end{aligned}
\tag{2.31}
$$

および

$$
\begin{aligned}
&|\psi_{q'}\psi_{q''}......\psi_{q^{(n)}}|(\mathbf{x}_1, \mathbf{x}_2, ..., \mathbf{x}_n) \\
&= \sqrt{\frac{2}{n(n-1)}} \sum_{q>\bar{q}}^{q^{(n)}} (-1)^{q+\bar{q}+1} |\psi_q \psi_{\bar{q}}|(\mathbf{x}_1, \mathbf{x}_2) \\
&\quad \times |\psi_{q'}\psi_{q''}....[\psi_q \psi_{\bar{q}} \text{欠}]....\psi_{q^{(n)}}|(\mathbf{x}_3, \mathbf{x}_4...., \mathbf{x}_n)
\end{aligned}
\tag{2.32}
$$

を用いる．ここで $[\psi_q$ 欠$]$ は，$n \times n$ 列の行列式より ψ_q を除き $(n-1) \times (n-1)$ 列を作ることを，$[\psi_q \psi_{\bar{q}}$ 欠$]$ は ψ_q と $\psi_{\bar{q}}$ を除き $(n-2) \times (n-2)$ の行列式を作ることを表す．1 電子演算子からなる部分 $H_0 = \sum_i h_i$ の期待値は，式 (2.31) を用いて，

$$
\langle \Psi_n^{\rm HF} | \sum_{i=1}^n h_i | \Psi_n^{\rm HF} \rangle = \sum_q^{q^{(n)}} \langle q|h|q \rangle = \sum_q^{q^{(L)}} \langle q|h|q \rangle \langle n_q \rangle \tag{2.33}
$$

となることが示せる．ここで，L ($\geq N$) はすべての 1 電子状態の数で，$\sum_q^{q^{(L)}}$ は非占有状態も含めた和を表す．また，n_q は 1 電子状態 q を占める電子数の演算子 $n_q \equiv c_q^\dagger c_q$ の期待値で，状態 q が非占有か占有かに応じて $\langle n_q \rangle = 0$ または 1 の値をとる．

2 電子演算子からなる部分 $H' = \sum_{i>j} v_{ij}$ の期待値は，式 (2.32) を用いて，

$$
\begin{aligned}
\langle \Psi_n^{\rm HF} | \sum_{i>j=1}^n v_{ij} | \Psi_n^{\rm HF} \rangle &\equiv \sum_{q>q'}^{q^{(n)}} [\langle qq'|v|qq' \rangle - \langle qq'|v|q'q \rangle] \\
&= \frac{1}{2} \sum_{q,q'}^{q^{(n)}} [\langle qq'|v|qq' \rangle - \langle qq'|v|q'q \rangle]
\end{aligned}
$$

$$\equiv \frac{1}{2}\sum_{q,q'}^{q^{(n)}}[U_{qq'} - J_{qq'}] = \frac{1}{2}\sum_{q,q'}^{q^{(L)}}[U_{qq'} - J_{qq'}]\langle n_q\rangle\langle n_{q'}\rangle \tag{2.34}$$

となることが示せる．式 (2.34) 中の 2 電子積分には，Hartree-Fock 近似で用いたクーロン積分 $U_{qq'} \equiv \langle qq'|v|qq'\rangle$ に加えて，$J_{qq'} \equiv \langle q'q|v|qq'\rangle$ の形の**交換積分**（exchange integral）が現れる．また，$U_{qq} \equiv J_{qq}$ であることを利用し，制限付きの和 $\sum_{q>q'}$ を制限なしの $\frac{1}{2}\sum_{q,q'}$ に置き換えている．

したがって，ハミルトニアンの期待値は，

$$\begin{aligned} E_n^{\mathrm{HF}} &\equiv \langle\Psi_n^{\mathrm{HF}}|H_n|\Psi_n^{\mathrm{HF}}\rangle \\ &= \langle\Psi_n^{\mathrm{HF}}|\sum_{i=1}^{n} h_i|\Psi_n^{\mathrm{HF}}\rangle + \langle\Psi_n^{\mathrm{HF}}|\sum_{i>j=1}^{n} v_{ij}|\Psi_n^{\mathrm{HF}}\rangle \\ &\equiv \sum_{q}^{q^{(n)}}\langle q|h|q\rangle + \frac{1}{2}\sum_{q,q'}^{q^{(n)}}[U_{qq'} - J_{qq'}] \\ &\equiv \sum_{q}^{q^{(L)}}\langle q|h|q\rangle\langle n_q\rangle + \frac{1}{2}\sum_{q,q'}^{q^{(L)}}[U_{qq'} - J_{qq'}]\langle n_q\rangle\langle n_{q'}\rangle \end{aligned} \tag{2.35}$$

となる．式 (2.35) の右辺の第 1 項は電子の運動エネルギーと原子核によるポテンシャル・エネルギーの和，第 2 項は電子間のクーロン・エネルギーと交換エネルギーの和である．クーロン積分 $U_{qq'}$ は ψ_q の電荷分布と $\psi_{q'}$ の電荷分布の間のクーロン・エネルギーでスピンに依存しないが，交換積分 $J_{qq'}$ は ψ_q と $\psi_{q'}$ のスピンが平行の場合にのみ有限に残る．すなわち，$\sigma = \sigma'$（平行）の場合のみ $J_{qq'} \neq 0$ となる．

以上の結果を用いて，1 電子波動関数 $\psi_q(\mathbf{x})$ が満たす方程式である **Hartree-Fock 方程式**を，規格化条件

$$\langle\psi_q(\mathbf{x})|\psi_{q'}(\mathbf{x})\rangle = \delta_{q,q'}$$

のもとで，**変分原理**により以下に導く．Lagrange の未定係数 $\varepsilon_{qq'}$ を用いて，1 電子波動関数の任意の微小な変化 $\delta\psi_q(\mathbf{x})$，$\delta\psi_q^*(\mathbf{x})$（$q = q', q'', ..., q^{(n)}$）に対して，

$$\delta\left[\langle\Psi_n^{\mathrm{HF}}|H_n|\Psi_n^{\mathrm{HF}}\rangle - \sum_{q,q'}^{q^{(n)}}\varepsilon_{qq'}\langle\psi_q(\mathbf{x})|\psi_{q'}(\mathbf{x})\rangle\right] = 0 \tag{2.36}$$

を満たすので，任意の微小変化 $\delta\psi_q^*(\mathbf{x})$ に対して，

$$\begin{aligned}
&\delta\left[\langle\Psi_n^{\mathrm{HF}}|H_n|\Psi_n^{\mathrm{HF}}\rangle-\sum_{q,q'}^{q^{(n)}}\varepsilon_{qq'}\langle\psi_q(\mathbf{x})|\psi_{q'}(\mathbf{x})\rangle\right]\\
&=\langle\delta\psi_q(\mathbf{x})|h|\psi_q(\mathbf{x})\rangle\\
&\quad+\sum_{q'}\langle\delta\psi_q(\mathbf{x}_1)\psi_{q'}(\mathbf{x}_2)|v_{12}|\psi_q(\mathbf{x}_1)\psi_{q'}(\mathbf{x}_2)\rangle\\
&\quad-\sum_{q'}\langle\delta\psi_q(\mathbf{x}_1)\psi_{q'}(\mathbf{x}_2)|v_{12}|\psi_{q'}(\mathbf{x}_1)\psi_q(\mathbf{x}_2)\rangle\\
&\quad-\sum_{q'}^{q^{(n)}}\varepsilon_{qq'}\langle\delta\psi_q(\mathbf{x})|\psi_{q'}(\mathbf{x})\rangle=0
\end{aligned}\tag{2.37}$$

を満たす．ここで，Hartree 方程式 (2.28) と同様，$\varepsilon_{qq'}=\varepsilon_q\delta_{q,q'}$ となるようにユニタリ変換された $\psi_q(\mathbf{x})$ を扱うことにすると，$\psi_q(\mathbf{x})$ は

$$\begin{aligned}
h^{\mathrm{HF}}\psi_q(\mathbf{x})&=\varepsilon_q\psi_q(\mathbf{x})\\
h^{\mathrm{HF}}&\equiv\frac{\mathbf{p}^2}{2m}-\frac{Ze^2}{r}+v_C(\mathbf{r})+v_x,\\
v_C(\mathbf{r})&=\sum_{q'(\neq q)}^{q^{(n)}}\int d\mathbf{x}'\psi_{q'}^*(\mathbf{x}')\frac{e^2}{|\mathbf{r}-\mathbf{r}'|}\psi_{q'}(\mathbf{x}')\\
&=\sum_{q'(\neq q)}^{q^{(n)}}\int d\mathbf{r}'\phi_{\gamma'}^*(\mathbf{r}')\frac{e^2}{|\mathbf{r}-\mathbf{r}'|}\phi_{\gamma'}(\mathbf{r}'),\\
v_x\psi_q(\mathbf{x})&=-\sum_{q'(\neq q)}^{q^{(n)}}\int d\mathbf{x}'\psi_{q'}^*(\mathbf{x}')\frac{e^2}{|\mathbf{r}-\mathbf{r}'|}\psi_q(\mathbf{x}')\psi_{q'}(\mathbf{x})\\
&=\left[-\sum_{q'(\neq q)}^{q^{(n)}}\int d\mathbf{x}'\psi_{q'}^*(\mathbf{x}')\frac{e^2}{|\mathbf{r}-\mathbf{r}'|}\mathcal{P}_{\mathbf{x},\mathbf{x}'}\psi_{q'}(\mathbf{x}')\right]\psi_q(\mathbf{x})
\end{aligned}\tag{2.38}$$

を満たす．式 (2.38) が Hartree-Fock 方程式である．ここで，$\mathcal{P}_{\mathbf{x},\mathbf{x}'}$ は，2 個の電子の座標 $\mathbf{x}$，$\mathbf{x}'$ を交換する演算子である．式 (2.38) の h^{HF} を **Hartree-Fock 演算子**と呼ぶ．

Hartree-Fock 方程式 (2.38) と Hartree 方程式 (2.27)，(2.28) は似てい

るが，Hartree 方程式が**クーロン・ポテンシャル** $v_C(\mathbf{r})$ のみをポテンシャルとしてもつのに対して，Hartree-Fock 方程式では Pauli の原理から生じる**交換ポテンシャル** v_x が加わっている．交換ポテンシャル v_x（式 (2.38)）には，

$$\int d\mathbf{x}'\psi_{q'}^*(\mathbf{x}')\frac{e^2}{|\mathbf{r}-\mathbf{r}'|}\psi_q(\mathbf{x}') = \sum_{s'=1}^{2}\chi_{\sigma'}^*(s')\chi_\sigma(s')\int d\mathbf{r}'\phi_{\gamma'}^*(\mathbf{r}')\frac{e^2}{|\mathbf{r}-\mathbf{r}'|}\phi_\gamma(\mathbf{r}')$$

から，同じ向きのスピンをもつ電子からのみ寄与があることがわかる．すなわち，v_x は同じ向きのスピンをもつ電子間に引力として働き，電子間のスピンの向きを揃えようとする．また，v_x は**非局所的な**（単なる電子位置座標 $\mathbf{r}$ の関数では記述できない）ポテンシャルである[15]．Hartree-Fock 演算子 h^{HF} の1電子状態 q による期待値 ε_q は，第2量子化形式（付録B）で用いる電子数演算子 $n_q \equiv c_q^\dagger c_q$ の期待値 $\langle n_q\rangle$ を用いて，

$$\langle q|h^{\mathrm{HF}}|q\rangle = \langle q|h|q\rangle + \sum_{q'}^{q^{(L)}}[U_{qq'} - J_{qq'}]\langle n_q\rangle \tag{2.39}$$

と書ける．

簡単な例として，閉殻電子配置 $1s^2$ をもつ He 原子の場合についてクーロン・ポテンシャルと交換ポテンシャル（式 (2.38)）を具体的に書き下すと，積分 $\int d\mathbf{r}_1 \int d\mathbf{r}_2$ の範囲を $r_1 < r_2$ と $r_1 > r_2$ に分けて，

$$\begin{aligned} v_C(r_1) &= \frac{e^2}{r_1}\int_0^{r_1} {r_2}^2 dr_2 R_{1s}(r_2)^2 + e^2\int_{r_1}^{\infty} {r_2}^2 dr_2 \frac{1}{r_2}R_{1s}(r_2)^2, \\ v_x R_{1s}(r_{1s}) &= 0 \end{aligned} \tag{2.40}$$

となる．

開殻電子配置の場合は，電子に占有される m と占有されない m があるので，クーロン・ポテンシャル，交換ポテンシャルともに，一般には球対

[15] 非局所的なポテンシャルとは，一般に，

$$v\phi_q(\mathbf{r}) = \int d\mathbf{r}' v(\mathbf{r},\mathbf{r}')\phi_q(\mathbf{r}')$$

と表す必要のあるポテンシャル v のことを指す．$v(\mathbf{r},\mathbf{r}') = v(\mathbf{r})\delta(\mathbf{r}-\mathbf{r}')$ と書けるとき，ポテンシャルは局所的であるという．クーロン・ポテンシャル $v_C(\mathbf{r})$ は，電子位置 $\mathbf{r}$ における，他の電子からのクーロン力によるもので，局所的なポテンシャルである．

称ではなくなる．また，スピンにも偏りができるので，交換ポテンシャルがスピン $\sigma =\uparrow,\downarrow$ に依存するようになる．全スピン $\mathbf{S}$ に平行なスピンをもつ電子のポテンシャルが交換ポテンシャルのために下がるので，$\mathbf{S}$ に平行なスピンをもつ状態が好んで占有され，全スピンはできる限り大きくなる傾向がある．こうして原子の全スピンの大きさ S は，可能な限りの最大値をとろうする．これが **Hund 則**（Hund's rule）（正確には Hund の第 1 則）である．実際，原子の S は，与えられた電子配置のなかで可能な最大値をとっている．

Hartree-Fock 方程式は $\psi_{q'}, \psi_{q''}, ..., \psi_{q^{(n)}}$ に対する連立非線型微分方程式であり，それを解くことは一般に容易ではない．ポテンシャル $v_C(\mathbf{r})+v_x$（式 (2.38)）が Hartree-Fock 方程式の解である波動関数 $\psi_{q'}, ..., \psi_{q^{(n)}}$ によって決まっているので，Hartree-Fock 方程式を解くためには Hartree-Fock 方程式の解が必要となる．そこで，波動関数に適当な初期値 $\psi^{(0)}_{q'}, ..., \psi^{(0)}_{q^{(n)}}$ を仮定してポテンシャル $v^{(0)}_C + v^{(0)}_x$ を作り方程式 (2.38) を解き，得られた波動関数 $\psi^{(1)}_{q'}, ..., \psi^{(1)}_{q^{(n)}}$ を用いて，新たなポテンシャル $v^{(1)}_C + v^{(1)}_x$ を作り再び方程式 (2.38) を解く，といったサイクルを繰り返し，逐次近似を行う．p 回目のサイクルで得られた波動関数 $\psi^{(p)}_{q'}, ..., \psi^{(p)}_{q^{(n)}}$ と，ポテンシャル $v^{(p)}_C + v^{(p)}_x$ が，$p+1$ 回目のサイクルで得られた $\psi^{(p+1)}_{q_n}$，$\psi^{(p+1)}_{q'}, ..., \phi^{(p+1)}_{q^{(n)}}$ と $v^{(p+1)}_C + v^{(p+1)}_x$ に十分近いものになるまで（すなわち，逐次近似のサイクルがセルフ・コンシステントに収束するまで），Hartree-Fock 方程式を数値的に解く．

Hartree-Fock 方程式を数値的に解くのは難しいが，クーロン積分，交換積分をパラメータと考えて，有益な考察をすることができる．次の小節で述べる Koopmans の定理を用いた議論にも，クーロン積分，交換積分のパラメータ化はたいへん役立つ．p 軌道，d 軌道など，縮退した軌道間のクーロン・交換積分を

$$U \equiv U_{\gamma\gamma},\ \ U' \equiv U_{\gamma\gamma'},\ \ J_{\mathrm{H}} \equiv J_{\gamma\gamma'}\ \ (\gamma \neq \gamma') \tag{2.41}$$

と表す．ここで，γ，γ' は互いに直交する任意の p または d 軌道で，磁気量子数 m で指定される軌道またはそれらを実数化した軌道 (2.8)，(2.9) を表す（J_{H} の添え字 H は Hund 則の頭文字で，J_{H} がスピンを揃え Hund 則を与える原動力であることを示している）．同じ軌道間では波動関数の

重なりが最大であるので，同じ軌道間のクーロン積分は異なる軌道間よりも大きい：$U > U'$．さらに座標の回転に対する 2 電子積分の不変性を課すと，

$$U - U' = 2J_{\mathrm{H}}$$

の関係が導かれるので（付録 C），U, U', J_{H} のうち独立なパラメータの数は 2 個となる．また，2 電子間のクーロン・交換相互作用エネルギーの平均値 $\bar{U}$ は，p 電子に対しては，

$$\bar{U} = U' \tag{2.42}$$

d 電子に対しては，

$$\bar{U} = \frac{1}{9}U + \frac{8}{9}U' - \frac{4}{9}J_{\mathrm{H}} \tag{2.43}$$

で与えられる（付録 C）．

2.2.3 Koopmans の定理

Hartree-Fock 方程式 (2.38) のエネルギー固有値 ε_q は，1 電子状態 ψ_q における Hartree-Fock 演算子 h^{HF}（式 (2.38)）の期待値，

$$\begin{aligned}\varepsilon_q = \langle q|h^{\mathrm{HF}}|q\rangle &= \langle q|h|q\rangle + \sum_{q'}^{q^{(n)}}[U_{qq'} - J_{qq'}] \\ &= \langle q|h|q\rangle + \sum_{q'}^{q^{(L)}}[U_{qq'} - J_{qq'}]\langle n_{q'}\rangle \end{aligned} \tag{2.44}$$

で，1 電子エネルギー（右辺の第 1 項），クーロン・エネルギー，交換エネルギー（第 2 項）の和として与えられる．ここで，式 (2.44) の 1 行目の和は占有状態のみ，2 行目の和は非占有状態も含めてとっている（式 (2.33) 参照）．$\langle n_q\rangle$ は 1 電子状態 q を占有する電子数（0 または 1）である．電子系の全エネルギーの期待値 E_n^{HF} は式 (2.35) で与えられるから，占有状態の ε_q の合計とは，

$$E_n^{\mathrm{HF}} \equiv \langle\Psi_n^{\mathrm{HF}}|H_n|\Psi_n^{\mathrm{HF}}\rangle = \sum_{q}^{q^{(n)}}\varepsilon_q - \frac{1}{2}\sum_{q,q'}^{q^{(n)}}[U_{qq'} - J_{qq'}]$$

$$= \sum_{q}^{q^{(L)}} \varepsilon_q \langle n_q \rangle - \frac{1}{2} \sum_{q,q'}^{q^{(L)}} [U_{qq'} - J_{qq'}] \langle n_q \rangle \langle n_{q'} \rangle \tag{2.45}$$

の関係にある．右辺第2項は，2電子エネルギーを2重に数えたことに対する補正である．また，Ψ_n^{HF} のエネルギー期待値と，Ψ_n^{HF} から ψ_q にある電子を取り去った状態 $\Psi_{n-1,q}^{\mathrm{HF}}$ のエネルギー期待値の差は，式 (2.35) を用いて

$$\langle \Psi_{n-1,q}^{\mathrm{HF}} | H_{n-1} | \Psi_{n-1,q}^{\mathrm{HF}} \rangle - \langle \Psi_n^{\mathrm{HF}} | H_n | \Psi_n^{\mathrm{HF}} \rangle = -\varepsilon_q \tag{2.46}$$

となることが示される．すなわち，$-\varepsilon_q$ は状態 ψ_q にある電子を取り除くのに要するエネルギーである．但し，電子を取り除いたことによって，残された $n-1$ 個の電子の1電子波動関数は変化しないと仮定している．式 (2.46) を **Koopmans の定理**（Koopmans' theorem）と呼ぶ．したがって，図 2.10 に示すように，最高占有軌道 $\psi_{q^{(n)}}$ のエネルギーを $\varepsilon_{q^{(n)}}$，真空準位（原子から充分離れた場所のポテンシャル）を ε_V とすると，$\varepsilon_V - \varepsilon_{q^{(n)}}$ は原子の（第1）**イオン化エネルギー**（ionization energy）I_1 に等しい．**イオン化準位**（ionization level）は $\varepsilon_V - I_1$ で定義される．

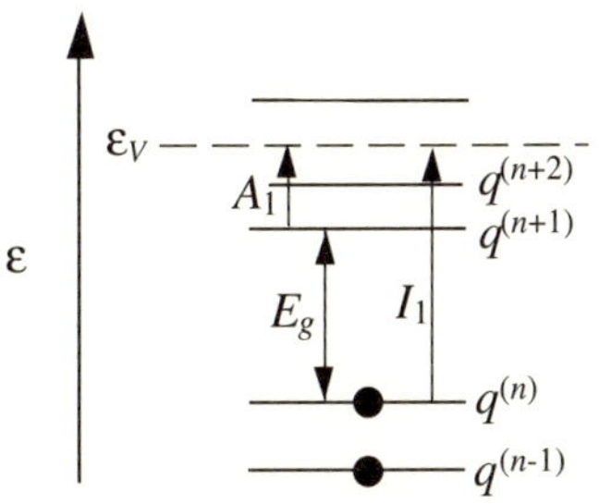

図 2.10: イオン化エネルギー I_1，電子親和力 A_1 および1粒子ギャップ E_g（式 (2.50)）．ε_V は真空準位．

方程式 (2.38) の解には，エネルギー固有値 (2.44) をもつ占有状態の他に，すべての占有状態に直交しエネルギー固有値

$$\varepsilon_{\tilde{q}} = \langle \tilde{q} | h | \tilde{q} \rangle + \sum_{q'}^{q^{(n)}} [U_{\tilde{q}q'} - J_{\tilde{q}q'}]$$

$$= \langle \tilde{q}|h|\tilde{q}\rangle + \sum_{q'}^{q^{(L)}} [U_{\tilde{q}q'} - J_{\tilde{q}q'}]\langle n_{q'}\rangle \tag{2.47}$$

をもつ非占有状態がある．Ψ_n^{HF} の非占有状態 $\psi_{\tilde{q}}$ に電子を付け加えた状態 $\Psi_{n+1,\tilde{q}}^{\mathrm{HF}}$ のエネルギー期待値は，式 (2.46) と類似の関係

$$\langle \Psi_{n+1,\tilde{q}}^{\mathrm{HF}}|H_{n+1}|\Psi_{n+1,\tilde{q}}^{\mathrm{HF}}\rangle - \langle \Psi_n^{\mathrm{HF}}|H_n|\Psi_n^{\mathrm{HF}}\rangle = \varepsilon_{\tilde{q}} \tag{2.48}$$

を満たし，$\psi_{\tilde{q}}$ のエネルギー固有値 $\varepsilon_{\tilde{q}}$ は，$\psi_{\tilde{q}}$ に電子を付け加えるときに放出するエネルギーであることが示される．図 2.10 に示すように，最も低い非占有軌道のエネルギー固有値を $\varepsilon_{q(n+1)}$ とすると，$\varepsilon_V - \varepsilon_{q(n+1)}$ は原子の**電子親和力**（electron affinity）A_1 に等しい（**電子親和準位**（electron affinity level）は $\varepsilon_V - A_1$）．式 (2.46), (2.48) を併せて Koopmans の定理と呼ぶことが多い．上の定義および図 2.10 から明らかなように，$I_1 > A_1$ である．イオン化エネルギーと電子親和力の平均値 $(I_1 + A_1)/2$ は，電子のやりとりに関与するエネルギー準位の平均的な深さを表し，その元素の**電気陰性度**（Mulliken's electronegativity）と呼ばれる．電気陰性度が高ければ，その原子は電子を引きつけ陰イオンになりやすく，電気陰性度が低ければ電子を放出して陽イオンになりやすい．

イオン化準位・電子親和準位力は，電子 1 個またはホール 1 個を生成するのに要するエネルギーを表す **1 粒子励起準位**の一例である．Koopmans の定理によって，Hartree-Fock 方程式のエネルギー固有値と，1 粒子励起エネルギーが関連付けられる．イオン化エネルギー，電子親和力は，気体の電離などの実験により測定される．その他の 1 粒子励起準位も，光電効果を利用した実験手法である**光電子分光**，**逆光電子分光**（付録 D 参照）によって，図 2.10 をそのまま反映した **1 粒子スペクトル関数**（single-particle spectral function）

$$A(\omega) = \sum_q \delta(\hbar\omega - \varepsilon_q) \tag{2.49}$$

として測定可能である．イオン化エネルギーと電子親和力の差 $E_g = I_1 - A_1$（最高占有準位と最低非占有準位のエネルギー差，図 2.10 参照）：

$$E_g = \varepsilon_{n+1} - \varepsilon_n \tag{2.50}$$

を，その電子系の１粒子ギャップと呼ぶ．

クーロン相互作用の等方的な部分の効果

Koopmans の定理の応用の簡単な例として，$4s$ 電子がイオン化し，d 殻が開殻（d 電子数 n が $0 \leq n \leq 9$）となっている遷移金属イオン（電子配置 $1s^2 2s^2 2p^6 3s^2 3p^6 3d^n$）を考える．実際，イオン結晶的な遷移金属化合物中では，このような電子配置が実現している．d 殻に属する軌道 $\phi_\gamma, \phi_{\gamma'} ....$ $(\gamma, \gamma', ... = m_1, m_2, ...)$ について，まず簡単のため，クーロン相互作用の異方性と交換相互作用によるエネルギー準位の分裂を無視して，２電子間のクーロン・エネルギーの等方的部分 $\bar{U}$（式 (2.43)）を考える[16]．すなわち，$J_{\mathrm{H}} = 0$，$\bar{U} = U = U'$ とおく．

原子核と内殻電子からのポテンシャルの d 軌道による期待値を ε_d^0 と表す．まず，d 殻を電子が１個占める場合を考える．この場合，$\Psi_1^{\mathrm{HF}} = \psi_{\gamma\uparrow}$, $\psi_{\gamma\downarrow}, \psi_{\gamma'\uparrow}, \psi_{\gamma'\downarrow}, ...$ のいずれでも，全エネルギーは，

$$E_1^{\mathrm{HF}}(\gamma_\uparrow) = E_1^{\mathrm{HF}}(\gamma_\downarrow) = E_1^{\mathrm{HF}}(\gamma'_\uparrow) = E_1^{\mathrm{HF}}(\gamma'_\downarrow) = ... = E_0 + \varepsilon_d^0 \tag{2.51}$$

で与えられる．ここで，E_0 は d 電子がいないときのイオンの全エネルギー（原子核および内殻電子からなるエネルギー）である．

一般の d 電子配置では，n 電子中の２電子の組み合わせの数 ${}_nC_2 = \frac{1}{2}n(n-1)$ を用いて，電子間クーロン・エネルギーは $\frac{1}{2}\bar{U}n(n-1)$ で与えられる．したがって，全エネルギーは，

$$E(d^n) \equiv E_0 + \varepsilon_d^0 n + \bar{U}{}_nC_2 = E_0 + \varepsilon_d^0 n + \frac{1}{2}\bar{U}n(n-1) \tag{2.52}$$

Koopmans の定理を用いると，占有軌道のエネルギーは，

$$\varepsilon_n = E(d^n) - E(d^{n-1}) = \varepsilon_d^0 + \bar{U}(n-1) \tag{2.53}$$

非占有軌道のエネルギーは，

$$\varepsilon_{n+1} = E(d^{n+1}) - E(d^n) = \varepsilon_d^0 + \bar{U}n \tag{2.54}$$

---

[16] 自由原子，自由イオンでは，$\bar{U} \sim 20$ eV であるが，結晶中では周囲の原子の分極や伝導電子などで遮蔽され数 eV 程度に減少する．

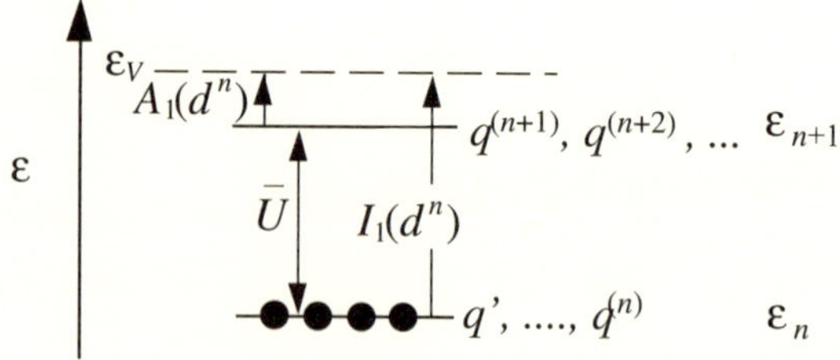

図 2.11: クーロン相互作用の異方性と交換相互作用を無視した場合の，遷移金属イオンの 1 電子エネルギー準位．$I_1(d^n)$：イオン化エネルギー，$A_1(d^n)$：電子親和力，$\bar{U}$：2 電子間のクーロン・エネルギーの平均値，ε_V：真空準位．

となる．したがって，イオン化エネルギー $I_1(d^n)$，電子親和力 $A_1(d^n)$ は，

$$I_1(d^n) = \varepsilon_V - \varepsilon_n = \varepsilon_V - \varepsilon_d^0 - \bar{U}(n-1),$$
$$A_1(d^n) = \varepsilon_V - \varepsilon_{n+1} = \varepsilon_V - \varepsilon_d^0 - \bar{U}n \tag{2.55}$$

で与えられ，1 粒子ギャップは $I_1(d^n) - A_1(d^n) = \bar{U}$ で与えられることがわかる．これらの 1 電子エネルギー準位を図 2.11 に示す．

クーロン相互作用の異方性と交換相互作用の効果

次に，クーロン相互作用の異方性と交換相互作用を正しく扱うために，パラメータ U，U'，J_{H}（式 (C.6)）を用いる[17]．$\Psi_1^{\mathrm{HF}} = \psi_{\gamma\uparrow}$ における $\psi_{\gamma\uparrow}$, $\psi_{\gamma\downarrow}$, $\psi_{\gamma'\uparrow}$, $\psi_{\gamma'\downarrow}$, $\psi_{\gamma''\uparrow}$ などの 1 電子状態のエネルギー固有値は，式 (2.44) より，

$$\varepsilon_{\gamma\uparrow} = \varepsilon_d^0,$$
$$\varepsilon_{\gamma\downarrow} = \varepsilon_d^0 + U,$$
$$\varepsilon_{\gamma'\uparrow} = \varepsilon_{\gamma''\uparrow} = \ldots = \varepsilon_d^0 + U' - J_{\mathrm{H}},$$
$$\varepsilon_{\gamma'\downarrow} = \varepsilon_{\gamma''\downarrow} = \ldots = \varepsilon_d^0 + U' \tag{2.56}$$

[17] 自由原子，自由イオンでは，クーロン積分 U, U' は 20 eV 程度，J_{H} は 1 eV 程度の量である．固体中，液体中では，U, U' は遮蔽され数 eV 程度に減少する．一方，交換積分にはこのような遮蔽は効かず，自由原子，自由イオンとほぼ同じ値をとる．

となる．図 2.12(a) に示すように，占有軌道と非占有軌道の間に $U' - J_{\rm H}$ のギャップが開き，上向きスピンと下向きスピンは $J_{\rm H}$ の分裂を示す．したがって，Koopmans の定理によれば，2 個目の電子を付け加える軌道として最もエネルギーが低いのは，$\psi_{\gamma'\uparrow}, \psi_{\gamma''\uparrow}$ などの上向きスピン軌道である[18]．

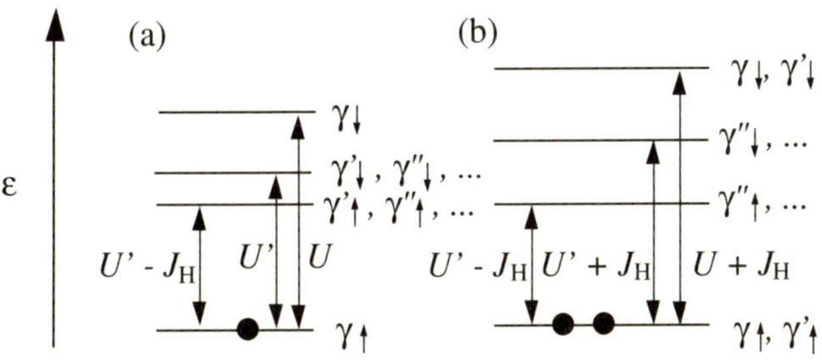

図 2.12: Hartree-Fock 近似に基づいた 1 電子エネルギー準位．(a) 基底状態が $\Psi_1^{\rm HF} = \psi_{\gamma\uparrow}$ の場合．(b) 基底状態が $\Psi_2^{\rm HF} = |\psi_{\gamma\uparrow}\psi_{\gamma'\uparrow}|$ の場合．

したがって，d 殻に電子が 2 個ある場合の基底状態は，$\Psi_2^{\rm HF} = |\psi_{\gamma\uparrow}\psi_{\gamma'\uparrow}|$, $|\psi_{\gamma\uparrow}\psi_{\gamma''\uparrow}|$, ... などのように，2 個の電子のスピンが揃った状態になり，全エネルギーは式 (2.35) より，

$$E_2^{\rm HF}(\gamma_\uparrow\gamma'_\uparrow) = E_2^{\rm HF}(\gamma_\uparrow\gamma''_\uparrow) = ... = E_0 + 2\varepsilon_d^0 + U' - J_{\rm H} \tag{2.57}$$

で与えられる．基底状態 $\Psi_2^{\rm HF} = |\psi_{\gamma\uparrow}\psi_{\gamma'\uparrow}|$ での 1 電子状態のエネルギー固有値は，式 (2.44) より，

$$\begin{aligned}
\varepsilon_{\gamma\uparrow} &= \varepsilon_{\gamma'\uparrow} = \varepsilon_d^0 + U' - J_{\rm H}, \\
\varepsilon_{\gamma\downarrow} &= \varepsilon_{\gamma'\downarrow} = \varepsilon_d^0 + U + U', \\
\varepsilon_{\gamma''\uparrow} &= \varepsilon_{\gamma'''\uparrow} = ... = \varepsilon_d^0 + 2U' - 2J_{\rm H}, \\
\varepsilon_{\gamma''\downarrow} &= \varepsilon_{\gamma'''\downarrow} = ... = \varepsilon_d^0 + 2U'
\end{aligned} \tag{2.58}$$

[18] 占有軌道 γ が s 殻の場合は，2 個目の電子は 1 個目の電子と同じスピンの向きをとれないので，2 個目の電子を付け加える最もエネルギーが低い軌道は $\psi_{\gamma\downarrow}$ である．

となり，図 2.12(b) に示すように，やはり占有準位と非占有準位の間に $U' - J_{\rm H}$ のギャップを示す．ここでは，上向きスピン，下向きスピンの分裂は $2J_{\rm H}$ に増加している．Koopmans の定理によれば，3 個目の電子を付け加えるのに最もエネルギーを低いのが，$\psi_{\gamma''\uparrow}$, $\psi_{\gamma'''\uparrow}$ などの上向きスピン軌道である．電子を付け加えようとするとき，その殻に非占有の上向きスピン軌道がある限り，電子は上向きスピン軌道に入る．上向きスピン軌道がすべて占有されると，次の電子から下向きスピン軌道に入りはじめる．このように，与えられた電子数に対して，開殻のスピンは可能な限りの最大値をとろうとし，Hund 則が満たされていることがわかる．

2.2.4 結晶場の効果

異なった殻のエネルギー準位が近接している場合，Hund 則の適用は微妙である．例えば第 1 系列遷移元素（$3d$ 遷移元素）の中性原子は，$S = \frac{n}{2}$ の電子配置 $3d^n4s^2$ と $S = \frac{n}{2} + 1$ の電子配置 $3d^{n+1}4s^1$ のエネルギーが近接しており，どちらの電子配置とスピン状態が実現するかは，$4s$ 軌道と $3d$ 軌道のエネルギーの差と $4s$-$3d$ 電子間の交換相互作用の大きさによって決まる．ここでは，異なった殻に属する電子の間にもスピンを揃える交換相互作用（Hund 結合）が働いており，電子配置 $3d^{n+1}4s^1$ において，$3d$ 電子の全スピンと $4s$ 電子のスピンは必ず平行となる．

結晶場によりある殻のエネルギーが分裂している場合も，Hund 則の適用は微妙である．図 2.5 に示すように，立方対称の結晶場中で d 軌道が t_{2g} 軌道と e_g 軌道に $10Dq$ だけ分裂した場合を考える．電子数 3 個までは，Hund 則に従ってスピンを揃った方が全エネルギーが低下するが，4 個目の電子が他の電子とスピンを揃えて e_g 軌道に入る（**高スピン状態**をとる）か，Hund 則を破ってスピンの向きを逆にして t_{2g} 軌道に入る（**低スピン状態**をとる）かは，結晶場分裂の大きさ $10Dq$ と交換積分 $J_{\rm H}$ の相対的な大きさによっている．Hartree-Fock 近似によれば，$10Dq < 3J_{\rm H}$ の場合はスピンを揃えて入り $S_z = 2$ となり，$10Dq > 3J_{\rm H}$ の場合はスピンが逆向きに入り $S_z = 1$ となる．結晶場のある場合の詳しい考察は，第 4.1.1 節で行う．

2.3 多重項構造

2.3.1 多重項構造の一般論

前節で述べたように，遷移金属イオンにおいて，電子は Hund 則に従い d 殻を占有することによってクーロン・交換エネルギーを得し，d^n 電子配置の基底状態が実現される．Hund 則を満たさない d^n 電子配置の固有状態は，イオンの励起状態となる．したがって，d^n 電子配置は，図 2.13 に示すようにいくつものエネルギー準位に分裂する．この分裂を**多重項分裂** (multiplet splitting) と呼び，分裂したエネルギー準位をまとめて**多重項構造** (multiplet structure) と呼ぶ．多重項分裂の原因はクーロン相互作用の異方性と交換相互作用であり，$U-U'$, J_{H} あるいは Racah パラメータ B, C (付録 C) で表される．

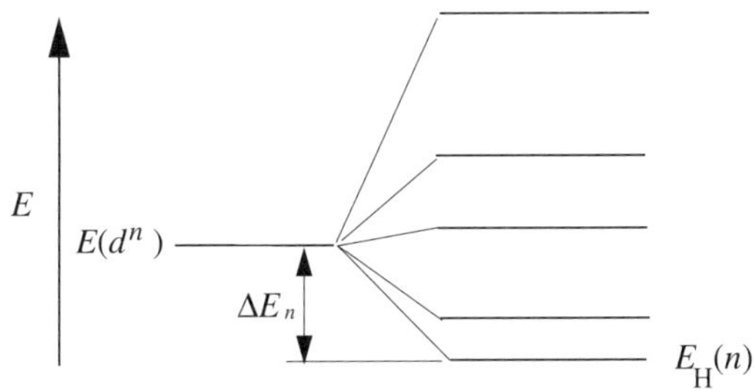

図 2.13: d^n 電子配置の多電子エネルギー準位の多重項分裂．$E(d^n)$ は多重項の重心のエネルギー，$E_{\mathrm{H}}(d^n)$ は Hund 則を満たす基底状態のエネルギー，ΔE_n は多重項補正．

まず簡単のために，クーロン相互作用の異方性と交換相互作用を無視し，多重項分裂は起こらない場合を考える．n 電子から 2 個の電子をとる組み合わせの数 ${}_nC_2=\frac{1}{2}n(n-1)$ と，2 電子間のクーロン交換エネルギーの平均値 $\bar{U}$ (式 (2.43)) を用いて，電子間クーロン交換エネルギーの合計は $\frac{1}{2}\bar{U}n(n-1)$ で与えられる．したがって，d^n 電子配置の全エネルギー $E(d^n)$ は，式 (2.52) と同様，

$$E(d^n) = E_0 + \varepsilon_d^0 n + \bar{U}_n C_2 = E_0 + n\varepsilon_d^0 + \frac{1}{2}\bar{U}n(n-1) \tag{2.59}$$

で与えられる．ここで，ε_d^0 は d 電子 1 個のエネルギーを表す．

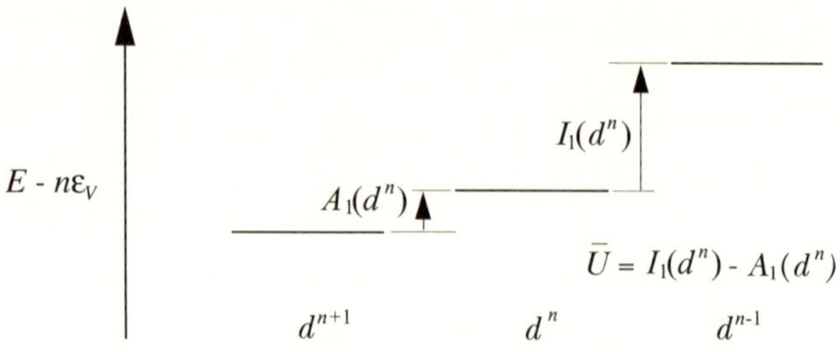

図 2.14: クーロン相互作用の異方性と交換相互作用を無視した場合の，遷移金属イオンの多電子エネルギー準位．左より，d^{n+1}，d^n，d^{n-1} 電子配置．$I_1(d^n)$：イオン化エネルギー，$\bar{U}$：2 電子間のクーロン・エネルギーの平均値，$A_1(d^n)$：電子親和力，ε_V：真空準位．異なる電子数のエネルギーを ε_V を基準として比較するために，電子系のエネルギーから $(n+1)\varepsilon_V$，$n\varepsilon_V$ あるいは $(n-1)\varepsilon_V$ を差し引いたものを縦軸にプロットしている．同じ系の 1 電子エネルギー準位図 2.11 とは，$\bar{U} = I_1(d^n) - A_1(d^n)$ の関係がある．

ある原子をイオン化して取り出した電子を充分離れた他の原子に付け加える過程（電荷移動過程 $d^n + d^n \to d^{n-1} + d^{n+1}$）に要するエネルギー $E(d^{n-1}) + E(d^{n+1}) - 2E(d^n)$ は占有状態と非占有状態の 1 粒子ギャップ $E_g(d^n)$ を与えるが，式 (2.59) より，

$$E_g(d^n) = E(d^{n-1}) + E(d^{n+1}) - 2E(d^n) = \bar{U} \tag{2.60}$$

となる．

真空準位を ε_V とすると，d^n 電子配置のイオン化エネルギーは，

$$I_1(d^n) = E(d^{n-1}) + \varepsilon_V - E(d^n) = \varepsilon_V - \varepsilon_d^0 - \bar{U}(n-1) \tag{2.61}$$

電子親和力は，

$$A_1(d^n) = E(d^n) + \varepsilon_V - E(d^{n+1}) = \varepsilon_V - \varepsilon_d^0 - \bar{U}n \tag{2.62}$$

で与えられる（式 (2.55) に同じ）．イオン化エネルギー (2.61) と電子親和力 (2.62) を用いると，1 粒子ギャップ (2.60) はこれらの差でも与えられる

ことがわかる：

$$E_g(d^n) = I_1(d^n) - A_1(d^n) = \bar{U}. \tag{2.63}$$

これらの多電子エネルギー準位を，イオン化エネルギー $I_1(d^n)$，電子親和力 $A_1(d^n)$ とともに図 2.14 に示す．これに対応する 1 電子エネルギー準位は図 2.11 に示したものである．占有準位が真空準位よりも $I(d^n)$ だけ下，非占有準位が $A_1(d^n)$ だけ下に位置し，両準位の間に大きさ $\bar{U}$（$= I_1(d^n) - A_1(d^n)$）の 1 粒子ギャップが形成されている．

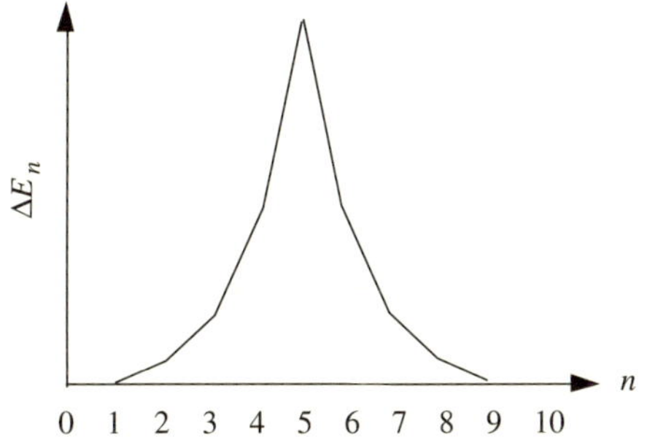

図 2.15: d^n 電子配置の多重項補正 ΔE_n.

次に，クーロン相互作用の異方性と交換相互作用により引き起こされる多重項分裂を考える．図 2.13 に示すように，d^n 電子配置の多電子エネルギー準位は，その重心 $E(d^n)$（式 (2.59)）を中心としていくつかの準位に分裂する[19]．Hund 則を満たす d^n 電子配置の基底状態のエネルギー $E_{\rm H}(n)$ と d^n 電子配置の平均エネルギー (2.59) との差

$$\Delta E_n = E(d^n) - E_{\rm H}(n) \qquad (> 0) \tag{2.64}$$

が，多重項効果による d^n 電子配置の基底状態のエネルギー低下を与えるので，**多重項補正**（multiplet correction）と呼ぶことにする（図 2.13）．交換エネルギーの利得はスピンの大きさとともに増加するから，d 殻に半分

[19] $E(d^n)$ が多重項の重心であることは，$\bar{U}$ の定義（クーロン交換相互作用の平均値）から直感的に想像されるが，各電子配置 d^n に対する具体的な計算によっても確かめられる．

電子が詰まり，Hund 則に従ってスピンが最大になる $n=5$ で，多重項補正は最大になる．また，$n=0,1,9,10$ では多重項分裂が起こらず，多重項補正はゼロとなる．多重項補正の n 依存性を，図 2.15 に示す．これらの多重項構造を考慮した遷移金属原子の多電子エネルギー準位を図 2.16 に示す．多重項分裂により，イオン化エネルギー，電子親和力も多重項補正を受ける．

多重項分裂により，イオン化エネルギーは，

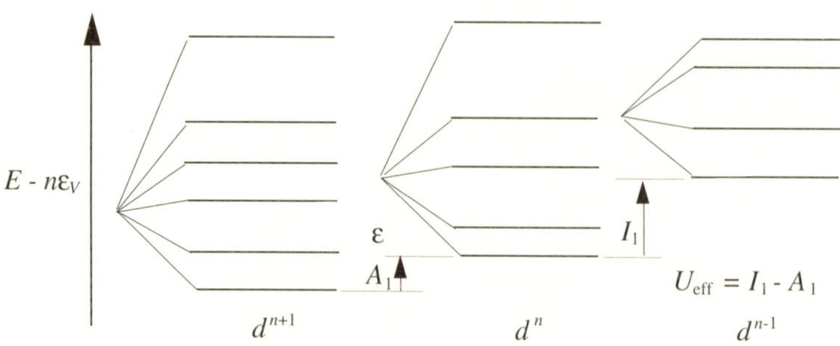

図 2.16: 多重項分裂を取り入れた遷移金属イオンの多電子エネルギー準位．左より，d^{n+1}，d^n，d^{n-1} 電子配置．I_1：イオン化エネルギー，A_1：電子親和力．ε_V：真空準位．縦軸の $-n\varepsilon_V$ の意味は図 2.14 に同じ．

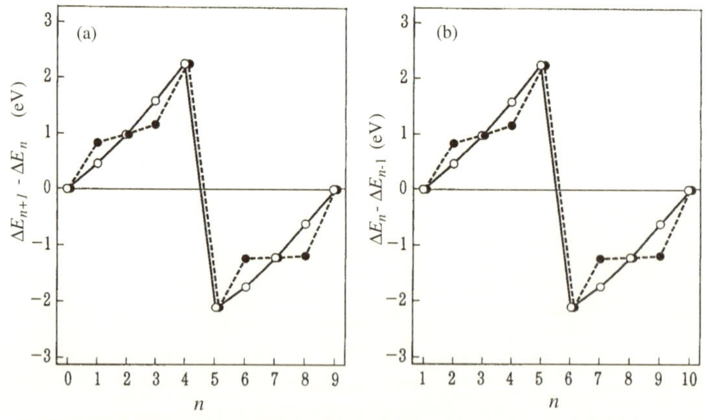

図 2.17: d^n 電子配置の電子親和力に対する多重項補正 $\Delta E_{n+1}-\Delta E_n$ (a) と，イオン化エネルギーに対する多重項補正 $\Delta E_n-\Delta E_{n-1}$ (b)．白丸は Hartree-Fock 近似，黒丸は多重項理論 [A. Fujimori, A.E. Bocquet, T. Saitoh and T. Mizokawa: *J. Electron. Spectrosc. Relat. Phenom.* **62** 141 (1993)].

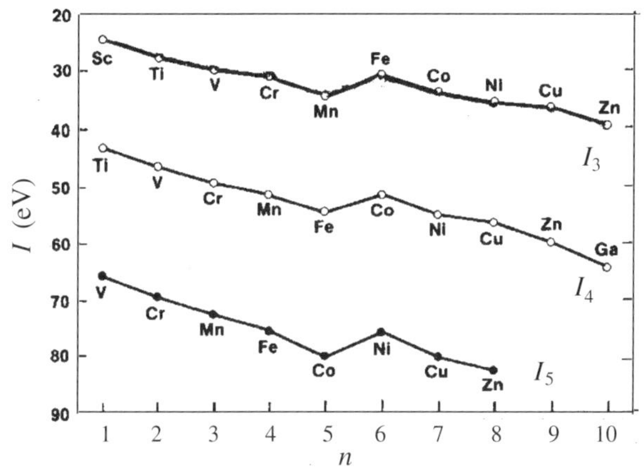

図 2.18: $3d$ 遷移金属原子のイオン化エネルギー．第3イオン化エネルギー I_3，第4イオン化エネルギー I_4，第5イオン化エネルギー I_5 は，それぞれ $M^{2+} \to M^{3+}$, $M^{3+} \to M^{4+}$，$M^{4+} \to M^{5+}$ に要するエネルギー．$I_3 - I_4$, $I_4 - I_5 \sim U$, U' あるいは $U' - J_\mathrm{H} \sim 20$ eV となっている [A. Zunger: *Solid State Physics*, edited by H. Ehrenreich and D. Turnbul, Volume 39 (Academic Press, 1986)].

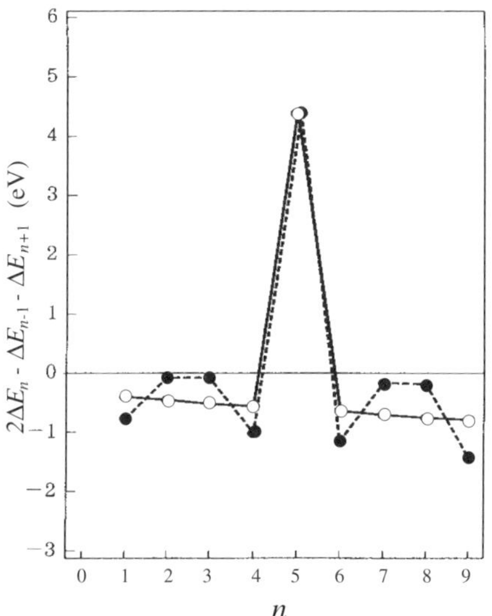

図 2.19: d^n 電子配置の1粒子ギャップに対する多重項補正 $2\Delta E_n - \Delta E_{n-1} - \Delta E_{n+1}$．黒丸は多重項理論，白丸は Hartree-Fock 近似．2電子積分は，$3d$ 遷移金属原子の値を使用 [A. Fujimori, A.E. Bocquet, T. Saitoh and T. Mizokawa: *J. Electron. Spectrosc. Relat. Phenom.* **62** 141 (1993)].

$$I_1 = E_{\mathrm{H}}(n-1) + \varepsilon_V - E_{\mathrm{H}}(n) = I_1(d^n) + \Delta E_n - \Delta E_{n-1} \tag{2.65}$$

電子親和力は，

$$A_1 = E_{\mathrm{H}}(n) + \varepsilon_V - E_{\mathrm{H}}(n+1) = A_1(d^n) + \Delta E_{n+1} - \Delta E_n \tag{2.66}$$

となる．すなわち，イオン化エネルギー，電子親和力に対する多重項補正は $\Delta E_n - \Delta E_{n-1}$, $\Delta E_{n+1} - \Delta E_n$ となり，図 2.17 に示されているような n 依存性を示す．すなわち，イオン化エネルギーに対する補正は，d 殻が電子で半分占有される $n=5$ で最大値（正値）を，$n=6$ で最小値（負値）をとる．電子親和力に対する補正は，$n=4$ で最大値（正値）を，$n=5$ で最小値（負値）をとる．図 2.18 に，$3d$ 遷移金属のイオン化エネルギーの実測値を示す．図によれば，イオン化エネルギーは全体的には原子番号とともに増加するが，$n=5$ で極大値を，$n=6$ で極小値をとっていることがわかる．これは，イオン化エネルギーが，原子番号とともに単調に増加する成分と，$n=5$ で最大値，$n=6$ で最小値をとる多重項補正の和からなっていることを示している．

1 粒子ギャップ E_g はイオン化エネルギーと電子親和力の差で与えられるので，

$$\begin{aligned} E_g &= I_1 - A_1 = E_g(d^n) + 2\Delta E_n - \Delta E_{n-1} - \Delta E_{n+1} \\ &= \bar{U} + 2\Delta E_n - \Delta E_{n-1} - \Delta E_{n+1} \equiv U_{\mathrm{eff}} \end{aligned} \tag{2.67}$$

で与えられる．したがって，多重項補正は $2\Delta E_n - \Delta E_{n-1} - \Delta E_{n+1}$ となり，図 2.19 に示すように，$n=5$ に鋭いピークをもつ．これは，半分占有された d 殻はエネルギーが最も安定化し，1 粒子ギャップが増大するためである．実際，d^5 電子配置をとるイオン（Fe^{3+}，Mn^{2+} など）は化学的に安定で，イオン結晶を作った場合も，大きなバンドギャップをもつものが多い．式 (2.67) の最後では，$\bar{U}$ に多重項補正を施したものを U_{eff} と定義した．

2.3.2 近似的な多重項構造

多重項構造のおおまかな様子を見るために，Hartree-Fock 近似を拡張し，基底状態ばかりでなく励起状態もひとつの Slater 行列式で表されると近似する．これは，Slater 行列式間の電子間相互作用 $H' = \sum_{i>j} v_{ij}$（式 (4.3) 右辺）の行列要素を無視することに対応する．

最も簡単な例として，p^2 電子配置を考える．2 個の電子のスピンと軌道の組み合わせで，$\Psi_2^{\mathrm{HF}} = |\psi_{\gamma\uparrow}\psi_{\gamma\downarrow}|, |\psi_{\gamma'\uparrow}\psi_{\gamma'\downarrow}|, |\psi_{\gamma''\uparrow}\psi_{\gamma''\downarrow}|$（軌道が同じでスピンが逆向き），$|\psi_{\gamma\uparrow}\psi_{\gamma'\downarrow}|$，$|\psi_{\gamma\uparrow}\psi_{\gamma''\downarrow}|, |\psi_{\gamma'\uparrow}\psi_{\gamma''\downarrow}|$（軌道が異なりスピンも逆向き），$|\psi_{\gamma\uparrow}\psi_{\gamma'\uparrow}|, |\psi_{\gamma\downarrow}\psi_{\gamma'\downarrow}|, ...$（軌道が異なりスピンが平行）などの 2 電子状態が考えられる．これらの状態の全エネルギーは式 (2.35) より，図 2.20 に示すように，

$$
\begin{aligned}
E_2^{\mathrm{HF}}(\gamma_\uparrow\gamma_\downarrow) &= E_2^{\mathrm{HF}}(\gamma'_\uparrow\gamma'_\downarrow) = |\psi_{\gamma''\uparrow}\psi_{\gamma''\downarrow}| = E_0 + 2\varepsilon_p^0 + U \quad (3\text{ 重縮退}), \\
E_2^{\mathrm{HF}}(\gamma_\uparrow\gamma'_\downarrow) &= E_2^{\mathrm{HF}}(\gamma_\uparrow\gamma''_\downarrow) = |\psi_{\gamma'\uparrow}\psi_{\gamma''\downarrow}| = E_0 + 2\varepsilon_p^0 + U' \quad (3\text{ 重縮退}), \\
E_2^{\mathrm{HF}}(\gamma_\uparrow\gamma'_\uparrow) &= E_2^{\mathrm{HF}}(\gamma_\downarrow\gamma'_\downarrow) = ... = E_0 + 2\varepsilon_p^0 + U' - J_{\mathrm{H}} \quad (6\text{ 重縮退})
\end{aligned}
\tag{2.68}
$$

の 3 個のエネルギー準位に分裂することが導かれる.（　）内には，それぞれのエネルギー準位の縮退度を示す.

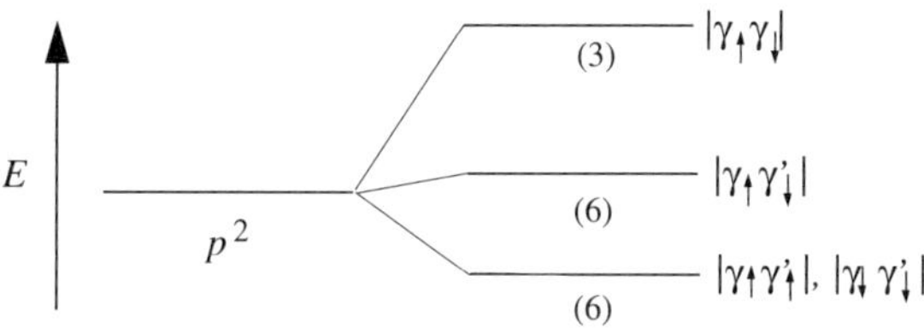

図 2.20: Hartree-Fock 近似による，p^2 電子配置の多重項構造.（　）内の数字は準位の縮退度.

d^2 電子配置も，Hartree-Fock 近似の範囲では p^2 電子配置と非常に似た多重項構造をもつことがわかる：

$$
\begin{aligned}
&E_2^{\mathrm{HF}}(\gamma_\uparrow\gamma_\downarrow) = E_2^{\mathrm{HF}}(\gamma'_\uparrow\gamma'_\downarrow) = ... = E_0 + 2\varepsilon_d^0 + U \quad (5\text{ 重縮退}),\\
&E_2^{\mathrm{HF}}(\gamma_\uparrow\gamma'_\downarrow) = E_2^{\mathrm{HF}}(\gamma_\uparrow\gamma''_\downarrow) = ... = E_0 + 2\varepsilon_d^0 + U' \quad (20\text{ 重縮退}),\\
&E_2^{\mathrm{HF}}(\gamma_\uparrow\gamma'_\uparrow) = E_2^{\mathrm{HF}}(\gamma_\downarrow\gamma'_\downarrow) = ... = E_0 + 2\varepsilon_d^0 + U' - J_{\mathrm{H}} \quad (20\text{ 重縮退})
\end{aligned}
\tag{2.69}
$$

2.3.3　多重項理論

電子相関の効果

Hartree-Fock 近似では，多電子系の波動関数は 1 つの Slater 行列式で書けると仮定するために，Slater 行列式を基底関数としたクーロン相互作用 $H'=\sum_{i>j} v_{ij}$ の行列非対角要素は無視される．Hartree-Fock 近似の枠を越えて電子相関効果を取り入れるには，これらの非対角要素を取り入れる．これによって電子-電子散乱が起こり，それぞれの電子が異なった 1 電子状態に移る可能性を取り入れる．すなわち，Hatree-Fock 近似を出発点として，状態 ψ_q，$\psi_{q'}$ にあった 2 個の電子が衝突し $\psi_{q''}$，$\psi_{q'''}$ に散乱された状態が重ね合わされる（$qq' \rightarrow q''q'''$ なる 2 電子励起状態との混成を許す）．この結果，異なった Slater 行列式同士が混成し，多電子系の波動関数は複数の Slater 行列式の線型結合となり，電子相関が取り入れられることになる．

クーロン相互作用による Slater 行列式間の混成を許し，これらの線型結合をとることによって電子相関を取り入れ多電子系の波動関数を求めるのが**多重項理論**（multiplet theory）である．

閉殻構造をもつ原子では，エネルギーが非常に高い次の殻にしか散乱先が得られないので，電子相関効果を無視した Hartree-Fock 近似がよい近似となる．閉殻に電子が 1 個付け加わった原子でも，その電子の散乱相手の電子は閉殻にあるので，やはり散乱先のエネルギーは非常に高い．したがって，この場合も Hartree-Fock 近似はよい近似と考えてよい．閉殻から電子が 1 個抜けた（ホールが 1 個付け加わった）原子も同様である．閉殻，閉殻＋ 1 電子，閉殻＋ 1 ホール状態において Hartree-Fock 近似が正確であることは，続く議論で明らかになる．

スピン・軌道角運動量の固有状態

クーロン相互作用による Slater 行列式間の混成を取り入れた多重項理論を用いれば，多重項の各状態は全スピン角運動量，全軌道角運動量の固有状態となる．ここでは，このことを積極的に利用して多重項構造を求める方法を示す．

原子は球対称なので，スピン-軌道相互作用を無視できる場合，その全軌道角運動量 $\hbar\mathbf{L}$ と全スピン角運動量 $\hbar\mathbf{S}$ は保存量であり[20]，n 個の電子をもつ原子の固有状態 Ψ_n は $\mathbf{L}^2$, L_z, $\mathbf{S}^2$, S_z の固有関数 $\Psi_n(LMSM_S;\mathbf{x}_1,...,\mathbf{x}_n)$ でなければならない．閉殻構造をもつ原子の場合，Hartree-Fock 型波動関数 Ψ_n^{HF} は固有値 $S=0$, $L=0$, $M_S=0$, $M=0$ をもち，$\mathbf{S}^2$, $\mathbf{L}^2$, S_z, L_z の固有関数となっている：$\Psi_n(0000)=\Psi_n^{\mathrm{HF}}$．閉殻電子が 1 個付け加わった電子配置，あるいは閉殻から電子が 1 個抜けた（ホールが 1 個付け加わった）電子配置をもつ原子の場合も，Hartree-Fock 型波動関数 Ψ_n^{HF} は，閉殻に付け加わった電子またはホールの $\mathbf{l}^2$, l_z, $\mathbf{s}^2$, s_z の固有値 $l(l+1)$, m, $s(s+1)$, m_s をそれぞれ $\mathbf{L}^2$, L_z, $\mathbf{S}^2$, S_z の固有値にもつ固有状態になっている：$\Psi_n(lmsm_s)=\Psi_n^{\mathrm{HF}}$．

しかし，一般の電子数 n に対しては，Hartree-Fock 型波動関数 Ψ_n^{HF} は L_z,S_z の固有関数にはなるが，$\mathbf{L}^2$，$\mathbf{S}^2$ の固有関数にはなれず，したがって原子の固有状態ではない[21]．一般に，$\mathbf{L}^2$，L_z，$\mathbf{S}^2$，S_z の固有関数 $\Psi_n(LMSM_S;\mathbf{x}_1,...,\mathbf{x}_n)$ は複数の Ψ_n^{HF} の線型結合で与えられる．すなわ

---

[20] ハミルトニアンが実空間の回転によって不変（$[H,\mathbf{L}]=0$）であれば，全軌道角運動量 $\hbar\mathbf{L}$ は保存量である．また，ハミルトニアンがスピン空間の回転によって不変（$[H,\mathbf{S}]=0$；H がスピンに依存しない場合も含む）であれば，全スピン角運動量 $\hbar\mathbf{S}$ は保存量である．スピン-軌道相互作用が無視できない場合には，$\hbar\mathbf{L}$, $\hbar\mathbf{S}$ それぞれは保存量ではなくなり，全角運動量 $\hbar\mathbf{J}=\hbar\mathbf{L}+\hbar\mathbf{S}$ のみが保存量となるが，実際の原子では $\hbar\mathbf{L}$，$\hbar\mathbf{S}$ ともに近似的に保存量と考えててよい場合が多い．とくに断らない限り，今後はスピン-軌道相互作用は無視し，$\hbar\mathbf{L}$，$\hbar\mathbf{S}$ ともに保存量と考える．

[21] 例えば，$\Psi_2^{\mathrm{HF}}=|\psi_{\gamma\uparrow}\psi_{\gamma'\downarrow}|$ は S_z の固有状態（固有値 $M_S=0$）ではあるが，$\mathbf{S}^2$ の固有状態ではない．$\mathbf{S}^2$ の固有値 $S(S+1)=2$（すなわち $S=1$）の固有状態 $\Psi_2(10)\equiv\frac{1}{\sqrt{2}}(|\psi_{\gamma\uparrow}\psi_{\gamma'\downarrow}|+|\psi_{\gamma\downarrow}\psi_{\gamma'\uparrow}|)$ と，固有値 $S(S+1)=0$（すなわち $S=0$）の固有状態 $\Psi_2(00)\equiv\frac{1}{\sqrt{2}}(|\psi_{\gamma\uparrow}\psi_{\gamma'\downarrow}|-|\psi_{\gamma\downarrow}\psi_{\gamma'\uparrow}|)$ の線型結合である．

ち，一般には Hartree-Fock 近似を越えて，**原子内での電子相関**を考えなければならない．閉殻に付け加わった複数の電子，あるいはホールの波動関数をスピンおよび軌道角運動量の合成の規則に従って合成したものが，$\mathbf{L}^2$, L_z, $\mathbf{S}^2$, S_z の固有値 $L(L+1)$, M, $S(S+1)$, M_S をもつ固有状態 $\Psi_n(LMSM_S;\mathbf{x}_1,...,\mathbf{x}_n)$ である．例えば，開殻 (n,l) に電子が 2 個入っている場合，$\Psi_2(LMSM_S;\mathbf{x}_1,\mathbf{x}_2)$ は，1 電子波動関数 $\psi_{lm\frac{1}{2}m_s}$（$-l \leq m \leq l$, $m_s = \pm\frac{1}{2}$）からなる Hartree-Fock 型波動関数 $|\psi_{lm_1\frac{1}{2}m_{s1}}\psi_{lm_2\frac{1}{2}m_{s2}}|$ と，角運動量合成のための **Clebsch-Gordan** 係数 $\langle\frac{1}{2}m_{s1}\frac{1}{2}m_{s2}|SM_S\rangle$（$M_S = m_{s1}+m_{s2}$），$\langle lm_1lm_2|LM\rangle$（$M = m_1+m_2$）（付録 E の表 E.1）を用いて，

$$\begin{aligned}
&\Psi_2(LMSM_S;\mathbf{x}_1,\mathbf{x}_2) \\
&= \sum_{m_{s1},m_{s2},m_1,m_2} \langle\frac{1}{2}m_{s1}\frac{1}{2}m_{s2}|SM_S\rangle\langle lm_1lm_2|LM\rangle \\
&\quad \times|\psi_{lm_1\frac{1}{2}m_{s1}}\psi_{lm_2\frac{1}{2}m_{s2}}|(\mathbf{x}_1,\mathbf{x}_2)
\end{aligned} \tag{2.70}$$

と与えられる[22]．また，開殻中の 2 個の電子の基底状態は，Hund 則に従いスピンが平行（$S=1$）になるので（$\langle\frac{1}{2}m_{s1}\frac{1}{2}m_{s2}|11\rangle$ に対して 1，他の m_{s_1}，m_{s_2} に対して 0 となるので），式 (2.70) は

$$\begin{aligned}
&\Psi_2(LM11;\mathbf{x}_1,\mathbf{x}_2) \\
&= \sum_{m_1,m_2} \langle lm_1lm_2|LM\rangle|\psi_{lm_1\uparrow}\psi_{lm_2\uparrow}|(\mathbf{x}_1,\mathbf{x}_2) \\
&= \frac{1}{\sqrt{2}}\sum_{m_1,m_2} \langle lm_1lm_2|LM\rangle[\phi_{lm_1}(\mathbf{r}_1)\phi_{lm_2}(\mathbf{r}_2) - \phi_{lm_2}(\mathbf{r}_1)\phi_{lm_1}(\mathbf{r}_2)] \\
&\quad \times\chi_\uparrow(s_1)\chi_\uparrow(s_2)
\end{aligned} \tag{2.71}$$

となる．開殻に電子が 3 個入る場合も，2 電子固有状態と 1 電子固有状態から角運動量を合成する要領にならって，固有状態を求めることができる：

22　ここで $|\psi_{lm_1\frac{1}{2}m_{s1}}\psi_{lm_2\frac{1}{2}m_{s2}}|$ は，実際は閉殻部分の波動関数 $\Psi_{n-2}(0000) = \Psi_{n-2}^{\mathrm{HF}}$ と開殻部分の波動関数 $|\psi_{lm_1\frac{1}{2}m_{s1}}\psi_{lm_2\frac{1}{2}m_{s2}}|$ の積を反対称化したものである [反対称化演算子を $\mathcal{A}$ として，$\mathcal{A}|\psi_{lm_1\frac{1}{2}m_{s1}}\psi_{lm_2\frac{1}{2}m_{s2}}|\Psi_{n-2}(0000)]$ が，簡単のため閉殻部分を省略して表記する．

$$\Psi_3(LMSM_S;\mathbf{x}_1,\mathbf{x}_2,\mathbf{x}_3)$$
$$= \sum_{m_s,M_{s1},m,M_1} \langle\frac{1}{2}m_sS_1M_{S1}|SM\rangle\langle lmL_1M_1|LM\rangle$$
$$\times \mathcal{A}\psi_{lm\frac{1}{2}m_s}(\mathbf{x}_1)\Psi_2(L_1M_1S_1M_{S1};\mathbf{x}_2,\mathbf{x}_3) \tag{2.72}$$

ここで，3 個の電子に対して反対称化する必要があり，

$$\mathcal{A}\psi_{mm_s}(\mathbf{x}_1)\Psi_2(L_1M_1S_1M_{S1};\mathbf{x}_2,\mathbf{x}_3)$$
$$= \frac{1}{\sqrt{3}}[\psi_{lm\frac{1}{2}m_s}(\mathbf{x}_1)\Psi_2(L_1M_1S_1M_{S1};\mathbf{x}_2,\mathbf{x}_3)$$
$$+\psi_{lm\frac{1}{2}m_s}(\mathbf{x}_2)\Psi_2(L_1M_1S_1M_{S1};\mathbf{x}_3,\mathbf{x}_1)$$
$$+\psi_{lm\frac{1}{2}m_s}(\mathbf{x}_3)\Psi_2(L_1M_1S_1M_{S1};\mathbf{x}_1,\mathbf{x}_2)] \tag{2.73}$$

である．

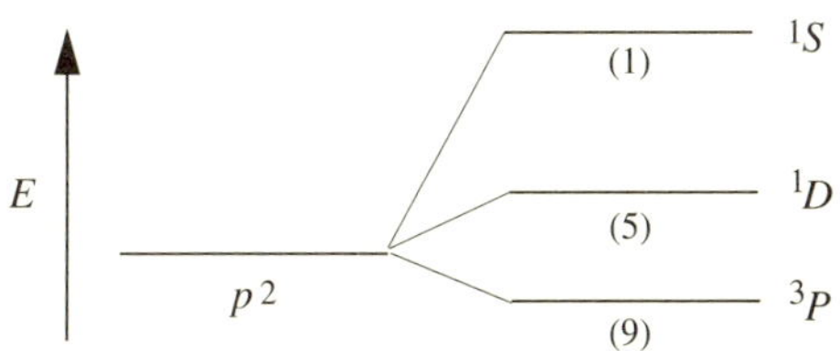

図 2.21: p^2 電子配置の多重項構造．（ ）内の数字は準位の縮退度．

以上のようなの角運動量の合成は，基底状態ばかりでなく励起状態にも適用される．例えば p 殻に 2 電子が入った場合の固有状態は，$S=1$, $L=1$ の基底状態，$S=0$, $L=2$ の励起状態，$S=0$, $L=0$ の励起状態の 3 つからなる．したがって，p^2 電子配置をもつ 2 電子状態は，図 2.21 に示すように 3 個の固有状態に分裂した多重項を形成する．(L,S) の組で指定されるそれぞれの準位を**項**（term）と呼ぶ．すなわち，p^2 電子配置が作る多重項は，3 個の項からなる．分光学ではそれぞれの項を，スピン縮退度 $2S+1$ と全軌道角運動量 L を用いて ${}^{2S+1}L$ と表す．この表記法を用いると，p^2 電子配置は ${}^3P$，${}^1D$，${}^1S$ の多重項からなるといえる．

与えられた電子配置に許される項 ${}^{2S+1}L$ を求める簡便な方法を，p^2 電子配置を例にとって図 2.22 で説明する．p 軌道の 1 電子状態 $(m,\ m_s)$

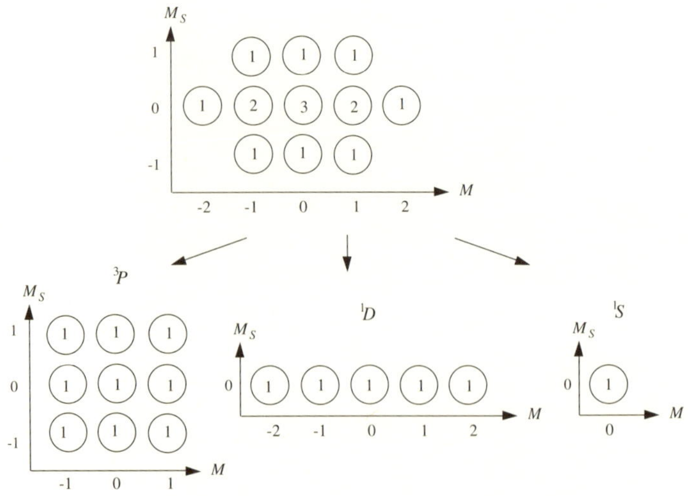

図 2.22: p^2 電子配置で許される ^{2S+1}L を求める方法.

$(-\frac{1}{2} \leq m_s \leq \frac{1}{2},\ -1 \leq m \leq 1)$ に Pauli の原理を破らないように電子を 2 個詰めるには，${}_6C_2 = 15$ 通りの詰め方がある．これら 15 状態の $M = m_1 + m_2$ と $M_S = m_{S1} + m_{S2}$ の値を調べ，(M, M_S) 平面における分布を求める（図 2.22 上）．次にこの分布を，重みが全て 1 の複数の長方形に分解する（図 2.22 下）．ここでは，横 × 縦が 3×3，5×1，1×1 の 3 つの長方形に分解でき，横が $2L + 1$，縦が $2S + 1$ であることから，それぞれの長方形が ^3P，^1D，^1S であることがわかる．同様に，d^2 電子配置の多重項で許される項 ^{2S+1}L は ^1G，^3F，^1D，^3P，^1S であることがわかる．

この節では，ポテンシャルが球対称の場合の多重項効果についてのみ述べた．結晶場中の電子の多重項効果については，配位子場理論として，第 4.1.2 節に述べる．

2.4 周期律

原子の球対称ポテンシャル中では，n, l で指定される 1 電子エネルギー準位（$\varepsilon_{ns}, \varepsilon_{np}, \varepsilon_{nd}, \varepsilon_{nf}$）が形成される．それぞれの 1 電子エネルギー準位は，原子番号の増加とともに低下し，低い方から電子に占有されて行く．典型元素に話を限ると，$\varepsilon_{ns}, \varepsilon_{np}$ のみ考慮すればよく，それらの順序は，付録 F に示す原子番号の増加に伴う電子の占有のされ方からわかるように，

$$\begin{aligned}&\varepsilon_{1s} < \varepsilon_{2s} < \varepsilon_{2p} < \varepsilon_{3s} < \varepsilon_{3p} < \varepsilon_{4s} < \varepsilon_{4p} < \varepsilon_{5s} < \varepsilon_{5p} < \varepsilon_{6s} \\ &< \varepsilon_{6p} < \varepsilon_{7s}\end{aligned} \tag{2.74}$$

である．I 族（アルカリ金属），II 族（アルカリ土類金属）元素の外殻 s 軌道は浅く，電子を失いやすいので，それぞれの中性原子の s 電子数に等しい価数をもつ＋1 価，＋2 価の陽イオンとなりやすい．逆に，VI 族（カルコゲン），VII 族（ハロゲン）元素の外殻 p 軌道は深く，電子を受け取りやすいので，それぞれの空いた p 準位数（p ホール数）に等しい -2 価，-1 価の陰イオンになりやすい．希ガス原子のような閉殻構造は，外殻 s 軌道が空で，外殻 p 軌道がすべて電子で占有されているために，正にも負にもイオン化されにくく安定である．

遷移元素も含めると，ε_{nd}，ε_{nf} も考慮する必要がでてきて，

$$\begin{aligned}&\varepsilon_{1s} < \varepsilon_{2s} < \varepsilon_{2p} < \varepsilon_{3s} < \varepsilon_{3p} < \varepsilon_{4s} \sim \varepsilon_{3d} < \varepsilon_{4p} < \varepsilon_{5s} \sim \varepsilon_{4d} \\ &< \varepsilon_{5p} < \varepsilon_{6s} \sim \varepsilon_{5d} \sim \varepsilon_{4f} < \varepsilon_{6p} < \varepsilon_{7s} \sim \varepsilon_{6d} \sim \varepsilon_{5f} < \varepsilon_{7p}\end{aligned} \tag{2.75}$$

となる．$\sim$ で示した準位はエネルギーが近接しており，その左側に書かれた準位が閉殻にならないうちに，その右側に書かれた準位に電子が入り始めることを示す．図 2.23 に，元素の 1 電子エネルギー準位を示す．しかし，付録 F に示すように，近接した 1 電子エネルギー準位のどちらに電子が入るかは，必ずしもこの順番に従わない．例えば，ほとんどすべての第 1 系列遷移元素が電子配置 $3d^n4s^2$ をとるにも関わらず，d^5 電子配置は

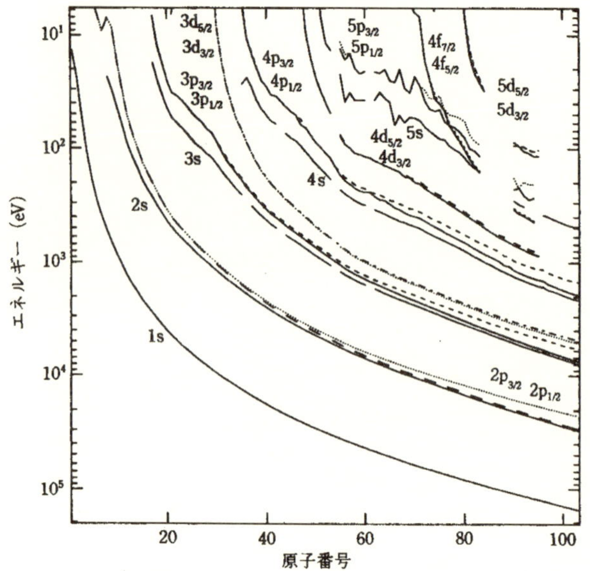

図 2.23: 元素の 1 電子エネルギー準位 [菅野暁, 藤森淳, 吉田博 編：新しい放射光科学（講談社, 2000)]. 縦軸は, 真空準位から下向きに測ったエネルギー値. 1/2, 3/2, 5/2 などの添え字は, 全角運動量の大きさを表す量子数 j ($j = l \pm 1/2$).

交換エネルギーを大きく得するために, Cr は $3d^4 4s^2$ ではなく $3d^5 4s^1$ 電子配置をとる.

Koopmans の定理 (2.46) より, 原子の第 1 イオン化エネルギーは, 最高占有状態 $\psi_{q^{(n)}}$ のエネルギー $\varepsilon_{q^{(n)}}$ を用いて $I_1 = \varepsilon_V - \varepsilon_{q^{(n)}}$, 第 1 電子親和力は, 最低非占有状態 $\psi_{q^{(n+1)}}$ のエネルギー $\varepsilon_{q^{(n+1)}}$ を用いて $A_1 = \varepsilon_V - \varepsilon_{q^{(n+1)}}$ で与えられる. 第 1 イオン化エネルギーの実測値を図 2.24 に示す. 第 2 イオン化エネルギーは

$$I_2 \simeq \varepsilon_V - \varepsilon_{q^{(n-1)}} + \langle q^{(n-1)} q^{(n)} | v | q^{(n-1)} q^{(n)} \rangle - \langle q^{(n-1)} q^{(n)} | v | q^{(n)} q^{(n-1)} \rangle$$

と, 最初にイオン化された電子との相互作用エネルギー（クーロン＋交換エネルギー：$\langle q^{(n-1)} q^{(n)} | v | q^{(n-1)} q^{(n)} \rangle - \langle q^{(n-1)} q^{(n)} | v | q^{(n)} q^{(n-1)} \rangle \sim U$, U' または $U' - J_{\mathrm{H}} > 0$）だけ増加するので, 第 1 イオン化エネルギーに比べて大きくなる（$I_2 > I_1$）. 第 3 イオン化エネルギー, 第 4 イオン化エ

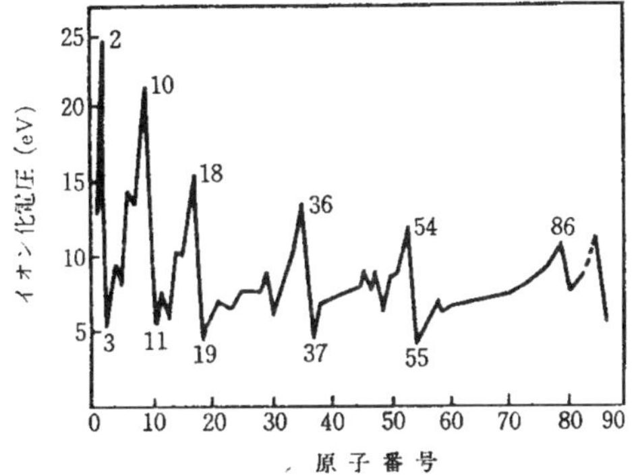

図 2.24: 原子の第1イオン化エネルギー（イオン化電圧で表す）の実測値 [井口洋夫：元素と周期律（裳華房，1969 年)].

ネルギー，.... とイオン化が進むに従って，イオン化エネルギーは急速に（図 2.18 によれば，$3d$ 遷移金属イオンの場合，約 20 eV ずつ）増加していく．一方，第 2 電子親和力は

$$A_2 \simeq \varepsilon_V - \varepsilon_{q^{(n+1)}}$$
$$- [\langle^{(n+2)} q^{(n+1)}|v|q^{(n+2)} q^{(n+1)}\rangle - \langle q^{(n+2)} q^{(n+1)}|v|q^{(n+1)} q^{(n+2)}\rangle]$$

と，最初に付加された電子との相互作用エネルギーの分だけ減少し，$A_2 < A_1$ となる．電荷付加がさらに進むと，A_n は負になる．すなわち，束縛状態として付け加えることのできる電子の数には限りがある．

電子を 1 つの原子から充分離れた他の原子へ移動させるのに必要なエネルギー E_g は，$E_g = I_1 - A_1 = \varepsilon_{q^{(n+1)}} - \varepsilon_{q^{(n)}}$ で与えられる．E_g が小さいと，原子間の電子移動が起こりやすくなり，電気伝導度も高くなる．

第3章

分子の電子状態

3

無限個の原子の集合体である凝縮系を扱う前に，有限個の原子の集合体である分子の電子状態を考える．全電子数を N，電子の位置座標 $\mathbf{r}_1, \mathbf{r}_2, ..., \mathbf{r}_N$ とスピン座標 $s_1, s_2, ..., s_N$ を併せたものを $\mathbf{x}_1, \mathbf{x}_2, ..., \mathbf{x}_N$，全原子数を $\mathcal{N}$，原子核 a（$a = 1, 2, ..., \mathcal{N}$）の位置座標を $\mathbf{R}_a$ とすると，分子の波動関数

$$\Psi(\mathbf{R}_1, \mathbf{R}_2, ..., \mathbf{R}_{\mathcal{N}}; \mathbf{x}_1, \mathbf{x}_2, ..., \mathbf{x}_N)$$

とエネルギー固有値 E が満たす Schrödinger 方程式は，

$$H_{R,N}\Psi(\mathbf{R}_1, ..., \mathbf{R}_{\mathcal{N}}; \mathbf{x}_1, ..., \mathbf{x}_N) = E\Psi(\mathbf{R}_1, ..., \mathbf{R}_{\mathcal{N}}; \mathbf{x}_1, ..., \mathbf{x}_N),$$

$$\begin{aligned} H_{R,N} &= \sum_{i=1}^{N}\left[\frac{\mathbf{p}_i^2}{2m} - \sum_{a=1}^{\mathcal{N}}\frac{Z_a e^2}{r_{ia}}\right] + \sum_{i>j=1}^{N}\frac{e^2}{r_{ij}} + \sum_{a}^{\mathcal{N}}\frac{\mathbf{P}_a^2}{2M_a} + \sum_{a>b}^{\mathcal{N}}\frac{Z_a Z_b e^2}{R_{ab}} \\ &= \sum_{i=1}^{N} h_i + \sum_{i>j=1}^{N} v_{ij} + \sum_{a=1}^{\mathcal{N}}\frac{\mathbf{P}_a^2}{2M_a} + \sum_{a>b}^{\mathcal{N}}\frac{Z_a Z_b e^2}{R_{ab}} \end{aligned} \tag{3.1}$$

である．ここで，$r_{ia} \equiv |\mathbf{r}_i - \mathbf{R}_a|$，$R_{ab} \equiv |\mathbf{R}_a - \mathbf{R}_b|$ である．$\mathbf{P}_a$，M_a，Z_a は原子核 a の運動量，質量，電荷数を表す．$\mathbf{R}_a$，$\mathbf{P}_a$ も原理的には量子力学的変数であるが，原子核の質量は電子の質量に比べて充分大きい（$M_a \gg m$）のでその運動は遅く，原子核の運動エネルギー $\mathbf{P}_a^2/2M_a$ を無視し，$\mathbf{R}_a$ をパラメータと見なしてよい場合が多い．したがって，分子の振動は，$\mathbf{R}_a$ をパラメータとして少しずつ変えながら Schrödinger 方程式 (3.1) を解き，得られたエネルギー曲線 $E = f(\mathbf{R}_1, ..., \mathbf{R}_{\mathcal{N}})$ を核の変位に対するポテンシャルとして考えることが多い（Born-Oppenheimer 近似）．原子核の運動に対する Schrödinger 方程式

$$H_R\Theta(\mathbf{R}_1, ..., \mathbf{R}_{\mathcal{N}}) = \omega\Theta(\mathbf{R}_1, ..., \mathbf{R}_{\mathcal{N}}),$$

$$H_R = \sum_{a=1}^{\mathcal{N}} \frac{\mathbf{P}_a^2}{2M_a} + f(\mathbf{R}_1, ..., \mathbf{R}_{\mathcal{N}}) \tag{3.2}$$

を解けば，原子核の量子力学的運動を調べられる．さしあたっては，原子核の運動は考えず，与えられた原子核の位置 $\mathbf{R}_1, ..., \mathbf{R}_{\mathcal{N}}$ に対して，電子に対する Schrödinger 方程式（原子の Schrödinger 方程式 (2.17) に対応）

$$\begin{gathered} H_N \Psi(\mathbf{x}_1, ..., \mathbf{x}_N) = E_N \Psi(\mathbf{x}_1, ..., \mathbf{x}_N), \\ H_N = \sum_{i=1}^{N} \left[\frac{\mathbf{p}_i^2}{2m} - \sum_{a=1}^{\mathcal{N}} \frac{Z_a e^2}{r_{ia}} \right] + \sum_{i>j=1}^{N} \frac{e^2}{r_{ij}} \equiv \sum_{i=1}^{N} h_i + \sum_{i>j=1}^{N} v_{ij} \end{gathered} \tag{3.3}$$

を解くことを考え，必要のない場合は $\mathbf{R}_1, ..., \mathbf{R}_{\mathcal{N}}$ を省略する．また，内殻電子の波動関数を原子のものに固定し，内殻電子と原子核のつくるポテンシャルを併せて内殻ポテンシャルとしてしまい，価電子のみについて Schrödinger 方程式を解くことも多い：

$$H_N = \sum_{i=1}^{N} \left[\frac{\mathbf{p}_i^2}{2m} - \sum_{a=1}^{\mathcal{N}} v_{\text{core}}^a (\mathbf{r} - \mathbf{R}_a) \right] + \sum_{i>j=1}^{N} \frac{e^2}{r_{ij}} \equiv \sum_{i=1}^{N} h_i + \sum_{i>j=1}^{N} v_{ij}. \tag{3.4}$$

ここで，v_{core}^a は原子 a の内殻の作るポテンシャルである．

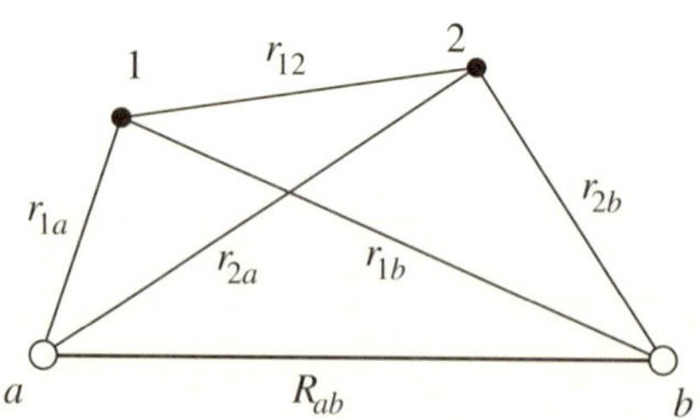

図 3.1: 水素分子．白丸は原子核 a, b．黒丸は電子 1, 2.

最も簡単な分子である水素分子の場合，分子を構成する原子を a, b とすると（図 (3.1)），その波動関数 $\Psi(\mathbf{x}_1, \mathbf{x}_2)$ とエネルギー固有値 E の満た

す Schrödinger 方程式は,

$$H_2\Psi(\mathbf{x}_1,\mathbf{x}_2) = E_2\Psi(\mathbf{x}_1,\mathbf{x}_2)$$

$$H_2 = \sum_{i=1}^{2}\left[\frac{\mathbf{p}_i^2}{2m} - \frac{e^2}{r_{ia}} - \frac{e^2}{r_{ib}}\right] + \frac{e^2}{r_{12}} \equiv \sum_{i=1}^{2} h_i + v_{12} \tag{3.5}$$

である.

3.1 Heitler-London 法

3.1.1 水素分子

水素分子の電子状態を，原子 a, b がそれぞれ孤立し，各原子に電子が 1 個ずつ局在している状態を出発点として考える．すなわち，原子 a, b の $1s$ 波動関数

$$\psi_{a\sigma}(\mathbf{x}) \equiv \phi_a(\mathbf{r})\chi_\sigma(s) \equiv \phi_{1s}(\mathbf{r}-\mathbf{R}_\mathrm{a})\chi_\sigma(s),$$

$$\psi_{b\sigma'}(\mathbf{x}) \equiv \phi_b(\mathbf{r})\chi_{\sigma'}(s) \equiv \phi_{1s}(\mathbf{r}-\mathbf{R}_\mathrm{b})\chi_{\sigma'}(s)$$

の積を反対称化した Slater 行列式，すなわち Hartree-Fock 型の波動関数を考える（Slater 行列式の表記は式 (2.29) を参照）：

$$\begin{aligned}
\Psi_2(a_\uparrow b_\downarrow;\mathbf{x}_1,\mathbf{x}_2) &= |\psi_{a\uparrow}\psi_{b\downarrow}|(\mathbf{x}_1,\mathbf{x}_2),\\
\Psi_2(a_\downarrow b_\uparrow;\mathbf{x}_1,\mathbf{x}_2) &= |\psi_{a\downarrow}\psi_{b\uparrow}|(\mathbf{x}_1,\mathbf{x}_2),\\
\Psi_2(a_\uparrow b_\uparrow;\mathbf{x}_1,\mathbf{x}_2) &= \frac{1}{\sqrt{1-\tilde{S}^2}}|\psi_{a\uparrow}\psi_{b\uparrow}|(\mathbf{x}_1,\mathbf{x}_2)\\
&= \frac{1}{\sqrt{2(1-\tilde{S}^2)}}[\phi_a(\mathbf{r}_1)\phi_b(\mathbf{r}_2)-\phi_b(\mathbf{r}_1)\phi_a(\mathbf{r}_2)]\chi_\uparrow(s_1)\chi_\uparrow(s_2),\\
\Psi_2(a\downarrow b\downarrow;\mathbf{x}_1,\mathbf{x}_2) &= \frac{1}{\sqrt{1-\tilde{S}^2}}|\psi_{a\downarrow}\psi_{b\downarrow}|(\mathbf{x}_1,\mathbf{x}_2)\\
&= \frac{1}{\sqrt{2(1-\tilde{S}^2)}}[\phi_a(\mathbf{r}_1)\phi_b(\mathbf{r}_2)-\phi_b(\mathbf{r}_1)\phi_a(\mathbf{r}_2)]\chi_\downarrow(s_1)\chi_\downarrow(s_2).
\end{aligned} \tag{3.6}$$

ここで，$\tilde{S} \equiv \langle\phi_a|\phi_b\rangle$（$>0$）は，異なる原子の軌道が互いに直交していないことによる**重なり積分**である．状態 (3.6) におけるハミルトニアン (3.5) の期待値は，$\Psi_2(a_\uparrow b_\downarrow)$，$\Psi_2(a_\downarrow b_\uparrow)$ については，

$$
\begin{aligned}
E_2(a_\uparrow b_\downarrow) &\equiv \langle\Psi_2(a_\uparrow b_\downarrow)|H_2|\Psi_2(a_\uparrow b_\downarrow)\rangle \\
&= \frac{1}{2}[\langle\phi_a(\mathbf{r}_1)|h_1|\phi_a(\mathbf{r}_1)\rangle + \langle\phi_b(\mathbf{r}_1)|h_1|\phi_b(\mathbf{r}_1)\rangle \\
&\quad + \langle\phi_a(\mathbf{r}_2)|h_2|\phi_a(\mathbf{r}_2)\rangle + \langle\phi_b(\mathbf{r}_2)|h_2|\phi_b(\mathbf{r}_2)\rangle \\
&\quad + 2\langle\phi_a(\mathbf{r}_1)\phi_b(\mathbf{r}_2)|v_{12}|\phi_a(\mathbf{r}_1)\phi_b(\mathbf{r}_2)\rangle \\
&\quad + 2\langle\phi_b(\mathbf{r}_1)\phi_a(\mathbf{r}_2)|v_{12}|\phi_a(\mathbf{r}_1)\phi_b(\mathbf{r}_2)\rangle] \equiv 2\tilde{\varepsilon}_{1s} + U_{ab}
\end{aligned}
\tag{3.7}
$$

となる．ここで，

$$
\tilde{\varepsilon}_{1s} \equiv \varepsilon_{1s} - \langle\phi_a(\mathbf{r}_1)|e^2/r_{1B}|\phi_a(\mathbf{r}_1)\rangle
$$

は隣りの原子の影響でシフトした $1s$ 原子軌道のエネルギー，

$$
U_{ab} \equiv \langle\phi_a(\mathbf{r}_1)\phi_b(\mathbf{r}_2)|v_{12}|\phi_a(\mathbf{r}_1)\phi_b(\mathbf{r}_2)\rangle \qquad (<\sim e^2/R_{ab})
\tag{3.8}
$$

は原子間クーロン積分である．スピンが平行な状態 $\Psi_2(a_\uparrow b_\uparrow)$，$\Psi_2(a_\downarrow b_\downarrow)$ におけるハミルトニアン (3.5) の期待値は期待値は，

$$
\begin{aligned}
E_2(a_\uparrow b_\uparrow) &\equiv \langle\Psi_2(a_\uparrow b_\uparrow)|H_2|\Psi_2(a_\uparrow b_\uparrow)\rangle \\
&= \frac{1}{2(1-\tilde{S}^2)}[\langle\phi_a(\mathbf{r}_1)|h_1|\phi_a(\mathbf{r}_1)\rangle + \langle\phi_b(\mathbf{r}_1)|h_1|\phi_b(\mathbf{r}_1)\rangle \\
&\quad + \langle\phi_a(\mathbf{r}_2)|h_2|\phi_a(\mathbf{r}_2)\rangle + \langle\phi_b(\mathbf{r}_2)|h_2|\phi_b(\mathbf{r}_2)\rangle \\
&\quad - \tilde{S}\langle\phi_a(\mathbf{r}_1)|h_1|\phi_b(\mathbf{r}_1)\rangle - \tilde{S}\langle\phi_b(\mathbf{r}_1)|h_1|\phi_a(\mathbf{r}_1)\rangle \\
&\quad - \tilde{S}\langle\phi_a(\mathbf{r}_2)|h_2|\phi_b(\mathbf{r}_2)\rangle - \tilde{S}\langle\phi_b(\mathbf{r}_2)|h_2|\phi_a(\mathbf{r}_2)\rangle \\
&\quad + 2\langle\phi_a(\mathbf{r}_1)\phi_b(\mathbf{r}_2)|v_{12}|\phi_a(\mathbf{r}_1)\phi_b(\mathbf{r}_2)\rangle \\
&\quad + 2\langle\phi_b(\mathbf{r}_1)\phi_a(\mathbf{r}_2)|v_{12}|\phi_a(\mathbf{r}_1)\phi_b(\mathbf{r}_2)\rangle] \\
&\equiv \frac{1}{1-\tilde{S}^2}[2\tilde{\varepsilon}_{1s} + 2\tilde{S}t + U_{ab} - J_{ab}]
\end{aligned}
\tag{3.9}
$$

となる．ここで，

$$J_{ab} \equiv \langle \phi_a(\mathbf{r}_1)\phi_b(\mathbf{r}_2)|v_{12}|\phi_b(\mathbf{r}_1)\phi_a(\mathbf{r}_2)\rangle \tag{3.10}$$

は原子間の交換積分，

$$-t \equiv \langle \phi_a(\mathbf{r})|h|\phi_b(\mathbf{r})\rangle \ \ (<0) \tag{3.11}$$

は，原子 a, b 間の電子の移動を生じさせる**移動積分**である．式 (3.7) と式 (3.9) で表されるスピン平行状態とスピン反平行状態の分裂を，図 3.2 に示す．

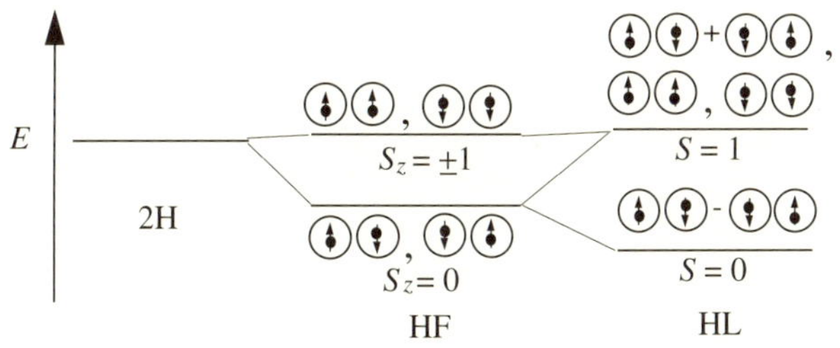

図 3.2: 水素分子の多電子エネルギー準位．それぞれの 2 電子配置は，1 個の Slater 行列式に対応．左：2 個の原子に解離した状態（2H）．中：Hartree-Fock（HF）型波動関数の表す状態．右：Heitler-London（HL）型状態．+，− は Slater 行列式の線型結合（式 (3.12)，(3.13)）を表す．

さて，ハミルトニアン (3.5) の固有状態は $\mathbf{S}^2$, S_z の固有関数でなければならないが，Hartree-Fock 型の波動関数 (3.6) は必ずしも $\mathbf{S}^2$，S_z の固有関数ではない．$\mathbf{S}^2$, S_z の固有関数 $\Psi_2(SM_S)$（$\equiv \Psi_2^{\mathrm{HL}}(SM_S)$）を，(3.6) の線型結合により作る．$S=0$, $S_z=0$（スピン 1 重項）の固有関数は，

$$\begin{aligned}
\Psi_2^{\mathrm{HL}}(00;\mathbf{x}_1,\mathbf{x}_2) &= \frac{1}{\sqrt{2(1+\tilde{S}^2)}}[\Psi_2(a_\uparrow b_\downarrow;\mathbf{x}_1,\mathbf{x}_2) - \Psi_2(a_\downarrow b_\uparrow;\mathbf{x}_1,\mathbf{x}_2)] \\
&= \frac{1}{2\sqrt{1+\tilde{S}^2}}[\phi_a(\mathbf{r}_1)\phi_b(\mathbf{r}_2) + \phi_b(\mathbf{r}_1)\phi_a(\mathbf{r}_2)] \\
&\quad \times[\chi_\uparrow(s_1)\chi_\downarrow(s_2) - \chi_\downarrow(s_1)\chi_\uparrow(s_2)]
\end{aligned} \tag{3.12}$$

で与えられ，$S=1$, $S_z=-1, 0, 1$（スピン 3 重項）の固有関数は，

$$\Psi_2^{\mathrm{HL}}(11;\mathbf{x}_1,\mathbf{x}_2) = \Psi_2(a_\uparrow b_\uparrow;\mathbf{x}_1,\mathbf{x}_2),$$

$$
\begin{aligned}
\Psi_2^{\mathrm{HL}}(10;\mathbf{x}_1,\mathbf{x}_2) &= \frac{1}{\sqrt{2(1-\tilde{S}^2)}}[\Psi_2(a_\uparrow b_\downarrow;\mathbf{x}_1,\mathbf{x}_2)+\Psi_2(a_\downarrow b_\uparrow;\mathbf{x}_1,\mathbf{x}_2)] \\
&= \frac{1}{2\sqrt{1-\tilde{S}^2}}[\phi_a(\mathbf{r}_1)\phi_b(\mathbf{r}_2)-\phi_b(\mathbf{r}_1)\phi_a(\mathbf{r}_2)] \\
&\quad \times[\chi_\uparrow(s_1)\chi_\downarrow(s_2)+\chi_\downarrow(s_1)\chi_\uparrow(s_2)], \\
\Psi_2^{\mathrm{HL}}(1-1;\mathbf{x}_1,\mathbf{x}_2) &= \Psi_2(a_\downarrow b_\downarrow;\mathbf{x}_1,\mathbf{x}_2)
\end{aligned}
\tag{3.13}
$$

で与えられる．式 (3.12), (3.13) を第 2 量子化形式で書くと，

$$
\Psi_2^{\mathrm{HL}}(00) = \frac{1}{\sqrt{2(1+\tilde{S}^2)}}(c_{a\uparrow}^\dagger c_{b\downarrow}^\dagger - c_{a\downarrow}^\dagger c_{b\uparrow}^\dagger)|0\rangle, \tag{3.14}
$$

$$
\begin{aligned}
\Psi_2^{\mathrm{HL}}(11) &= \frac{1}{\sqrt{(1-\tilde{S}^2)}}c_{a\uparrow}^\dagger c_{b\uparrow}^\dagger|0\rangle, \\
\Psi_2^{\mathrm{HL}}(10) &= \frac{1}{\sqrt{2(1-\tilde{S}^2)}}(c_{a\uparrow}^\dagger c_{b\downarrow}^\dagger + c_{a\downarrow}^\dagger c_{b\uparrow}^\dagger)|0\rangle, \\
\Psi_2^{\mathrm{HL}}(1-1) &= \frac{1}{\sqrt{(1-\tilde{S}^2)}}c_{a\downarrow}^\dagger c_{b\downarrow}^\dagger|0\rangle
\end{aligned}
\tag{3.15}
$$

となる（ここで，ϕ_a, ϕ_b が非直交系であるため，演算子の交換関係に注意．付録 B 参照）．このように，隣り合う原子軌道にある電子（2 個）を組み合わせて**スピン 1 重項**（spin singlet）をつくり原子間の化学結合を記述することを，**Heitler-London 法**あるいは**原子価結合法**（valence-bond method）という．Heitler-London 法による波動関数 (3.12), (3.13) は，軌道部分とスピン部分の積からなっている．(3.12), (3.13) は，軌道部分とスピン部分のどちらか一方が電子の交換に対して対称，もう一方が反対称で，全体として反対称となり Pauli の原理を満たしている．状態 (3.12), (3.13) におけるエネルギー期待値 $E_2^{\mathrm{HL}}(S)$ は，それぞれ，

$$
\begin{aligned}
&E_2^{\mathrm{HL}}(0) \equiv \langle\Psi_2^{\mathrm{HL}}(00)|H_2|\Psi_2^{\mathrm{HL}}(00)\rangle \\
&= \frac{1}{1+\tilde{S}^2}[2\tilde{\varepsilon}_{1s} - 2\tilde{S}t + U_{ab} + J_{ab}]
\end{aligned}
\tag{3.16}
$$

$$
\begin{aligned}
&E_2^{\mathrm{HL}}(1) \equiv \langle\Psi_2^{\mathrm{HL}}(11)|H_2|\Psi_2^{\mathrm{HL}}(11)\rangle \\
&= \frac{1}{1-\tilde{S}^2}[2\tilde{\varepsilon}_{1s} + 2\tilde{S}t + U_{ab} - J_{ab}]
\end{aligned}
\tag{3.17}
$$

となる．移動積分 $-t$（式 (3.11)）は，電子が原子 a, b 間を飛び移ることによる運動エネルギーとポテンシャル・エネルギーの利得を表し，$-\tilde{S}t \sim -1$ eV である．したがって，スピン 1 重項のエネルギーを下げ，原子 a, b 間に化学結合が生じる．スピン 3 重項では $+\tilde{S}t$ がエネルギーを上げ，原子 a, b 間に結合は生じない（図 3.2 参照）．交換エネルギー $\pm J_{ab}$ は，スピン 1 重項の結合を弱める方向に働くが，値が小さいので重要ではない．

スピン 1 重項がスピン 3 重項に比べてポテンシャル・エネルギーを得する理由は，ポテンシャルの低い原子核 a，b 間で電子密度が増大しているからである．これを見るために，状態 (3.14)，(3.15) における電子密度演算子 $\rho(\mathbf{r}) \equiv \delta(\mathbf{r}_1 - \mathbf{r}) + \delta(\mathbf{r}_2 - \mathbf{r})$ の期待値を求める：

$$\begin{aligned} \langle \Psi_2^{\mathrm{HL}}(00)|\rho(\mathbf{r})|\Psi_2^{\mathrm{HL}}(00)\rangle &= \frac{1}{1+\tilde{S}^2}[\phi_a(\mathbf{r})^2 + 2\tilde{S}\phi_a(\mathbf{r})\phi_b(\mathbf{r}) + \phi_b(\mathbf{r})^2] \\ \langle \Psi_2^{\mathrm{HL}}(10)|\rho(\mathbf{r})|\Psi_2^{\mathrm{HL}}(10)\rangle &= \frac{1}{1-\tilde{S}^2}[\phi_a(\mathbf{r})^2 - 2\tilde{S}\phi_a(\mathbf{r})\phi_b(\mathbf{r}) + \phi_b(\mathbf{r})^2]. \end{aligned} \tag{3.18}$$

原子核 a，b の中点付近では，式 (3.18) はそれぞれ $\sim 2\frac{1+\tilde{S}}{1+\tilde{S}^2}\phi_a(R_{ab}/2)^2$，$\sim 2\frac{1-\tilde{S}}{1-\tilde{S}^2}\phi_a(R_{ab}/2)^2$ の値をとり，確かに前者は後者より大きくなっている．

式 (3.17) に，原子核間のポテンシャル・エネルギー（$= e^2/R_{ab}$，式 (3.1) の最後の項）を加えると，図 3.3 に示すように，水素分子の全エネルギーが原子間距離 R_{ab} の関数として

$$E_2^{\mathrm{HL}}(0, R_{ab}) + e^2/R_{ab}$$

と表され，全エネルギーを最小とする $R_{ab,\min}$ から結合距離が，そのときの全エネルギー

$$E_2^{\mathrm{HL}}(0, R_{ab,\min}) + e^2/R_{ab,\min}$$

と水素原子のエネルギー（$\varepsilon_{1s} = -13.6$ eV）の 2 倍（$2\varepsilon_{1s}$）との差 $2\varepsilon_{1s} - E_2^{\mathrm{HL}}(0, R_{ab,\min}) - e^2/R_{ab,\min}$ が水素分子の結合エネルギーが得られる．図 3.3 には，結合を作らないスピン 3 重項（$S = 1$）のエネルギー

$$E_2^{\mathrm{HL}}(1, R_{ab}) + e^2/R_{ab}$$

も示す．

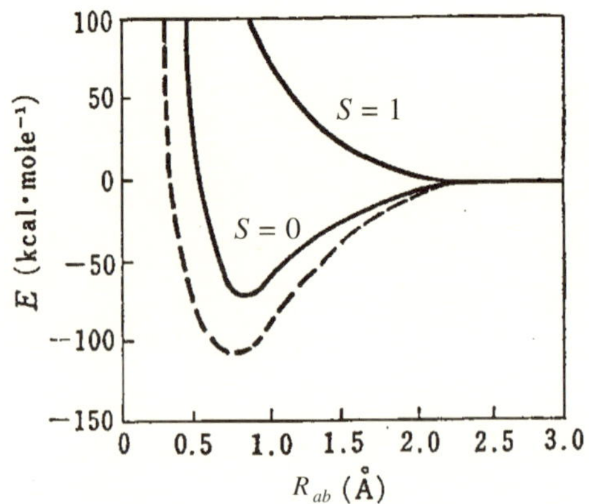

図 3.3: 原子核間の距離 R_{ab} の関数としてみた水素分子のエネルギー．スピン 1 重項（$S=0$）とスピン 3 重項（$S=1$）それぞれについて示す．E_2 の原点は $2\varepsilon_{1s}$．実線は計算値，破線は実験値 [白井道雄：物理化学（実教出版，1972 年)]．

3.1.2　多原子分子への拡張：共鳴原子価状態

Heitler-London 法（原子価結合法）を多原子分子に拡張する．

例として，図 3.4 に示したような形状をもつベンゼン C_6H_6 分子を考える．炭素の価電子のうち，$2s$ 軌道と 2 つの $2p$ 軌道（ϕ_{p_x}, ϕ_{p_y}）が式 (2.14) で表される sp^2 混成軌道を作り，C-C 方向および C-H 方向を向いているとすると，それぞれの sp^2 混成軌道と水素原子の $1s$ 軌道は，電子を 1 個ずつもって向き合っており（図 3.4 上)，水素分子と同様の機構で原子価結合を作ると考えられる．これらの軌道は，結合軸に対して対称であるので（結合軸の回りの回転に対して波動関数の符号を変えない，すなわち結合軸の回りの角運動量がゼロであるので）σ **軌道**と呼ばれ，σ 軌道により形成される化学結合は σ 結合と呼ばれる．一方，C $2p_z$ 軌道（ϕ_{p_z}）のように結合軸に垂直な軌道（図 3.4 下）は π **軌道**と呼ばれ，π 軌道を介した化学結合は π 結合と呼ばれる．σ 結合では両原子の波動関数の重なりが大きく，C-C あるいは C-H 当たりの結合エネルギーが数 eV 程度に達する一方，π 結合は波動関数の重なりが小さく，結合エネルギーは 1-2 eV 程

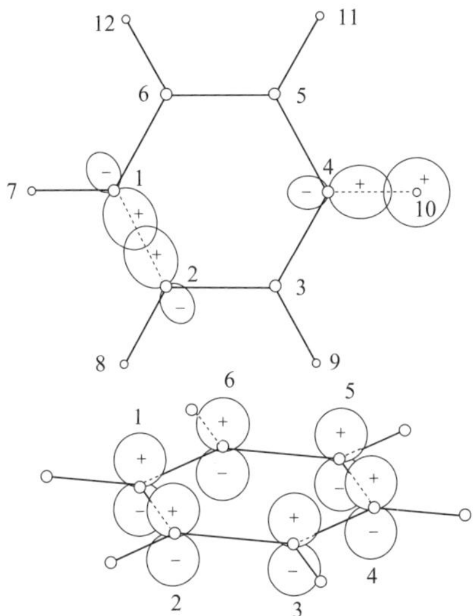

図 3.4: ベンゼン分子 C_6H_6 の構造と原子軌道．小さな白丸は水素原子，大きな白丸は炭素原子を表す．上：C の sp^2 混成軌道および H 1s 軌道よりなる σ 軌道（一部分）．下：π 軌道．

度である．

6 個の C-H 間 σ 結合に 12 個の電子が参加し，6 個の C-C 間 σ 結合に 12 個の電子が参加する．C_6H_6 の全価電子数は，C（$2s^2p^2$ 電子配置）から $4 \times 6 = 24$ 個，H（$1s^1$ 電子配置）から $1 \times 6 = 6$ 個が供給され，合計 30 個であるから，残りの 6 個の電子が π 軌道を占有することになる．

6 個の π 原子軌道を $\phi_a(\mathbf{r}) \equiv \phi_{2p_z}(\mathbf{r} - \mathbf{R}_a)$ $(a = 1, 2, ..., 6)$ として，6 個の π 電子（$i = 1, 2, ..., 6$）が作る基底状態の波動関数（$\mathbf{S}^2$, S_z の固有関数 $\Psi_6^{\mathrm{HL}}(SM_S)$）を，Heitler-London 法に倣ってスピン 1 重項（$S = 0$）とし，次のように仮定する：

$$
\begin{aligned}
&\Psi_6^{\mathrm{HL}}(00; \mathbf{x}_1, .., \mathbf{x}_6) \\
&\equiv \frac{A}{8}\mathcal{A}[\phi_1(\mathbf{r}_1)\phi_2(\mathbf{r}_2) + \phi_2(\mathbf{r}_1)\phi_1(\mathbf{r}_2)] \\
&\quad \times [\chi_\uparrow(s_1)\chi_\downarrow(s_2) - \chi_\downarrow(s_1)\chi_\uparrow(s_2)] \\
&\times\ [\phi_3(\mathbf{r}_3)\phi_4(\mathbf{r}_4) + \phi_4(\mathbf{r}_3)\phi_3(\mathbf{r}_4)][\chi_\uparrow(s_3)\chi_\downarrow(s_4) - \chi_\downarrow(s_3)\chi_\uparrow(s_4)]
\end{aligned}
$$

$$\times\ [\phi_5(\mathbf{r}_5)\phi_6(\mathbf{r}_6)+\phi_6(\mathbf{r}_5)\phi_5(\mathbf{r}_6)][\chi_\uparrow(s_5)\chi_\downarrow(s_6)-\chi_\downarrow(s_5)\chi_\uparrow(s_6)]. \tag{3.19}$$

ここで，$\mathcal{A}$ は反対称化演算子，$A\ (\neq 1)$ は異なる原子に属する原子軌道の非直交性による規格化因子である．第 2 量子化形式では，π 電子がない状態を $|0\rangle$ として，

$$\Psi_6^{\rm HL}(00)=\frac{A}{2\sqrt{2}}(c_{1\uparrow}^\dagger c_{2\downarrow}^\dagger-c_{1\downarrow}^\dagger c_{2\uparrow}^\dagger)(c_{3\uparrow}^\dagger c_{4\downarrow}^\dagger-c_{3\downarrow}^\dagger c_{4\uparrow}^\dagger)\times(c_{5\uparrow}^\dagger c_{6\downarrow}^\dagger-c_{5\downarrow}^\dagger c_{6\uparrow}^\dagger)|0\rangle \tag{3.20}$$

と書ける．この状態では，原子 1-2 間, 3-4 間, 5-6 間のそれぞれに，π 電子間の Hietler-London 的結合（π 結合）が，σ 結合に加えて形成されており，化学結合論でいう **2 重結合**が形成されている．2-3 間, 4-5 間, 6-1 間では，σ 結合のみの 1 重結合である

ベンゼン分子の構造は 6 回対称性をもつが，上記の $\Psi_6^{\rm HL}(00)$（(3.19) あるいは (3.20)）の電荷分布は 3 回対称性しかもたず，分子の対称性を破っている．そこで，(3.19),(3.20) を分子面内に 60° 回転した状態

$$\bar{\Psi}_6^{\rm HL}(00)=\frac{A}{2\sqrt{2}}(c_{6\uparrow}^\dagger c_{1\downarrow}^\dagger-c_{6\downarrow}^\dagger c_{1\uparrow}^\dagger)(c_{2\uparrow}^\dagger c_{3\downarrow}^\dagger-c_{2\downarrow}^\dagger c_{3\uparrow}^\dagger)\times(c_{4\uparrow}^\dagger c_{5\downarrow}^\dagger-c_{4\downarrow}^\dagger c_{5\uparrow}^\dagger)|0\rangle \tag{3.21}$$

と $\Psi_6^{\rm HL}(00)$ を重ね合わせた

$$\Psi_6^{\rm RVB}(00)\equiv(1/\sqrt{2})[\Psi_6^{\rm HL}(00)+\bar{\Psi}_6^{\rm HL}(00)] \tag{3.22}$$

を基底状態と考えれば，波動関数は分子構造と同じ高い対称性をもつことになる．式 (3.22) のように，異なる原子間に結合をもつ状態を重ね合わせた状態は，**共鳴原子価状態**（**RVB 状態**）(resonating valence bond state) と呼ばれる．

3.1.3 電荷移動の効果

Heitler-London 法（原子価結合法）では，結合を作ることによるエネルギーの利得は，主に両水素原子の原子軌道の重なり（$\tilde{S}\equiv\langle\phi_a|\phi_b\rangle\neq 0$）

によって生じていた．Heitler-London 近似の波動関数 (3.6) は，電子がそれぞれ各原子に局在しているとして出発したが，両原子軌道は直交していないので，重なり積分 $\tilde{S}$ を通して電子は部分的に原子間を飛び移って，エネルギーの利得 $-\tilde{S}t$ を得ていたのである．両電子のスピンが平行の場合，Pauli の原理によりこの飛び移りは阻止され，運動エネルギー利得が得られていなかった．

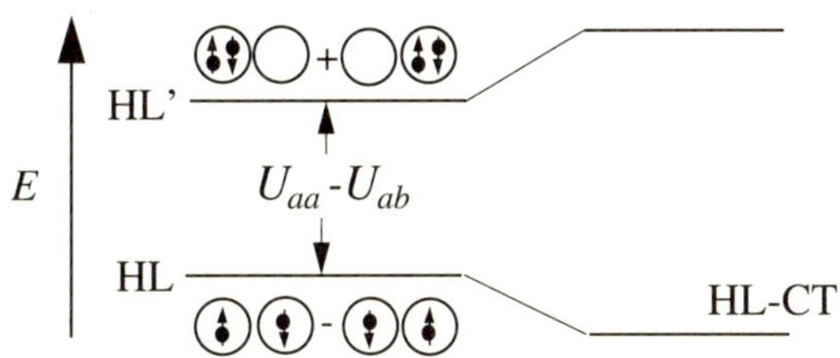

図 3.5: 水素分子の多電子エネルギー準位図．Heitler-London 法による基底状態（HL）と電荷移動状態（HL′）の混成，およびその結果生じる基底状態（HL-CT，式 (3.26)）．Slater 行列式の線型結合（式 (3.23)，(3.12)）を +，− で表す．

このような Heitler-London 法による原子間の結合の説明は，$\tilde{S}$ が大きい（$\tilde{S} \simeq 0.1$）水素分子の場合は有効である．しかし一般に，$\tilde{S}$ は小さい（$\tilde{S} < 0.1$）ので，エネルギーの利得 $-\tilde{S}t$ は小さくなり，Heitler-London 法では化学結合を充分説明できない．そこで，Heitler-London 法を越えた取り扱いが必要となってくる．Heitler-London 法の基底状態スピン 1 重項 $\Psi_2^{\mathrm{HL}}(00)$（式 (3.12)，図 3.5 の左下）に対する新たな状態として，原子間で電子が移動し，一方の原子に 2 個の電子が集まった状態（図 3.5 の左上）：

$$
\begin{aligned}
&\Psi_2^{\mathrm{HL}'}(00;\mathbf{x}_1,\mathbf{x}_2)\\
&= \frac{1}{\sqrt{2(1+\tilde{S}^2)}}[|\psi_{a\uparrow}\psi_{a\downarrow}|(\mathbf{x}_1,\mathbf{x}_2) + |\psi_{b\downarrow}\psi_{b\uparrow}|(\mathbf{x}_1,\mathbf{x}_2)]\\
&= \frac{1}{2\sqrt{1+\tilde{S}^2}}[\phi_a(\mathbf{r}_1)\phi_a(\mathbf{r}_2) + \phi_b(\mathbf{r}_1)\phi_b(\mathbf{r}_2)]\\
&\times[\chi_\uparrow(s_1)\chi_\downarrow(s_2) - \chi_\downarrow(s_1)\chi_\uparrow(s_2)] \qquad (3.23)
\end{aligned}
$$

を摂動状態として考慮に入れる．式 (3.23) では，対称性より，原子 a に電子が集まった状態と原子 b に電子が集まった状態を同位相でたし合わせて

いる[1]．これらの状態を基底関数としたハミルトニアンの行列要素は，

$$\langle \Psi_2^{\mathrm{HL}'} | H_2 | \Psi_2^{\mathrm{HL}'} \rangle = \frac{1}{1+\tilde{S}^2}[2\tilde{\varepsilon}_{1s} + 2\tilde{S}t + U_{aa} + J_{ab}] \tag{3.24}$$

（ここで，

$$U_{aa} \equiv \langle \phi_a(\mathbf{r}_1)\phi_a(\mathbf{r}_2) | v_{12} | \phi_a(\mathbf{r}_1)\phi_a(\mathbf{r}_2) \rangle$$

は原子内クーロン積分である）および，

$$\begin{aligned}
&\langle \Psi_2^{\mathrm{HL}} | H_2 | \Psi_2^{\mathrm{HL}'} \rangle = \langle \Psi_2^{\mathrm{HL}} | (h_1 + h_2 + v_{12}) | \Psi_2^{\mathrm{HL}'} \rangle \\
&= \frac{1}{2(1+\tilde{S}^2)}[\langle \phi_a(\mathbf{r}_1)|h_1|\phi_b(\mathbf{r}_1)\rangle + \langle \phi_b(\mathbf{r}_1)|h_1|\phi_a(\mathbf{r}_1)\rangle \\
&+ \langle \phi_a(\mathbf{r}_2)|h_2|\phi_b(\mathbf{r}_2)\rangle + \langle \phi_b(\mathbf{r}_2)|h_2|\phi_a(\mathbf{r}_2)\rangle \\
&+ \tilde{S}\langle \phi_a(\mathbf{r}_1)|h_1|\phi_a(\mathbf{r}_1)\rangle + \tilde{S}\langle \phi_b(\mathbf{r}_1)|h_1|\phi_b(\mathbf{r}_1)\rangle \\
&+ \tilde{S}\langle \phi_a(\mathbf{r}_2)|h_2|\phi_a(\mathbf{r}_2)\rangle + \tilde{S}\langle \phi_b(\mathbf{r}_2)|h_2|\phi_b(\mathbf{r}_2)\rangle \\
&+ 2\langle \phi_a(\mathbf{r}_1)\phi_a(\mathbf{r}_2)|v_{12}|\phi_a(\mathbf{r}_1)\phi_b(\mathbf{r}_2)\rangle \\
&+ 2\langle \phi_b(\mathbf{r}_1)\phi_b(\mathbf{r}_2)|v_{12}|\phi_a(\mathbf{r}_1)\phi_b(\mathbf{r}_2)\rangle] \\
&= \frac{1}{1+\tilde{S}^2}[2\tilde{S}\tilde{\varepsilon}_{1s} - 2\tilde{t}],
\end{aligned} \tag{3.25}$$

となる．ここで，$\tilde{t} \equiv t - \langle aa|v|ab \rangle$（2 電子積分の定義は式 (2.23) 参照）．$U_{aa}$ は数 eV〜10 数 eV の大きな値をとり，$U_{aa} \gg U_{ab}$ である．また，$J_{ab} \sim \tilde{S}^2 U_{aa}$ は，U_{ab} に比べてさらに小さい．Heitler-London 状態に**電荷移動**（charge transfer：CT）の効果を取り入れた波動関数

$$\begin{aligned}
&\Psi_2^{\mathrm{HL-CT}}(00) \equiv C\Psi_2^{\mathrm{HL}}(00) + C'\Psi_2^{\mathrm{HL}'}(00) \\
&= \frac{1}{2\sqrt{1+\tilde{S}^2}}\{C[\phi_a(\mathbf{r}_1)\phi_b(\mathbf{r}_2) + \phi_b(\mathbf{r}_1)\phi_a(\mathbf{r}_2)] \\
&+ C'[\phi_a(\mathbf{r}_1)\phi_a(\mathbf{r}_2) + \phi_b(\mathbf{r}_1)\phi_b(\mathbf{r}_2)]\}[\chi_\uparrow(s_1)\chi_\downarrow(s_2) - \chi_\downarrow(s_1)\chi_\uparrow(s_2)]
\end{aligned} \tag{3.26}$$

[1] これと直交する $\propto |\psi_{a\uparrow}\psi_{a\downarrow}| - |\psi_{b\downarrow}\psi_{b\uparrow}|$ は $\Psi_2^{\mathrm{HL}}(00)$ との間で行列要素をもたないので，考える必要がない．

を Schrödinger 方程式 (3.5) に代入して，$\langle\Psi_2^{\rm HL}|\Psi_2^{\rm HL'}\rangle = 2\tilde{S}/(1+\tilde{S}^2)$ を用い，固有値方程式

$$\begin{pmatrix} \frac{2\tilde{\varepsilon}_{1s}-2\tilde{S}\tilde{t}+U_{ab}+J_{ab}}{1+\tilde{S}^2} - E_2 & \frac{2\tilde{S}\tilde{\varepsilon}_{1s}-2\tilde{t}-2\tilde{S}E_2}{1+\tilde{S}^2} \\ \frac{2\tilde{S}\tilde{\varepsilon}_{1s}-2\tilde{t}+2\tilde{S}E_2}{1+\tilde{S}^2} & \frac{2\tilde{\varepsilon}_{1s}-2\tilde{S}\tilde{t}+U_{aa}+J_{ab}}{1+\tilde{S}^2} - E_2 \end{pmatrix} \begin{pmatrix} C \\ C' \end{pmatrix} = 0 \quad (3.27)$$

を得る．$\tilde{S}$, $\tilde{S}^2$ に比例する 1 に比べて充分小さな量を無視し[2]，原子間クーロン積分 U_{ab} も原子内クーロン積分 U_{aa} に比べて小さいとして無視すると，式 (3.27) は簡略化され，

$$\begin{pmatrix} 2\tilde{\varepsilon}_{1s} - E_2 & -2t \\ -2t & 2\tilde{\varepsilon}_{1s} + U - E_2 \end{pmatrix} \begin{pmatrix} C \\ C' \end{pmatrix} = 0 \qquad (3.28)$$

となる．ここで，$U \equiv U_{aa}$ と置いた．したがって，$\Psi_2^{\rm HL}$ と電荷が移動した $\Psi_2^{\rm HL'}$ の混成を促すのは移動積分 $-t$ であるが，移動積分はその定義 $-t \equiv \langle\phi_a(\mathbf{r})|h|\phi_b(\mathbf{r})\rangle$（式 (3.11)）からみても，確かに原子間の電子移動を促す量である．したがって，原子間の**電荷移動**が原子間の軌道混成を促し，$\Psi_2^{\rm HL}$ と $\Psi_2^{\rm HL'}$ の混成を引き起こしていることがわかる．

式 (3.28) のハミルトニアンを第 2 量子化形式で表すと，$n_q \equiv c_q^\dagger c_q$ を用いて，

$$\begin{aligned} H = &\sum_{\sigma=\uparrow,\downarrow} [\tilde{\varepsilon}_{1s}(n_a + n_b) - t(c_{a\sigma}^\dagger c_{b\sigma} + c_{b\sigma}^\dagger c_{a\sigma})] \\ &+ U(n_{a\uparrow}n_{a\downarrow} + n_{b\uparrow}n_{b\downarrow}) \end{aligned} \qquad (3.29)$$

となる．式 (3.28) を解くと，$\Psi_2^{\rm HL-CT}(00)$ のエネルギー固有値が，

$$E_2 = E_2^{\rm HL-CT}(0) = 2\tilde{\varepsilon}_{1s} + \frac{1}{2}\left[U - \sqrt{U^2 + 16t^2}\right] \qquad (3.30)$$

と求まり，重なり積分が小さくても，原子間の軌道混成によるエネルギーの利得で原子が結合する．一方，スピン 3 重項では，Pauli の原理により同じ原子の 1s 軌道に電子が 2 個入ることが許されないので，$\Psi_2^{\rm HL-CT}(11) =$

[2] t もおおよそ $\tilde{S}$ に比例するが，$t \sim \tilde{S}(\varepsilon_a + \varepsilon_b)$ なので，eV のオーダーの量となり無視できない．

$\Psi_2^{\rm HL}(11)$ となり，同じく $\tilde{S}$ のオーダーの量を無視する近似で，エネルギーは

$$E_2^{\rm HL-CT}(1) = E_2^{\rm HL}(1) = 2\tilde{\varepsilon}_{1s} \tag{3.31}$$

となり，エネルギー差は

$$E_2^{\rm HL-CT}(0) - E_2^{\rm HL-CT}(1) = \frac{1}{2}\left[U - \sqrt{U^2 + 16t^2}\right] < 0 \tag{3.32}$$

となる．したがって，スピンが反平行の方がエネルギーが低いことが確認される．$t \ll U$ が成り立つ場合は，t/U で展開して

$$E_2^{\rm HL-CT}(0) - E_2^{\rm HL-CT}(1) \simeq -4t^2/U \tag{3.33}$$

が得られる．式 (3.33) は，各電子が各原子に局在した状態 $\Psi_2^{\rm HL}$ を非摂動状態，電荷が移動した $\Psi_2^{\rm HL'}$ を仮想励起状態として，移動積分 $-t$ に関する 2 次摂動を行ったことにあたる．$t \ll U$ の場合，波動関数 (3.26) は t/U の 1 次までとれば，

$$\Psi_2^{\rm HL-CT}(00) \simeq \Psi_2^{\rm HL}(00) + \frac{2t}{U}\Psi_2^{\rm HL'}(00) \tag{3.34}$$

となる．

3.1.4 スピン自由度

電子が各原子位置に 1 個ずつ局在しているとすると，$U_{aa} - U_{ab}$ に比べて充分低いエネルギー範囲では電荷移動の自由度はなくなり，電子系の状態を考えるときにはスピンの自由度のみを考えればよい．各局在電子のスピン $\mathbf{s}_a$ の向きがどのようになるかは，局在スピン間の相互作用や外部磁場で決まる．局在スピン間の相互作用は，Heisenberg モデル，Ising モデル，XY モデルなどのスピン・ハミルトニアンで記述されることが多い．実際，これらのモデルで記述できる物質が数多く知られている．水素分子のように，それぞれの s 軌道に電子が 1 個ずつ入った 2 原子分子は，スピン 1 重項がエネルギー的に安定であるから，スピン自由度は，正の定数 J を用いた Heisenberg モデル

$$H = J\mathbf{s}_a \cdot \mathbf{s}_b \tag{3.35}$$

で記述できる．式 (3.35) を

$$H = J\mathbf{s}_a \cdot \mathbf{s}_b = \frac{J}{2}[(\mathbf{s}_a + \mathbf{s}_b)^2 - \mathbf{s}_a^2 - \mathbf{s}_b^2]$$

と変形し，$\mathbf{s}_a^2$，$\mathbf{s}_b^2$，$(\mathbf{s}_a+\mathbf{s}_b)^2 \equiv \mathbf{S}^2$ の固有値 $s_a(s_a+1) = 3/4$，$s_b(s_b+1) = 3/4$，$S(S+1) = 0$ (スピン 1 重項), 2（スピン 3 重項）を代入すると，スピン 1 重項のエネルギー $E_2(0) = -\frac{3}{4}J$ とスピン 3 重項のエネルギー $E_2(1) = \frac{1}{4}J$ が得られる．これらのエネルギー差は式 (3.33) に等しいので，

$$J = \frac{4t^2}{U} \tag{3.36}$$

が得られる．つまり，局在スピン間に働く反強磁性的な（局在スピンを反対向きに揃えようとする）相互作用は，原子間の電荷移動（軌道混成）を摂動として生じる．この相互作用は，**超交換相互作用**（super-exchange interaction）と呼ばれ[3]，J は超交換相互作用定数と呼ばれる（ここで，式 (3.10) の J_{ab} は強磁性的で，$|J| \gg |J_{ab}|$ あることに注意されたい）．以下では簡単のため，重なり積分を $\tilde{S} = 0$ とする．

J の表式 (3.36) を導くには，$\mathbf{S}^2$ の固有状態を考えず，S_z の固有状態を考えてもよい．例えば，原子 a, b のスピンの向きが反対の状態

$$\Psi_2^{\mathrm{HF}}(a_\uparrow, b_\downarrow) \equiv |\psi_{a\uparrow}\psi_{b\downarrow}|$$

に対して，電荷移動状態

$$(1/\sqrt{2})(|\psi_{a\uparrow}\psi_{a\downarrow}| + |\psi_{b\uparrow}\psi_{b\downarrow}|)$$

を考え（図 3.6(a)）[4]，これらの状態でハミルトニアンを対角化すると，

$$E_2(a_\uparrow, b_\downarrow) = 2\tilde{\varepsilon}_{1s} + \frac{1}{2}\left[U - \sqrt{U^2 + 8t^2}\right] \tag{3.37}$$

---

[3] 超交換相互作用は，絶縁体の遷移金属化合物における反強磁性磁気秩序を説明するために提唱された [P. W. Anderson: *Phys. Rev.* **115**, 2-13 (1959)]．遷移金属化合物では遷移金属イオン同士は隣接していないため，その間に位置する非金属陰イオンを媒介して，遷移金属イオン間で電荷が移動する摂動を考えたので，“超交換相互作用” という呼び名が付けられた．本節のモデルでは，非金属陰イオンはあらわに考慮していないが，現実の物質に対応して超交換相互作用と呼ぶことにする．陰イオンをあらわに取り入れたモデルでの超交換相互作用の取り扱いは，第 5.1 節で述べる．

[4] これと直交する $\frac{1}{\sqrt{2}}(|\psi_{a\uparrow}\psi_{a\downarrow}| - |\psi_{b\uparrow}\psi_{b\downarrow}|)$ は $\Psi_2^{\mathrm{HF}}(a_\uparrow, b_\downarrow)$ と有限の移動積分をもたない．

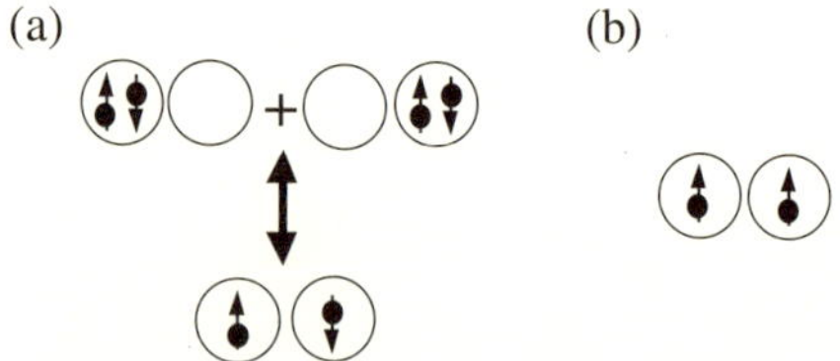

図 3.6: 水素原子モデルにおけるスピンの向きに依存した電荷移動. (a) 反強磁性的スピン配列. (b) 強磁性的スピン配列.

となる．原子 a, b のスピンの向きが平行の状態には，電荷移動の摂動が許されないので（図 3.6(b)），$E_2(a_\uparrow, b_\uparrow) = 2\tilde{\varepsilon}_{1s}$ である．したがって，$U \gg t$ とすると，

$$E_2(a_\uparrow, b_\downarrow) - E_2(a_\uparrow, b_\uparrow) = \frac{1}{2}\left[U - \sqrt{U^2 + 8t^2}\right] \simeq -2t^2/U \qquad (3.38)$$

となる．これが，スピン・ハミルトニアン (3.35) から直接導かれる $E_2(a_\uparrow, b_\downarrow) = -\frac{1}{4}J$ と $E_2(a_\uparrow, b_\uparrow) = \frac{1}{4}J$ のエネルギー差に等しいとしても，$J = 4t^2/U$（式 (3.36)）が導かれる．

$U \gg t$ である限り，多くの原子からなる分子あるいは結晶についても，局在スピン間の超交換相互作用は式 (3.36) で与えられるので，Heisenberg ハミルトニアン (3.35) を，

$$H = J \sum_{\langle a,b \rangle} \mathbf{S}_a \cdot \mathbf{S}_b \qquad (3.39)$$

のように多原子分子あるいは結晶に拡張できる．ここで，a, b についての和は，最も簡単な場合には最近接原子対についてのみとるが，J に距離依存性を取り入れればより遠方の原子間まで拡張できる．

3.2　分子軌道法

電子が各原子に局在した状態から出発する Heitler-London 法（原子価結合法）に対して，各電子が水素分子全体を運動している状態から出発するのが**分子軌道法**である．このために，分子全体に広がった 1 電子軌道

である**分子軌道**（molecular orbital：MO）を Hartree-Fock 近似で考える（ただし，以下に見るように，分子軌道は必ずしも各原子に均等に動き回るとは限らないことに注意）.

まず水素分子を例にとり，水素分子の 2 個の電子が分子軌道 $\phi_{\Gamma_1}(\mathbf{r})$ と $\phi_{\Gamma_2}(\mathbf{r})$ に入った状態を Hartree-Fock 近似で考える．スピンも含めた 1 電子状態の波動関数 $\psi_{Q_1}(\mathbf{x}) = \phi_{\Gamma_1}(\mathbf{r})\chi_{\sigma_1}(s)$，$\psi_{Q_2}(\mathbf{x}) = \phi_{\Gamma_2}(\mathbf{r})\chi_{\sigma_2}(s)$ を用いると，Hartree-Fock 基底状態状態は

$$\Psi_2^{\rm HF}(Q_1, Q_2; \mathbf{x}_1, \mathbf{x}_2) = |\psi_{Q_1}\psi_{Q_2}|(\mathbf{x}_1, \mathbf{x}_2) \tag{3.40}$$

と表される．これを分子の Schrödinger 方程式 (3.5) に代入して 1 電子波動関数に変分原理を適用すると，原子の Hartree-Fock 方程式 (2.38) と同様に，分子の Hartree-Fock 方程式

$$\begin{aligned}
H_{\rm HF}\psi_Q(\mathbf{x}) &= \varepsilon_Q\psi_Q(\mathbf{x}),\\
h^{\rm HF} &= \frac{\mathbf{p}^2}{2m} - \frac{e^2}{|\mathbf{r}-\mathbf{R}_a|} - \frac{e^2}{|\mathbf{r}-\mathbf{R}_b|} + v_C(\mathbf{r}) + v_x\\
&= h + v_C(\mathbf{r}) + v_x \equiv h + v_{\rm HF},\\
v_C(\mathbf{r}) &= \sum_{Q'=Q_1,Q_2}\int d\mathbf{x}'\psi_{Q'}^*(\mathbf{x}')\frac{e^2}{|\mathbf{r}-\mathbf{r}'|}\psi_{Q'}(\mathbf{x}'),\\
v_x\psi_Q(\mathbf{x}) &= -\sum_{Q'=Q_1,Q_2}\int d\mathbf{x}'\psi_{Q'}^*(\mathbf{x}')\frac{e^2}{|\mathbf{r}-\mathbf{r}'|}\psi_Q(\mathbf{x}')\psi_{Q'}(\mathbf{x})
\end{aligned} \tag{3.41}$$

が得られる．

3.2.1 制限 Hartree-Fock 近似

水素原子の両電子の波動関数の軌道部分が同じ（$=\phi_B(\mathbf{r})$）でスピンが反平行の解（式 (3.41) において $Q_1 = B\uparrow$，$Q_2 = B\downarrow$ なる解）は，

$$\begin{aligned}
&\Psi_2^{\rm RHF}(B_\uparrow, B_\downarrow; \mathbf{x}_1, \mathbf{x}_2) = |\psi_{B_\uparrow}\psi_{B_\downarrow}|(\mathbf{x}_1, \mathbf{x}_2)\\
&= (1/\sqrt{2})\phi_B(\mathbf{r}_1)\phi_B(\mathbf{r}_2)[\chi_\uparrow(s_1)\chi_\downarrow(s_2) - \chi_\downarrow(s_1)\chi_\uparrow(s_2)]
\end{aligned} \tag{3.42}$$

と書け，スピン 1 重項となる．このように異なるスピンをもつ電子の波動関数が同じという制限を課した Hartree-Fock 近似を，**制限 Hartree-Fock 近似**（restricted Hartree-Fock approximation）と呼ぶ．この制限を設けない Hartree-Fock 近似を**非制限 Hartree-Fock 近似**（unrestricted Hartree-Fock approximation）と呼んで，制限 Hartree-Fock 近似と区別することもある．式 (3.42) では，添え字 "RHF" が制限 Hartree-Fock 近似を表す．この場合，Hartree-Fock 方程式 (3.41) は，

$$\begin{aligned} h^{\mathrm{RHF}}\phi_B(\mathbf{r}) &= \varepsilon_B\phi_B(\mathbf{r}), \\ h^{\mathrm{RHF}} &= \frac{\mathbf{p}^2}{2m} - \frac{e^2}{|\mathbf{r}-\mathbf{R}_a|} - \frac{e^2}{|\mathbf{r}-\mathbf{R}_b|} + \int d\mathbf{r}'\frac{e^2}{|\mathbf{r}-\mathbf{r}'|}|\phi_B(\mathbf{r}')|^2 \\ &\equiv h + v_C \end{aligned} \tag{3.43}$$

と簡単になり，両分子軌道 $\psi_{B\uparrow}$，$\psi_{B\downarrow}$ ともに Hartree-Fock 方程式のエネルギー固有値は同じ値

$$\begin{aligned} \varepsilon_{B\uparrow} = \varepsilon_{B\downarrow} \equiv \varepsilon_B &\equiv \langle B|h^{\mathrm{RHF}}|B\rangle \\ &= \langle B|h|B\rangle + \langle BB|v|BB\rangle \equiv \langle B|h|B\rangle + U_{BB} \end{aligned} \tag{3.44}$$

をとる．

3.2.2　原子軌道線型結合法

制限 Hartree-Fock 解 (3.42) における $\phi_B(\mathbf{r})$ は，原子核 a の付近では原子 a の 1s 軌道 $\phi_a(\mathbf{r}) \equiv \phi_{1s}(\mathbf{r}-\mathbf{R}_a)$，原子核 b の付近では原子 b の $\phi_b(\mathbf{r}) \equiv \phi_{1s}(\mathbf{r}-\mathbf{R}_b)$ と似た形状になることが予想される．そこで，$\phi_B(\mathbf{r})$ を各原子位置の原子軌道の線型結合で近似することが行われる：

$$\phi_B(\mathbf{r}) = c_a\phi_a(\mathbf{r}) + c_b\phi_b(\mathbf{r}) \tag{3.45}$$

これを**原子軌道線型結合**（linear-combination-of-atomic-orbitals：LCAO）法あるいは**タイト・バインディング**（tight-binding）近似と呼び，LCAO 法の分子軌道を使う Hartree-Fock 近似法を LCAO-MO 法と呼ぶ．波動関数 (3.45) を式 (3.43) に代入すると，ハミルトニアンは，

$$h^{\mathrm{RHF}} = \frac{\mathbf{p}^2}{2m} - \frac{e^2}{|\mathbf{r}-\mathbf{R}_a|} - \frac{e^2}{|\mathbf{r}-\mathbf{R}_b|} + |c_a|^2\int d\mathbf{r}'\frac{e^2}{|\mathbf{r}-\mathbf{r}'|}\phi_a(\mathbf{r}')^2$$

$$+ (c_a^* c_b + c_a c_b^*) \int d\mathbf{r}' \frac{e^2}{|\mathbf{r} - \mathbf{r}'|} \phi_a(\mathbf{r}) \phi_b(\mathbf{r}') + |c_b|^2 \int d\mathbf{r}' \frac{e^2}{|\mathbf{r} - \mathbf{r}'|} \phi_b(\mathbf{r}')^2 \tag{3.46}$$

となり，未知数 c_a，c_b がハミルトニアンの中に入ってくる．ここで，$\phi_a(\mathbf{r})$，$\phi_b(\mathbf{r})$ を実関数にとっている．したがって，Hartree-Fock 方程式

$$(h^{\mathrm{RHF}} - \varepsilon)[c_a \phi_a(\mathbf{r}) + c_b \phi_b(\mathbf{r})] = 0$$

に $\phi_a(\mathbf{r})$ または $\phi_b(\mathbf{r})$ をかけて $\mathbf{r}$ について積分すると，

$$\begin{pmatrix} \langle a|h^{\mathrm{RHF}}|a\rangle - \varepsilon & \langle a|h^{\mathrm{RHF}}|b\rangle - \tilde{S}\varepsilon \\ \langle b|h^{\mathrm{RHF}}|a\rangle - \tilde{S}\varepsilon & \langle b|h^{\mathrm{RHF}}|b\rangle - \varepsilon \end{pmatrix} \begin{pmatrix} c_a \\ c_b \end{pmatrix} = 0 \tag{3.47}$$

が得られる．ここで，

$$\begin{aligned} \langle a|h^{\mathrm{RHF}}|a\rangle &= \tilde{\varepsilon}_{1s} + |c_a|^2 U_{aa} + (c_a^* c_b + c_a c_b^*)\langle aa|v|ab\rangle + |c_b|^2 U_{ab}, \\ \langle a|h^{\mathrm{RHF}}|b\rangle &= -t + (|c_a|^2 + |c_b|^2)\langle aa|v|ab\rangle + (c_a^* c_b + c_a c_b^*) J_{ab}, \\ \langle b|h^{\mathrm{RHF}}|b\rangle &= \tilde{\varepsilon}_{1s} + |c_a|^2 U_{ab} + (c_a^* c_b + c_a c_b^*)\langle aa|v|ab\rangle + |c_b|^2 U_{aa} \end{aligned}$$

である（U_{ab}，J_{ab} などの定義は，式 (3.8)，(3.10) 参照）．状態 (3.42) が基底状態であるためには，分子軌道 $\phi_B(\mathbf{r})$ は最も節の数の少ない（運動エネルギーの低い）波動関数でなければならない．基底状態の電荷分布の対称性から $|c_a| = |c_b|$ でなければならず，分子軌道 $\phi_B(\mathbf{r})$ が節をもたないためには，c_a と c_b は同位相でなければならない．したがって，c_a と c_b を実数にとり，規格化条件

$$\langle B|B\rangle = c_a^2 + 2c_a c_b \tilde{S} + c_b^2 = 1$$

を併せると，

$$\phi_B(\mathbf{r}) = \frac{1}{\sqrt{2(1+\tilde{S})}}[\phi_a(\mathbf{r}) + \phi_b(\mathbf{r})] \tag{3.48}$$

となる．この波動関数は原子 a，b 間大きな振幅をもち，これを電子が占有すると原子間の化学結合を生み出すために，**結合軌道**（bonding orbital）

と呼ばれる．これらを式 (3.47) に代入すると，

$$\begin{pmatrix} \tilde{\varepsilon}_{1s}+\frac{U_{aa}+2\langle aa|v|ab\rangle+U_{ab}}{2(1+\tilde{S}^2)}-\varepsilon & -t+\frac{\langle aa|v|ab\rangle+J_{ab}}{1+\tilde{S}^2}-\tilde{S}\varepsilon \\ -t+\frac{\langle aa|v|ab\rangle+J_{ab}}{1+\tilde{S}^2}-\tilde{S}\varepsilon & \tilde{\varepsilon}_{1s}+\frac{U_{aa}+2\langle aa|v|ab\rangle+U_{ab}}{2(1+\tilde{S}^2)}-\varepsilon \end{pmatrix}$$

$$\times\begin{pmatrix} c_a \\ c_b \end{pmatrix}=0 \tag{3.49}$$

となる．一方，結合軌道に直交する

$$\phi_A(\mathbf{r})=\frac{1}{\sqrt{2(1-\tilde{S})}}[\phi_a(\mathbf{r})-\phi_b(\mathbf{r})] \tag{3.50}$$

は原子 a，b 間の振幅が小さく（a，b の中点ではゼロになり），これを電子が占有すると化学結合が切れる方向に向かう．したがって，式 (3.50) は**反結合軌道**（antibonding orbital）と呼ばれる．

ここで第 3.1.3 節と同様，$\tilde{S}\ll 1$，$J_{ab},U_{ab},\langle aa|v|ab\rangle\ll U_{aa}$ として簡略化すれば，$c_a=c_b=\frac{1}{\sqrt{2}}$ となり，Hartree-Fock 方程式 (3.49) は

$$\begin{pmatrix} \tilde{\varepsilon}_{1s}+\frac{1}{2}U-\varepsilon & -t \\ -t & \tilde{\varepsilon}_{1s}+\frac{1}{2}U-\varepsilon \end{pmatrix}\begin{pmatrix} c_a \\ c_b \end{pmatrix}=0 \tag{3.51}$$

となる．これを解いて得られるエネルギー固有値と固有関数は，

$$\begin{aligned} \varepsilon=\varepsilon_B=\tilde{\varepsilon}_{1s}+(1/2)U-t:\phi_B=\frac{1}{\sqrt{2}}[\phi_a(\mathbf{r})+\phi_b(\mathbf{r})], \\ \varepsilon=\varepsilon_A=\tilde{\varepsilon}_{1s}+(1/2)U+t:\phi_A=\frac{1}{\sqrt{2}}[\phi_a(\mathbf{r})-\phi_b(\mathbf{r})] \end{aligned} \tag{3.52}$$

である（図 3.7 参照）．このうち，ε_B，ϕ_B が求める結合軌道のエネルギーと波動関数である．

2 個の電子が結合軌道を占める状態 (3.42) の電子系の全エネルギーは，各電子のエネルギー固有値の和から 2 重に数えた電子間相互作用 $\frac{1}{2}U$ を差し引いて（式 (2.45) 参照），

$$\begin{aligned} E_2^{\mathrm{RHF}} &= 2\varepsilon_B-(1/2)U \\ &= 2\tilde{\varepsilon}_{1s}+(1/2)U-2t \end{aligned} \tag{3.53}$$

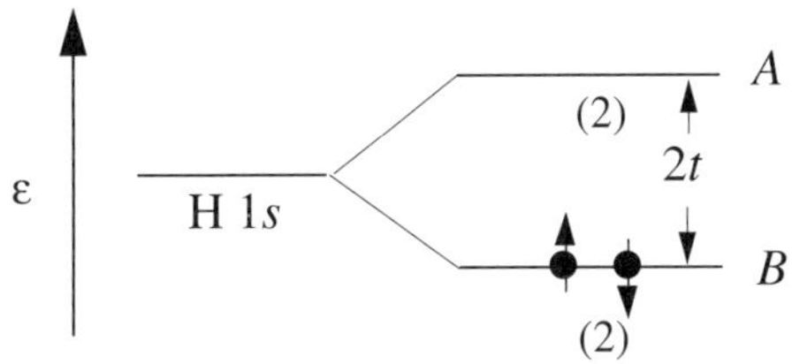

図 3.7: 制限 Hartree-Fock 近似による水素分子の 1 電子エネルギー準位．B：結合軌道，A：反結合軌道．(　) 内の数字は，スピンも含めた縮退度．

で与えられる．

非占有軌道である反結合軌道 $\phi_A(\mathbf{r})$ の満たす Hartree-Fock 方程式のポテンシャル項は，結合軌道 $\phi_B(\mathbf{r})$ にある 2 個の電子からのクーロン・ポテンシャルと，この 2 個の電子のうち $\phi_A(\mathbf{r})$ の電子とスピンが平行な電子 1 個からの交換ポテンシャルを含み，

$$\begin{aligned} h^{\mathrm{RHF}}\phi_A(\mathbf{r}) &= \varepsilon'_A\phi_A(\mathbf{r}), \\ h^{\mathrm{RHF}} &= \frac{\mathbf{p}^2}{2m} - \frac{e^2}{|\mathbf{r}-\mathbf{R}_a|} - \frac{e^2}{|\mathbf{r}-\mathbf{R}_b|} + 2\int d\mathbf{r}'\frac{e^2}{|\mathbf{r}-\mathbf{r}'|}|\phi_B(\mathbf{r}')|^2 \\ &\quad + v_x \equiv h + v_C + v_x, \\ v_x\phi_A(\mathbf{r}) &= -\int d\mathbf{r}'\frac{e^2}{|\mathbf{r}-\mathbf{r}'|}\phi_B(\mathbf{r}')\phi_A(\mathbf{r}')\phi_B(\mathbf{r}) \end{aligned} \tag{3.54}$$

となる．式 (3.51) に対応して，反結合軌道の満たす簡略化した Hartree-Fock 方程式を導くと，式 (3.51) と同一になる．したがって，反結合軌道のエネルギー固有値は式 (3.52) と同じく，

$$\varepsilon = \varepsilon_A = \tilde{\varepsilon}_{1s} + (1/2)U + t \tag{3.55}$$

となり，結合軌道（占有軌道）と反結合軌道（非占有軌道）のエネルギー差（= 1 粒子ギャップ）は

$$\varepsilon_A - \varepsilon_B = 2t$$

で与えられる．これらのことから，**制限 Hartree-Fock 近似の範囲では，原子内クーロン積分は 1 粒子ギャップに寄与しない**ことがわかる．同様な

ことは，電子状態の第一原理計算によく用いられる**局所密度近似**[5]でも見られる．原子内クーロン積分が 1 粒子ギャップに寄与するのは，後（第 3.2.4 節）に見るように，非制限 Hartree-Fock 近似まで近似を進め，スピン分極が生じた場合である．

Heiter-London 法では，励起状態としてスピン 3 重項（式 (3.13)）を考えたが，分子軌道法を拡張して，結合軌道から電子を 1 個反結合軌道に励起した状態

$$\begin{aligned}\Psi_2^{\mathrm{RHF}}(B_\uparrow, A_\uparrow) &= |\psi_{B_\uparrow}\psi_{A_\uparrow}|(\mathbf{x}_1, \mathbf{x}_2) \\ &= \frac{1}{\sqrt{2(1-\tilde{S}^2)}}[\phi_B(\mathbf{r}_1)\phi_A(\mathbf{r}_2) - \phi_A(\mathbf{r}_1)\phi_B(\mathbf{r}_2)]\chi_\uparrow(s_1)\chi_\uparrow(s_2)\end{aligned} \tag{3.56}$$

は，スピン 3 重項励起状態となっている．ここで注目すべきことは，分子軌道法から出発したスピン 3 重項 (3.56) は，Heitler-London 法から出発したスピン 3 重項 (3.13) と完全に等しいことである．これは，式 (3.56), (3.13) ともに，スピン 3 重項の厳密な波動関数となっているためであり，スピン 1 重項が，Heitler-London 法，分子軌道法ともに近似的な波動関数しか与えないことと異なっている．

3.2.3　多原子分子への拡張

大きな分子に LCAO-MO 法を拡張するのは比較的容易である．一般の多原子分子の分子軌道を

$$\psi_Q(\mathbf{x}) = \phi_\Gamma(\mathbf{r})\chi_\sigma(s) \qquad (Q \equiv \Gamma\sigma, Q = Q', Q'', ..., Q^{(N)})$$

とする．ここで，Γ を軌道の状態を，σ をスピンの状態を表す量子数である．これらの分子軌道を電子が占有した Hartree-Fock 状態

$$\Psi_N^{\mathrm{HF}}(Q', Q'', ..., Q^{(N)}; \mathbf{x}_1, ..., \mathbf{x}_N) = |\psi_{Q'}\psi_{Q''}, ...\psi_{Q^{(N)}}|(\mathbf{x}_1, ..., \mathbf{x}_N) \tag{3.57}$$

[5] 局所密度近似とこれを用いた第一原理計算の詳細は，小口多美夫：バンド理論（内田老鶴圃，1999 年）を参照．

が満たす Hartree-Fock 方程式は，

$$\begin{aligned} h^{\mathrm{HF}}\psi_Q(\mathbf{x}) &= \varepsilon_Q \psi_Q(\mathbf{x}), \\ h^{\mathrm{HF}} &= \frac{\mathbf{p}^2}{2m} - \sum_{a=1}^{\mathcal{N}} \frac{Z_a e^2}{|\mathbf{r}-\mathbf{R}_a|} + v_C(\mathbf{r}) + v_x \\ &= h + v_C(\mathbf{r}) + v_x \equiv h + v_{\mathrm{HF}}, \\ v_C(\mathbf{r}) &= \sum_{Q'}^{Q^{(N)}} \int d\mathbf{x}' \psi_{Q'}^*(\mathbf{x}') \frac{e^2}{|\mathbf{r}-\mathbf{r}'|} \psi_{Q'}(\mathbf{x}'), \\ v_x \psi_Q(\mathbf{x}) &= -\sum_{Q'}^{Q^{(N)}} \int d\mathbf{x}' \psi_{Q'}^*(\mathbf{x}') \frac{e^2}{|\mathbf{r}-\mathbf{r}'|} \psi_Q(\mathbf{x}') \psi_{Q'}(\mathbf{x}) \end{aligned} \tag{3.58}$$

で与えられる．ここで，分子軌道 Q' についての和は占有状態のみについてとっている．

つぎに，分子軌道 $\psi_Q(\mathbf{x})$ を原子軌道

$$\psi_{aq}(\mathbf{x}) \equiv \psi_{anlm\sigma}(\mathbf{x}) \equiv \phi_{anlm}(\mathbf{r})\chi_\sigma(s) \equiv \phi_{nlm}(\mathbf{r}-\mathbf{R}_a)\chi_\sigma(s) \equiv \phi_{a\gamma}(\mathbf{r})\chi_\sigma(s)$$

（a は原子位置を表す）の線型結合で表す：

$$\psi_Q(\mathbf{x}) = \sum_{a,q}^{\mathcal{L}} c_{Q,aq}\psi_{aq}(\mathbf{x}). \tag{3.59}$$

ここで，$\mathcal{L}$ は原子位置 a と原子軌道 $q \equiv \gamma\sigma \equiv nlm\sigma$ の組み合わせの総数で，$\mathcal{L} \geq N$ である．分子軌道 (3.59) の規格化条件：

$$\sum_{a,b,q,q'}^{\mathcal{L}} c_{Q,aq}^* c_{Q,bq'} \langle aq|bq'\rangle \equiv \sum_{a,b,q,q'}^{\mathcal{L}} c_{Q,aq}^* c_{Q,bq'} \tilde{S}_{aq,bq'} = 1$$

より，$|c_{Q,aq}|^2$ は分子軌道 ψ_Q を占める電子のうち原子軌道 ψ_{aq} に分布する電子数，$c_{Q,aq}^* c_{Q,bq'}\tilde{S}_{aq,bq'} + c_{Q,bq'}^* c_{Q,aq}\tilde{S}_{bq',aq} = 2\mathrm{Re}(c_{Q,aq}^* c_{Q,bq'}\tilde{S}_{aq,bq'})$ （$a \neq b$）は原子軌道 ψ_{aq} と $\psi_{bq'}$ の間の結合電子数と解釈できる．ψ_Q が ψ_{aq} と $\psi_{bq'}$ に関して反結合の場合は，$2\mathrm{Re}(c_{Q,aq}^* c_{Q,bq'}\tilde{S}_{aq,bq'})$ は負の数になる（2 原子分子の場合，式 (3.48), (3.50) より，明かである）．ここで，

$\tilde{S}_{aq,bq'}$ は ψ_{aq} と $\psi_{bq'}$ の重なり積分で，$\tilde{S}_{aq,aq}=1$ である．したがって，

$$\bar{n}_{aq} \equiv \sum_{Q}^{Q^{(N)}} c^*_{Q,aq} c_{Q,aq} \tag{3.60}$$

は原子軌道 ψ_{aq} を占める電子数を与え，

$$\bar{n}_{aq,bq'} + \bar{n}_{bq',aq} \equiv 2\mathrm{Re}\left(\tilde{S}_{aq,bq'} \sum_{Q}^{Q^{(N)}} c^*_{Q,aq} c_{Q,bq'}\right) \tag{3.61}$$

は ψ_{aq} と $\psi_{bq'}$ の間の結合電子数（結合を作っていない軌道同士はゼロ，反結合の場合は負）を与える．$\bar{n}_{aq,bq'}$ は **Mulliken 電荷**と呼ばれる．Mulliken 電荷の総和は全価電子数 N である：

$$\sum_{aq}^{\mathcal{L}} \bar{n}_{aq} + \sum_{a\neq b \text{ または } q\neq q'}^{\mathcal{L}} \bar{n}_{aq,bq'} = N. \tag{3.62}$$

さて，式 (3.59) を用いて，Hartree-Fock 方程式 (3.58) は，

$$\begin{aligned}
h^{\mathrm{HF}}\psi_Q(\mathbf{x}) &= \varepsilon_Q \psi_Q(\mathbf{x}), \\
h^{\mathrm{HF}} &= \frac{\mathbf{p}^2}{2m} - \sum_{a=1}^{\mathcal{N}} \frac{Z_a e^2}{|\mathbf{r}-\mathbf{R}_a|} + v_C(\mathbf{r}) + v_x \equiv h + v_{\mathrm{HF}}, \\
v_C(\mathbf{r}) &= \sum_{Q'}^{Q^{(N)}} \int d\mathbf{x}' \frac{e^2}{|\mathbf{r}-\mathbf{r}'|} \psi^*_{Q'}(\mathbf{x}')\psi_{Q'}(\mathbf{x}') \\
&= \sum_{a,b,q,q'}^{\mathcal{L}} \left[\sum_{Q'}^{Q^{(N)}} c^*_{Q',aq} c_{Q',bq'}\right] \int d\mathbf{x}' \frac{e^2}{|\mathbf{r}-\mathbf{r}'|} \psi^*_{aq}(\mathbf{x}')\psi_{bq'}(\mathbf{x}')
\end{aligned} \tag{3.63}$$

と書ける．ここで，分子軌道 Q' についての和は占有状態のみ，原子軌道 ψ_{aq} についての和は非占有状態も含めてとることに注意．

$$(h^{\mathrm{HF}} - \varepsilon_Q) \sum_{a,q}^{\mathcal{L}} c_{Q,aq} \psi_{aq}(\mathbf{x}) = 0$$

に $\psi_{bq'}(\mathbf{x})^*$ をかけて $\mathbf{x}$ について積分すると，$c_{Q,aq}$ に関する非線型連立方程式[6]

$$\sum_{a,q}^{\mathcal{L}}[\langle bq'|h^{\mathrm{HF}}|aq\rangle - \varepsilon_Q\langle bq'|aq\rangle]c_{Q,aq} = 0 \tag{3.64}$$

が得られる．ここで，

$$\begin{aligned}
&\langle bq'|h^{\mathrm{HF}}|aq\rangle \\
&= \langle bq'|h|aq\rangle + \sum_{Q'}^{Q^{(N)}}[\langle bq', Q'|v|aq, Q'\rangle - \langle bq', Q'|v|Q', aq\rangle] \\
&= \langle bq'|h|aq\rangle + \sum_{a',b',q'',q'''}^{\mathcal{L}}\left[\sum_{Q'}^{Q^{(N)}} c^*_{Q',a'q''}c_{Q',b'q'''}\right] \\
&\quad \times[\langle bq', a'q''|v|aq, b'q'''\rangle - \langle bq', a'q''|v|b'q''', aq\rangle]
\end{aligned} \tag{3.65}$$

である．式 (3.65) の 2 電子積分のうち，同一原子内のクーロン・交換積分のみを残し，他を無視すると，

$$\begin{aligned}
\langle aq|h^{\mathrm{HF}}|aq\rangle &= \langle aq|h|aq\rangle + \sum_{q''}[U_{aq,aq''} - J_{aq,aq''}]\bar{n}_{aq''}, \\
\langle bq'|h^{\mathrm{HF}}|aq\rangle &= \langle bq'|h|aq\rangle \quad (a \neq b)
\end{aligned} \tag{3.66}$$

と与えられる[7]．ここで，$\bar{n}_{aq}$ は式 (3.60) で定義される，原子軌道 ψ_{aq} を占める電子数である．

式 (3.64)，(3.65) の $\langle bq'|h^{\mathrm{HF}}|aq\rangle$, $\langle bq'|aq\rangle$ は $\mathcal{L}\times\mathcal{L}$ の行列であり，大きい分子の場合大きな行列となる．しかし，電荷分布の対称性が分子の対称性と同じ場合，Hartree-Fock 演算子 h^{HF} は分子と同じ対称性をもつので，これ利用すると，$\mathcal{L}\times\mathcal{L}$ の行列をより小さな行列に還元できる．例えば，h^{HF} がスピン-軌道相互作用を含まない場合，ψ_{aq} と $\psi_{bq'}$ のスピンの向きが逆（$\psi_{aq} = \phi_{a\gamma}\chi_\uparrow$，$\psi_{bq'} = \phi_{b\gamma'}\chi_\downarrow$）であれば，

$$\langle bq'|aq\rangle = \langle b\gamma'|a\gamma\rangle\langle\uparrow|\downarrow\rangle = 0,$$

[6] h^{HF} が $c_{Q,aq}$ を含むので，非線型となる．

[7] 特殊な場合を除いて，$\langle aq'|h^{\mathrm{HF}}|aq\rangle = 0$（$q \neq q'$）としてよい．

$$\langle bq'|h^{\mathrm{HF}}|aq\rangle \propto \langle\uparrow|\downarrow\rangle = 0,$$

となるので，行列は

$$\begin{pmatrix} * & \dots & * & 0 & \dots & 0 \\ \dots & \dots & \dots & \dots & \dots & \dots \\ * & \dots & * & 0 & \dots & 0 \\ 0 & \dots & 0 & * & \dots & * \\ \dots & \dots & \dots & \dots & \dots & \dots \\ 0 & \dots & 0 & * & \dots & * \end{pmatrix}$$

の形の，$\mathcal{L}/2 \times \mathcal{L}/2$ の $\sigma =\uparrow$ 部分と $\sigma =\downarrow$ 部分に分離され，これらの 2 つの行列は，系の電子分布がスピン分極をしていなければ，同一のものになる．さらに，以下の例に示すように，ψ_{aq} と $\psi_{bq'}$ の軌道部分の対称性が異なる場合も，$\langle bq'|aq\rangle = 0$，$\langle bq'|h^{\mathrm{HF}}|aq\rangle = 0$ となるので，例えば

$$\begin{pmatrix} * & 0 & 0 & 0 & 0 & 0 & \dots \\ 0 & * & * & 0 & 0 & 0 & \dots \\ 0 & * & * & 0 & 0 & 0 & \dots \\ 0 & 0 & 0 & * & * & * & \dots \\ 0 & 0 & 0 & * & * & * & \dots \\ 0 & 0 & 0 & * & * & * & \dots \\ \dots & \dots & \dots & \dots & \dots & \dots & \dots \end{pmatrix}$$

のように，より小さな行列にブロック対角化できる．

異なる原子軌道がすべて直交している，すなわち原子内ばかりでなく，原子間も含めて $\langle bq'|aq\rangle = \delta_{a,b}\delta_{q,q'}$ が成り立つとすると，第 2 量子化形式でハミルトニアンを，

$$\begin{aligned} H &= \sum_{a,b,q,q'}^{\mathcal{L}} \langle aq|h|bq'\rangle c^\dagger_{aq} c_{bq'} \\ &+ \frac{1}{2} \sum_{a,b,a',b',q,q',q'',q'''}^{\mathcal{L}} \langle aq, bq'|v|a'q'', b'q'''\rangle c^\dagger_{bq'} c^\dagger_{aq} c_{a'q''} c_{b'q'''} \end{aligned} \tag{3.67}$$

と書ける．これは第2量子化ハミルトニアン(B.8)の基底関数をすべて原子軌道に限ったものである．

多原子分子の例として，再びベンゼン C_6H_6 分子を考える（構造は図3.4参照）．炭素原子を並んでいる順に $1, 2, .., 6$，水素原子を $7, 8, .., 12$ とすると，基底関数の原子軌道は，

$$\begin{aligned}
&\phi_{a2s}(\mathbf{r})\chi_\sigma(s) \equiv \phi_{2s}(\mathbf{r}-\mathbf{R}_a)\chi_\sigma(s) \quad (a = 1, 2, ..., 6),\\
&\phi_{a2p\mu}(\mathbf{r})\chi_\sigma(s) \equiv \phi_{2p\mu}(\mathbf{r}-\mathbf{R}_a)\chi_\sigma(s) \quad (\mu = x, y, z,\ a = 1, 2, ., 6),\\
&\phi_{a1s}(\mathbf{r})\chi_\sigma(s) \equiv \phi_{1s}(\mathbf{r}-\mathbf{R}_a)\chi_\sigma(s) \quad (a = 7, ..., 12)
\end{aligned}$$

であるので，スピン自由度も含めて $\mathcal{L} = 60$ 個のLCAO基底関数があり，行列の大きさは 60×60 になる．スピン-軌道相互作用を無視すると[8]，行列はそれぞれ 30×30 の大きさをもつ $\sigma =\uparrow$ 部分と $\sigma =\downarrow$ 部分に分離される．ベンゼンはスピン分極してないので，2個の 30×30 行列は同一のものになる．さらに方程式を簡単にするために，原子軌道の対称性が利用できる．原子軌道のうち，分子面（$\equiv xy$ 面）に垂直な方向を向いているC $2p_z$ 軌道のみが，分子面に対する鏡映操作で符号を変える．したがって，$\phi_{a2p_z}(\mathbf{r}) \equiv \phi_{2p_z}(\mathbf{r}-\mathbf{R}_a)$ $(a = 1, ..., 6)$ の6つのLCAO基底関数とした 6×6 の行列が 30×30 行列より分離される．

残りの，分子面に対する鏡映操作で符号を変えない他の原子軌道を基底関数をした 24×24 の行列の部分に関しても，他の対称操作（z 軸の回りの $\pm 60^\circ$, $\pm 120^\circ$, 180° 回転等）を利用してさらに還元できるが，ここでは，第3.1.2節で考えたような簡単な描像で考える．すなわち，式(2.14)で表されるC-C方向およびC-H方向を向いた炭素原子の sp^2 混成軌道と水素原子の $1s$ 軌道が σ 結合をつくるとする．それぞれの σ 結合は波動関数の重なりが大きいために，結合軌道と反結合軌道の分裂が大きく，10 eV程度に達する．一方，π 結合は波動関数の重なりが小さく，結合軌道-反結合軌道分裂は数eVである．したがって，30個の電子のうち，6つのC-H間の σ 結合軌道と6つのC-C間の σ 結合軌道を24個の電子が占有し，残りの6個の電子が π 軌道を占有することになる．σ 電子，π 電子の分布が

---

[8] 一般に，Feなどの第1遷移元素よりも軽い元素の場合，スピン-軌道相互作用は小さく無視できることが多い．

6 個の C 原子に均等であるとすると，6 つの p_z 軌道が張る π 軌道空間での h^{RHF} の 6×6 行列表示は，$\tilde{S}$ のオーダーの量を無視すると，

$$
\begin{aligned}
\langle a|h^{\mathrm{RHF}}|a\rangle &\equiv X \sim \varepsilon_\pi, \\
\langle a|h^{\mathrm{RHF}}|b\rangle &\simeq \langle a|h|b\rangle \equiv -t
\end{aligned}
\tag{3.68}
$$

の形に書ける．ここで，a, b は隣り合う炭素原子の π 軌道である．占有軌道の満たす Hartree-Fock 方程式は

$$
\begin{pmatrix}
X-\varepsilon & -t & 0 & 0 & 0 & -t \\
-t & X-\varepsilon & -t & 0 & 0 & 0 \\
0 & -t & X-\varepsilon & -t & 0 & 0 \\
0 & 0 & -t & X-\varepsilon & -t & 0 \\
0 & 0 & 0 & -t & X-\varepsilon & -t \\
-t & 0 & 0 & 0 & -t & X-\varepsilon
\end{pmatrix}
\begin{pmatrix} c_1 \\ c_2 \\ c_3 \\ c_4 \\ c_5 \\ c_6 \end{pmatrix} = 0
\tag{3.69}
$$

となり，これを解いて固有値 ε と固有関数 ϕ が

$$
\begin{aligned}
&\varepsilon_A = X - 2t: \quad \phi_A = \frac{1}{\sqrt{6}}(\phi_1 + \phi_2 + \phi_3 + \phi_4 + \phi_5 + \phi_6) \\
&\varepsilon_B = \varepsilon_C = X - t: \\
&\phi_B = \frac{1}{\sqrt{6}}(\phi_1 + e^{i\pi/3}\phi_2 + e^{2i\pi/3}\phi_3 + e^{i\pi}\phi_4 + e^{4i\pi/3}\phi_5 + e^{5i\pi/3}\phi_6) \\
&\phi_C = \frac{1}{\sqrt{6}}(\phi_1 + e^{-i\pi/3}\phi_2 + e^{-2i\pi/3}\phi_3 + e^{-i\pi}\phi_4 + e^{-4i\pi/3}\phi_5 + e^{-5i\pi/3}\phi_6) \\
&\varepsilon_D = \varepsilon_E = X + t: \\
&\phi_D = \frac{1}{\sqrt{6}}(\phi_1 + e^{2i\pi/3}\phi_2 + e^{4i\pi/3}\phi_3 + \phi_4 + e^{2i\pi/3}\phi_5 + e^{4i\pi/3}\phi_6) \\
&\phi_E = \frac{1}{\sqrt{6}}(\phi_1 + e^{-2i\pi/3}\phi_2 + e^{-4i\pi/3}\phi_3 + \phi_4 + e^{-2i\pi/3}\phi_5 + e^{-4i\pi/3}\phi_6) \\
&\varepsilon_F = X + 2t: \quad \phi_D = \frac{1}{\sqrt{6}}(\phi_1 - \phi_2 + \phi_3 - \phi_4 + \phi_5 - \phi_6)
\end{aligned}
\tag{3.70}
$$

と得られ，図 3.8 のように，軌道縮退のない ϕ_A を 2 個の電子が, 軌道が 2 重に縮退した ϕ_B，ϕ_C を 4 個の電子が占めた状態が基底状態となる．

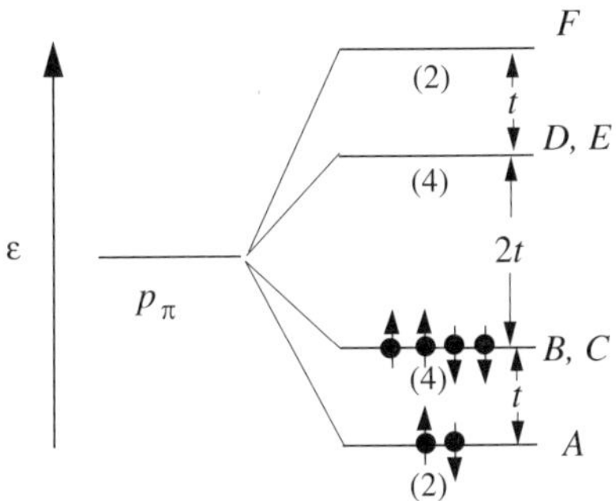

図 3.8: 制限 Hartree-Fock 近似による，ベンゼン分子 C_6H_6 の π 軌道の 1 電子エネルギー準位.（ ）内の数字は，スピンも含めた縮退度.

この基底状態における最高占有軌道の軌道のエネルギー期待値:

$$\begin{aligned}\varepsilon_B = \varepsilon_C &= X - t \\ &= \langle a|h|a\rangle - t + U_{BB} + 2U_{AB} - J_{AB} + 2U_{BC} - J_{BC}\end{aligned}$$

を求める．再び $\tilde{S} \ll 1$ とし，U_{ab} も無視すれば，

$$U_{AB} = U_{BC} = U_{AC} = U_{AA} = U_{BB} = U_{CC} = \frac{1}{6}U,$$

$$J_{AB} = J_{AC} = \frac{1}{6}U, \quad J_{BC} = \frac{1}{6}U$$

となるので，

$$\varepsilon_B = \langle a|h|a\rangle - t + \frac{1}{2}U$$

となる．非占有状態 ϕ_D，ϕ_E のエネルギー固有値 ε'_D，ε'_E は，

$$\begin{aligned}\varepsilon'_D &= \varepsilon'_E \\ &= \langle a|h|a\rangle + t + 2U_{AD} - J_{AD} + 2U_{BD} - J_{BD} + 2U_{BD} - J_{BD} \\ &= \langle a|h|a\rangle + t + \frac{1}{2}U\end{aligned}$$

となる．したがって，占有軌道と非占有軌道のエネルギー差（= 1 粒子ギャップ）は

$$\varepsilon'_D - \varepsilon_C = 2t$$

となり（図3.8），ここでも制限Hartree-Fock近似の範囲では，原子内クーロン積分は1粒子ギャップに寄与しない．分子が大きくなると，分子軌道間の間隔が狭くなり，大きな分子の極限でギャップは消滅する．したがって，第6章で示すように，電子を1個もつ原子からなる結晶は，制限Hartree-Fock近似の範囲では金属となることが推測される．

3.2.4 非制限Hartree-Fock近似

上記の水素分子，ベンゼン分子のHartree-Fock近似では，実際の分子が有限のスピン密度分布をもたない事実を利用し，スピン分極のない解を仮定してHartree-Fock方程式を解いていた．すなわち，1電子状態 $\psi_{B\uparrow}(\mathbf{x}) = \phi_B(\mathbf{r})\chi_\uparrow(s)$ が電子で占有されていると，これと同じ軌道部分の波動関数と逆向きのスピンをもつ1電子状態 $\psi_{B\downarrow}(\mathbf{x}) = \phi_B(\mathbf{r})\chi_\downarrow(s)$ が必ず占有されていると仮定し，制限Hartree-Fock近似を用いた．この制限を付けない Hartree-Fock 近似（**非制限 Hartree-Fock 近似**）では，$\psi_{B+\uparrow}(\mathbf{x}) = \phi_{B+}(\mathbf{r})\chi_\uparrow(s)$，$\psi_{B-\downarrow}(\mathbf{x}) = \phi_{B-}(\mathbf{r})\chi_\downarrow(s)$ としたときに，$\phi_{B+}(\mathbf{r}) \neq \phi_{B-}(\mathbf{r})$ なる解も許されるとする．非制限Hartree-Fock近似は，制限Hartree-Fock近似に比べて変分の自由度が大きいために，よりエネルギーの低い基底状態が得られる可能性がある．一方，実際は存在しないスピン分極が生じるなど，正しい対称性をもった解が得られない場合もある．

水素分子の分子軌道法に非制限Hartree-Fock近似を適用しよう．制限Hartree-Fock近似の表式 (3.42) を非制限Hartree-Fock近似に拡張した

$$\begin{aligned}
&\Psi_2^{\mathrm{HF}}(B_{+\uparrow}, B_{-\downarrow}; \mathbf{x}_1, \mathbf{x}_2) = |\psi_{B+\uparrow}\psi_{B-\downarrow}|(\mathbf{x}_1, \mathbf{x}_2) \\
&= \frac{1}{\sqrt{2}}[\phi_{B+}(\mathbf{r}_1)\phi_{B-}(\mathbf{r}_2)\chi_\uparrow(s_1)\chi_\downarrow(s_2) \\
&\quad -\phi_{B-}(\mathbf{r}_1)\phi_{B+}(\mathbf{r}_2)\chi_\downarrow(s_1)\chi_\uparrow(s_2)]
\end{aligned} \tag{3.71}$$

の形の解を求める．状態 (3.71) は制限Hartree-Fock近似の状態 (3.42) と異なり，$\phi_{B+}(\mathbf{r}) \neq \phi_{B-}(\mathbf{r})$ が許されるために，一般にはスピン1重項とはならず，電子がスピン分極する．Hartree-Fock 方程式 (3.41) は，

$$h^{\mathrm{HF}}\phi_{B\sigma}(\mathbf{r}) = \varepsilon_{B\sigma}\phi_{B\sigma}(\mathbf{r}),$$

$$h^{\mathrm{HF}} = \left[\frac{\mathbf{p}^2}{2m} - \frac{e^2}{|\mathbf{r}-\mathbf{R}_a|} - \frac{e^2}{|\mathbf{r}-\mathbf{R}_b|}\right] + \int d\mathbf{r}'\phi_{B-\sigma}(\mathbf{r}')^2 \frac{e^2}{|\mathbf{r}-\mathbf{r}'|}$$
$$\equiv h + v_C \tag{3.72}$$

となる．ここで，添え字 $-\sigma$ は，σ と反対向きのスピンを表す．

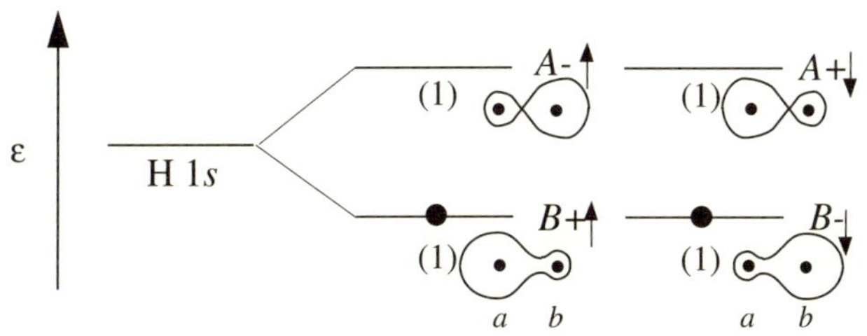

図 3.9: 非制限 Hartree-Fock 近似による水素分子の 1 電子エネルギー準位．$B+$，$B-$：結合軌道がそれぞれ原子 a，原子 b に偏ったもの，$A+$，$A-$：反結合軌道がそれぞれ原子 a，原子 b に偏ったもの．（ ）内の数字はスピンも含めた縮退度．

LCAO 法を適用し，

$$\phi_{B+}(\mathbf{r}) = c_{a+}\phi_a(\mathbf{r}) + c_{b+}\phi_b(\mathbf{r}),$$
$$\phi_{B-}(\mathbf{r}) = c_{a-}\phi_a(\mathbf{r}) + c_{b-}\phi_b(\mathbf{r}) \tag{3.73}$$

とする．ここで，一般に $c_{a+} \neq c_{a-}$，$c_{b+} \neq c_{b-}$ と，それぞれの波動関数の形状が一方の原子に偏っているために，原子 a と b のスピン密度に偏りができる可能性がある．図 3.9 にはこのような波動関数 ϕ_{B+}，ϕ_{B-} も模式的に示す．ただし，全電荷分布まで原子 a，b のどちらかに偏るとクーロン・エネルギーを損するので，電荷分布は偏らないであろうと考えられる．つまり，$|c_{a+}| = |c_{b-}|$，$|c_{a-}| = |c_{b+}|$ であろうと考えられる（もし $c_{a+} = c_{a-}$，$c_{b+} = c_{b-}$ であれば，制限 Hartree-Fock 近似の波動関数 (3.45) に帰着する）．$\phi_{B+}(\mathbf{r})$（式 (3.73)）が満たす Hartree-Fock 方程式は，

$$[h^{\mathrm{HF}} - \varepsilon][c_{a+}\phi_a(\mathbf{r}) + c_{b+}\phi_b(\mathbf{r})]$$
$$= [h + |c_{a-}|^2 \int d\mathbf{r}'\phi_a(\mathbf{r}')^2 \frac{e^2}{|\mathbf{r}-\mathbf{r}'|}$$
$$+(c_{a-}c_{b-}^* + c_{a-}^*c_{b-}) \int d\mathbf{r}'\phi_a(\mathbf{r}')\phi_b(\mathbf{r}') \frac{e^2}{|\mathbf{r}-\mathbf{r}'|}$$

$$
+ |c_{b-}|^2 \int d\mathbf{r}' \phi_b(\mathbf{r}')^2 \frac{e^2}{|\mathbf{r}-\mathbf{r}'|} - \varepsilon][c_{a+}\phi_a(\mathbf{r}) + c_{b+}\phi_b(\mathbf{r})] = 0 \tag{3.74}
$$

となる．これに $\phi_a(\mathbf{r})$ または $\phi_b(\mathbf{r})$ をかけて $\mathbf{r}$ について積分すると，

$$
\begin{pmatrix} \langle a|h^{\mathrm{HF}}|a\rangle - \varepsilon & \langle a|h^{\mathrm{HF}}|b\rangle - \tilde{S}\varepsilon \\ \langle b|h^{\mathrm{HF}}|a\rangle - \tilde{S}\varepsilon & \langle b|h^{\mathrm{HF}}|b\rangle - \varepsilon \end{pmatrix} \begin{pmatrix} c_{a+} \\ c_{b+} \end{pmatrix} = 0 \tag{3.75}
$$

が得られる．ここで，$\tilde{S} \ll 1$ として無視すれば，

$$
\begin{aligned}
\langle a|h^{\mathrm{HF}}|a\rangle &\simeq \tilde{\varepsilon}_{1s} + |c_{a-}|^2 U, \\
\langle b|h^{\mathrm{HF}}|b\rangle &\simeq \tilde{\varepsilon}_{1s} + |c_{b-}|^2 U, \\
\langle a|h^{\mathrm{HF}}|b\rangle &\simeq -t
\end{aligned}
$$

であるから，

$$
\begin{pmatrix} \tilde{\varepsilon}_{1s} + |c_{a-}|^2 U - \varepsilon & -t \\ -t & \tilde{\varepsilon}_{1s} + |c_{b-}|^2 U - \varepsilon \end{pmatrix} \begin{pmatrix} c_{a+} \\ c_{b+} \end{pmatrix} = 0 \tag{3.76}
$$

が得られる．式 (3.76) を解いて，結合軌道 $\psi_{B+\uparrow}$ のエネルギーとして，

$$
\varepsilon_{B+\uparrow} = \tilde{\varepsilon}_{1s} + \frac{1}{2}\left[U - \sqrt{U^2(|c_{a-}|^2 - |c_{b-}|^2)^2 + 4t^2}\right], \tag{3.77}
$$

が得られる．$U \gg t$ の場合，$\varepsilon_{B+\uparrow} \simeq \tilde{\varepsilon}_{1s}$ となる．もう一方の結合軌道 $\psi_{B-\downarrow}$ のエネルギーもこれに等しい．式 (3.76) の反結合軌道解 $\psi_{A+\uparrow}$ のエネルギーは，$U \gg t$ の場合 $\varepsilon_{A+\uparrow} \simeq \tilde{\varepsilon}_{1s} + U$ となり，占有軌道と非占有軌道の間に，$\sim U$ の大きさの 1 粒子ギャップが開く．もう一方の反結合軌道解 $\psi_{A-\downarrow}$ のエネルギーもこれに等しい．これらをまとめた 1 電子エネルギー準位図を図 3.9 に示す．

電子系の全エネルギーは，

$$
E_2^{\mathrm{HF}} = \varepsilon_{B\uparrow} + \varepsilon_{B\downarrow} - U_{B_+B_-}
$$

で与えられる．ここで，占有電子間のクーロン反発エネルギー $U_{B_+B_-}$ は，

$$
U_{B_+B_-} = (|c_{a+}|^2|c_{a-}|^2 + |c_{b+}|^2|c_{b-}|^2)U
$$

である．$c_{a\pm}$，$c_{b\pm}$ を実数とし，電荷分布の対称性と規格化条件 $|c_{a\pm}|^2 + |c_{b\pm}|^2 = 1$ を考慮して，

$$\cos\theta \equiv c_{a+} = c_{b-}, \qquad \sin\theta \equiv c_{a-} = c_{b+} \qquad (0 \le \theta \le \pi/4) \tag{3.78}$$

と置くと，

$$\begin{aligned} E_2^{\mathrm{HF}} &= 2\tilde{\varepsilon}_{1s} - \sqrt{U^2(1-2\sin^2\theta)^2 + 4t^2} \\ &\quad + (1 - 2\sin^2\theta + 2\sin^4\theta)U \end{aligned} \tag{3.79}$$

を最小とするように $\sin\theta$ が決まる．$U \gg 2t$ のとき，

$$E_2^{\mathrm{HF}} \simeq 2\tilde{\varepsilon}_{1s} + 2U\sin^4\theta \tag{3.80}$$

となる．したがって，原子内クーロン積分 U（> 0）が大きいと，式 (3.80) 右辺の U 項の係数を小さくするように $\theta \to 0$，すなわち，原子 a, b が逆向きにスピン分極した状態に近付こうとする（$c_{a+} = c_{b-} \to 1$，他は $\to 0$）．これによって，式 (3.80) において，制限 Hartree-Fock 近似解のエネルギー (3.53) に含まれる $\frac{1}{2}U$ がなくなり，大きくエネルギーを得する．逆に，移動積分が大きい（$t \gg U$）とき，

$$E_2^{\mathrm{HF}} \simeq 2\tilde{\varepsilon}_{1s} - 2t + 2U(-\sin^2\theta + \sin^4\theta) \tag{3.81}$$

となり，スピン分極のない状態（$\theta = \frac{\pi}{4}$，$c_{a+} = c_{a-} = c_{b+} = c_{b-}$）に近付こうとする．

3.3 電子相関

電子が各瞬間に互いに避けあいながら系内を運動することを**電子相関**という（第 2.2，2.3.3 節参照）．電子相関は，Hartree-Fock 近似すなわち多電子系の波動関数を 1 つの Slater 行列式（式 (2.29)）で表す近似では時間平均的な電子間反発のみを取り入れることができるが，電子相関はこれに取り入れられない効果である．一方，Heitler-London 法では出発点から複数の Slater 行列式を用いていたので，電子相関ははじめから取り入れられていた．本節では，分子軌道法を出発点として，電子相関を取り入れて

いく方法について述べる．

3.3.1　非制限 Hartree-Fock 近似解の 1 重項化

スピン分極した非制限 Hartree-Fock 近似の基底状態 $\Psi_2^{\rm HF}(B_\uparrow, B_\downarrow)$（式 (3.71)）は，全エネルギーは低いが，分子で保存されるべき物理量である全スピン $\mathbf{S}^2$，S_z の固有状態になっていない．実際の水素分子はスピン分極を起こさず，$S=0$ の固有状態にあると思われる．非制限 Hartree-Fock 近似のこの欠点を補うために，非制限 Hartree-Fock 近似の波動関数を重ね合わせて，固有値 $S=0, S_z=0$ をもつ固有状態を作ってみる：

$$\begin{aligned}\Psi_2^{\rm HF-S}(00) &\equiv A'(|\psi_{B+\uparrow}\psi_{B-\downarrow}| - |\psi_{B+\downarrow}\psi_{B-\uparrow}|) \\ &= A'[\phi_{B+}(\mathbf{r}_1)\phi_{B-}(\mathbf{r}_2) + \phi_{B-}(\mathbf{r}_1)\phi_{B+}(\mathbf{r}_2)] \\ &\quad \times[\chi_\uparrow(s_1)\chi_\downarrow(s_2) - \chi_\downarrow(s_1)\chi_\uparrow(s_2)]. \end{aligned} \tag{3.82}$$

ここで，添え字 “HF-S” の S は，スピン 1 重項を表す．この軌道部分を，式 (3.73)，(3.78) を用いて原子軌道 ϕ_a, ϕ_b で展開すると，

$$\begin{aligned}&\Psi_2^{\rm HF-S}(00) \\ &= A\{\sin 2\theta[\phi_a(\mathbf{r}_1)\phi_a(\mathbf{r}_2) + \phi_b(\mathbf{r}_1)\phi_b(\mathbf{r}_2)] + \phi_a(\mathbf{r}_1)\phi_b(\mathbf{r}_2) \\ &\quad +\phi_b(\mathbf{r}_1)\phi_a(\mathbf{r}_2)\}[\chi_\uparrow(s_1)\chi_\downarrow(s_2) - \chi_\downarrow(s_1)\chi_\uparrow(s_2)] \end{aligned} \tag{3.83}$$

と書ける．

式 (3.83) は，$\theta \to 0$ で Heitler-London 法の波動関数，$\theta \to \frac{\pi}{4}$ で制限 Hartree-Fock 近似の波動関数になる．一般の θ $(0 < \theta < \frac{\pi}{4})$ では，Heitler-London 法（原子価結合法）に電荷移動（CT）（軌道混成）の効果を取り入れた波動関数 (3.26) と同等になる：

$$\Psi_2^{\rm HF-S}(00) = \Psi_2^{\rm HL-CT}(00). \tag{3.84}$$

また，$0 < \theta < \frac{\pi}{4}$ で式 (3.83) は，制限 Hartree-Fock 近似の波動関数において，2 重占有部分（$\phi_a(\mathbf{r}_1)\phi_a(\mathbf{r}_2)$，$\phi_b(\mathbf{r}_1)\phi_b(\mathbf{r}_2)$）の重みを減らしたものと見ることもできる．すなわち，式 (3.83) は，電子が各瞬間に互いに避けあいながら系内を運動している電子相関の効果を表している．

3.3.2 配置間相互作用

1つのSlater行列式で表されるHartree-Fock近似の波動関数から出発して電子相関の効果を取り入れるためには，その Slater 行列式に他の Slater 行列式が混成するのを許せばよい．前節で行った，非制限 Hartree-Fock 近似の波動関数から $S=0$ の状態を作る操作（式 (3.83)）も，2つの Slater 行列式を重ね合わせることにより電子相関の効果を取り入れていた．制限 Hartree-Fock 近似は，$S=0$ を満たしているので，それから出発して電子相関を取り入れる方法も見通しがよさそうである．制限 Hartree-Fock 近似

$$\begin{aligned}\Psi_2^{\mathrm{RHF}}(B_\uparrow, B_\downarrow) &= |\psi_{B_\uparrow}\psi_{B_\downarrow}| \\ &= (1/\sqrt{2})\phi_B(\mathbf{r}_1)\phi_B(\mathbf{r}_2)[\chi_\uparrow(s_1)\chi_\downarrow(s_2) - \chi_\downarrow(s_1)\chi_\uparrow(s_2)] \end{aligned} \tag{3.85}$$

から出発して電子相関の効果を取り入れるには，反結合分子軌道 $\psi_{A\sigma} = \phi_A(\mathbf{r})\chi_\sigma(s)$ に電子2個が励起した状態

$$\begin{aligned}\Psi_2^{\mathrm{RHF}'}(A_\uparrow, A_\downarrow) &= |\psi_{A_\uparrow}\psi_{A_\downarrow}| \\ &= (1/\sqrt{2})\phi_A(\mathbf{r}_1)\phi_A(\mathbf{r}_2)[\chi_\uparrow(s_1)\chi_\downarrow(s_2) - \chi_\downarrow(s_1)\chi_\uparrow(s_2)] \end{aligned} \tag{3.86}$$

を $\Psi_2^{\mathrm{RHF}}(B_\uparrow, B_\downarrow)$ に混成させる[9]：

$$\Psi_2^{\mathrm{RHF-CI}} = C\Psi_2^{\mathrm{RHF}}(B_\uparrow, B_\downarrow) + C'\Psi_2^{\mathrm{RHF}'}(A_\uparrow, A_\downarrow). \tag{3.87}$$

（ここでは簡単のため，$\tilde{S}=0$ とした.）複数の Slater 行列式を重ね合わせることは，異なった電子配置を重ね合わせることであるので，“**電子配置間相互作用**（configuration interaction: CI）を取り入れる” という．

状態 (3.85) と状態 (3.86) を混成させる行列要素は，

$$\begin{aligned}\langle\Psi_2^{\mathrm{RHF}}|H_2|\Psi_2^{\mathrm{RHF}'}\rangle &= \langle\phi_B(\mathbf{r}_1)\phi_B(\mathbf{r}_2)|H_2|\phi_A(\mathbf{r}_1)\phi_A(\mathbf{r}_2)\rangle \\ &= \langle BB|v|AA\rangle = \frac{1}{4}\langle(\phi_a+\phi_b)(\phi_a+\phi_b)|v|(\phi_a-\phi_b)(\phi_a-\phi_b)\rangle \\ &= (1/4)(U_{aa} - J_{ab} - J_{ab} - U_{ab} - U_{ab} + U_{bb}) \simeq U/2 \end{aligned} \tag{3.88}$$

---

[9] これ以外の波動関数は，対称性により混成しない．例えば，$|\psi_{A_\uparrow}\psi_{B_\downarrow}|$ は分子軸の中点に対する反転操作により符号を変えるために，符号を変えない $|\psi_{A_\uparrow}\psi_{A_\downarrow}|$, $|\psi_{B_\uparrow}\psi_{B_\downarrow}|$ とは混成しない．

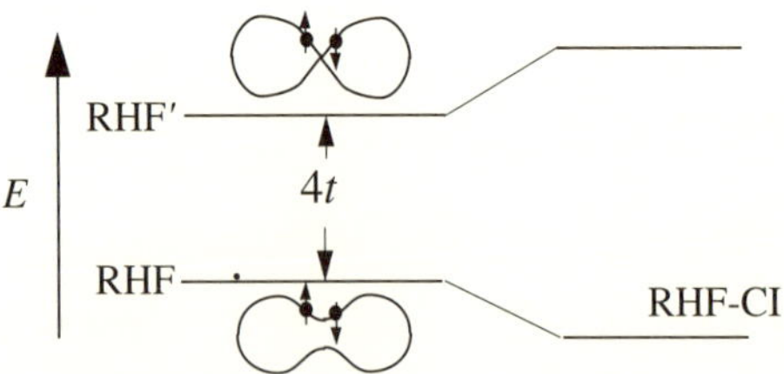

図 3.10: 水素分子の多電子エネルギー準位図．制限 Hartree-Fock 近似による基底状態（RHF）と 2 電子励起状態（RHF′）の混成，およびその結果生じる基底状態（RHF-CI，式 (3.87)）．

である[10]．したがって，式 (3.87) を Schrödinger 方程式 (2.17) に代入し，行列対角要素には (3.53) と

$$\langle \Psi_2^{\mathrm{RHF}'} | H_2 | \Psi_2^{\mathrm{RHF}'} \rangle = 2\tilde{\varepsilon}_{1s} + (1/2)U + 2t$$

を用い，固有値方程式

$$\begin{pmatrix} 2\tilde{\varepsilon}_{1s} + \frac{1}{2}U - 2t - E_2 & \frac{1}{2}U \\ \frac{1}{2}U & 2\tilde{\varepsilon}_{1s} + \frac{1}{2}U + 2t - E_2 \end{pmatrix} \begin{pmatrix} C \\ C' \end{pmatrix} = 0 \quad (3.89)$$

を得る．

電子相関による 2 重占有の減少を見るため，式 (3.87) を展開してみる：

$$\begin{aligned} \Psi_2^{\mathrm{RHF-CI}} = & \frac{1}{2\sqrt{2}} \{ (C + C')[\phi_a(\mathbf{r}_1)\phi_a(\mathbf{r}_2) + \phi_b(\mathbf{r}_1)\phi_b(\mathbf{r}_2)] \\ & + (C - C')[\phi_a(\mathbf{r}_1)\phi_b(\mathbf{r}_2) + \phi_b(\mathbf{r}_1)\phi_a(\mathbf{r}_2)] \} \\ & \times [\chi_\uparrow(s_1)\chi_\downarrow(s_2) - \chi_\downarrow(s_1)\chi_\uparrow(s_2)]. \end{aligned} \quad (3.90)$$

式 (3.89) より $C/C' < 0$ であるので，$|C - C'| > |C + C'|$ となり，式 (3.90) では原子軌道の 2 重占有部分（$\phi_a(\mathbf{r}_1)\phi_a(\mathbf{r}_2)$，$\phi_b(\mathbf{r}_1)\phi_b(\mathbf{r}_2)$）の重みが，配置間相互作用のない Ψ_2^{RHF}（式 (3.85)）：

$$\begin{aligned} \Psi_2^{\mathrm{RHF}} &= (1/\sqrt{2})\phi_B(\mathbf{r}_1)\phi_B(\mathbf{r}_2)[\chi_\uparrow(s_1)\chi_\downarrow(s_2) - \chi_\downarrow(s_1)\chi_\uparrow(s_2)] \\ &= \frac{1}{2\sqrt{2}}[\phi_a(\mathbf{r}_1)\phi_a(\mathbf{r}_2) + \phi_b(\mathbf{r}_1)\phi_b(\mathbf{r}_2) + \phi_a(\mathbf{r}_1)\phi_b(\mathbf{r}_2) + \phi_b(\mathbf{r}_1)\phi_a(\mathbf{r}_2)] \\ & \quad \times [\chi_\uparrow(s_1)\chi_\downarrow(s_2) - \chi_\downarrow(s_1)\chi_\uparrow(s_2)] \end{aligned} \quad (3.91)$$

---

[10] これまでと同様，$U_{aa} \gg U_{ab}$，$J_{ab} \simeq 0$ を用い，$U \equiv U_{aa}$ とした．

中の $\phi_a(\mathbf{r}_1)\phi_a(\mathbf{r}_2)$ と $\phi_b(\mathbf{r}_1)\phi_b(\mathbf{r}_2)$ を併せた重み 50 %に比べて減少する.

3.3.3 異なる取り扱いの間の関係

本章では，水素分子のスピン 1 重項（$S=0$）基底状態を，次の 3 通りの道筋で求めてきた.

(A) Heitler-London 法（原子価結合法）を出発点として，電荷移動（軌道混成）の効果を取り入れる．得られた波動関数は，$\Psi_2^{\mathrm{HL-CT}}$（式 (3.26)）.

(B) 制限 Hartree-Fock 近似を出発点として，配置間相互作用を取り入れる．得られた波動関数は，$\Psi_2^{\mathrm{RHF-CI}}$（式 (3.90)）.

(C) 非制限 Hartree-Fock 近似の解を重ね合わせてスピンの固有関数を作る．得られた波動関数は，$\Psi_2^{\mathrm{HF-S}}(00)$（式 (3.83)）.

出発点の波動関数は，(A) では $U \gg t$ の場合に近似がよく，(B) では $U \ll t$ の場合に近似がよい．(C) では，出発点の波動関数は U，t の大きさの比に関わらずよいが，全スピンの大きさの固有関数になっていないという問題点があった．(A) では電荷移動（軌道混成）の効果を取り入れることによって，有限の t/U での近似の精度を高めた．(B) では配置間相互作用を取り入れることによって，有限の U/t での近似の精度を高めた．(A), (B), (C) で最終的に得られた波動関数（式 (3.26)，(3.90)，(3.83)）を比べると，すべて同じ変分関数になっている．つまり，

$$\begin{aligned}
&\Psi_2^{\mathrm{HL-CT}}(00) = \Psi_2^{\mathrm{RHF-CI}} = \Psi_2^{\mathrm{HF-S}}(00) \\
&= \{A[\phi_a(\mathbf{r}_1)\phi_a(\mathbf{r}_2) + \phi_b(\mathbf{r}_1)\phi_b(\mathbf{r}_2)] + A'[\phi_a(\mathbf{r}_1)\phi_b(\mathbf{r}_2) + \phi_b(\mathbf{r}_1)\phi_a(\mathbf{r}_2)]\} \\
&\quad \times[\chi_\uparrow(s_1)\chi_\downarrow(s_2) - \chi_\downarrow(s_1)\chi_\uparrow(s_2)]
\end{aligned} \tag{3.92}$$

である．(A), (B), (C) それぞれ，最終的に得られた波動関数は近似的なものではなく，厳密なものである（一般の U/t に使える）．これらの事情を，図 3.11 に示す.

多原子分子に関しても，$S=0$ の基底状態に対しては，原理的には (A) と (B) は同じ変分関数を与える．しかし，大きな分子では，膨大な数の電

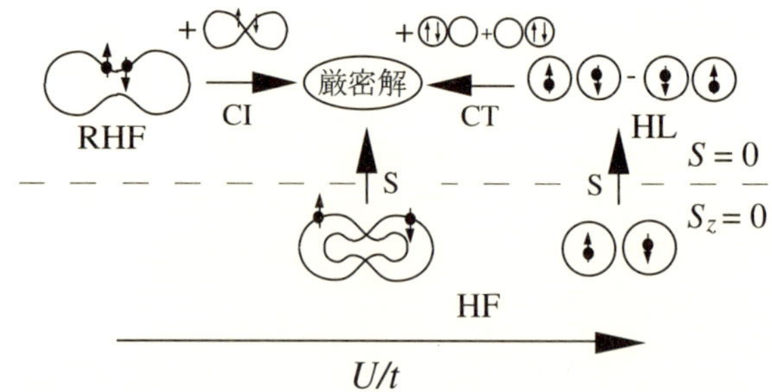

図 3.11: 水素分子の様々な取り扱いの間の関係．HL：Hietler-London 法．RHF：制限 Hartree-Fock 近似．HF：（非制限） Hartree-Fock 近似．CT：電荷移動．CI：配置間相互作用．S：1 重項化．破線より上では，スピン 1 重項となっている．詳細は本文参照．

荷移動状態（(A) の場合）あるいは 2 電子励起状態（(B) の場合）を，出発点の波動関数に重ね合わせなければならず，実用上は適当な数の項で打ち切らざるを得ない．したがって，どちらのアプローチが近似の精度が高いかは，実際の基底状態が Heitler-London 状態（原子価結合状態），制限 Hartree-Fock 状態のいずれに近い状態なのかによって決まる．すなわち，どちらのアプローチが近似の精度が高いかは，パラメータ U/t の大きさによっており，$U \gg t$ の場合には Heitler-London 法からスタートした方が，$U \ll t$ の場合には制限 Hartree-Fock 近似からスタートした方がよい．(C) はスピンが分極した状態を表すので，多原子分子の $S = 0$ 基底状態に拡張するのは困難である．

3.3.4 閉殻原子からなる分子

希ガスなど，価電子が閉殻の原子は化学結合を作らない．Heitler-London 法（第 3.1 節）によれば，化学結合には不対電子（同じ軌道にスピンが逆向きの電子をもたない電子）が必要であるが，閉殻は不対電子をもたないからである．また，分子軌道法（第 3.2 節）によれば，結合軌道が占有され，反結合軌道が非占有であることによって結合エネルギーを得するが，閉殻軌道同士が混成して結合軌道・反結合軌道をつくっても，結合軌道と反結合軌道の両方が占有されるので，エネルギーを得しない．

閉殻原子からなる分子では，分子軌道法が Heitler-London 法と等価になる．これを示すために，仮想的な "He_2 原子" を考える．制限 Hartree-Fock による分子軌道法で，結合軌道，反結合軌道が併せて 4 個の電子を収容した基底状態，

$$\Psi_4^{\mathrm{RHF}}(B_\uparrow B_\downarrow A_\uparrow A_\downarrow; \mathbf{x}_1, \mathbf{x}_2, \mathbf{x}_3, \mathbf{x}_4) = |\psi_{B_\uparrow}\psi_{B_\downarrow}\psi_{A_\uparrow}\psi_{A_\downarrow}|(\mathbf{x}_1, \mathbf{x}_2, \mathbf{x}_3, \mathbf{x}_4) \tag{3.93}$$

を考え，Slater 行列式の性質を利用する．Slater 行列式 $|\psi_{q'}\psi_{q''}...\psi_{q^{(N)}}|$ は，同じ行があると（ある i，j に対して $\psi_{q^{(i)}} = \psi_{q^{(j)}}$ であると）その値がゼロになる．したがって，ある列を他の列との線型結合に置き換えても，$|(\sum_i c_i\psi_{q^{(i)}})\psi_{q''}...\psi_{q^{(N)}}| = c_1|\psi_{q'}\psi_{q''}...\psi_{q^{(N)}}|$ となり，行列式は（規格化定数を除いて）変わらない．したがって，1 電子波動関数の集合 $\psi_{q'}$，$\psi_{q''}$，$...\psi_{q^{(N)}}$ を線型変換しても，Slater 行列式は変わらない．結合軌道は $\phi_B \propto \phi_a + \phi_b$（式 (3.48)），反結合軌道は $\phi_A \propto \phi_a - \phi_b$（式 (3.50)）と，原子軌道 ϕ_a，ϕ_b の線型結合であるから，$\Psi_4^{\mathrm{RHF}}(B_\uparrow B_\downarrow A_\uparrow A_\downarrow)$ は，

$$|\psi_{a_\uparrow}\psi_{a_\downarrow}\psi_{b_\uparrow}\psi_{b_\downarrow}|(\mathbf{x}_1, \mathbf{x}_2, \mathbf{x}_3, \mathbf{x}_4) \tag{3.94}$$

に等しい．状態 (3.94) では，電子は各原子に局在してしており，H_2 分子の Heitler-London 法を "He_2 原子" に拡張したものと考えられる．

以上を一般化すると，閉殻原子からなる分子では，電子が分子全体に広がった分子軌道を占める分子軌道法と，電子が各原子軌道を占める局在電子モデルとは**全く同等**であるといえる．

第4章

固体中の原子の電子状態

4

凝縮系物理学の対象の多くは周期性をもつ固体結晶である．したがって，電子状態を正確に取り扱うためには，結晶の周期性を取り入れた取り扱いが必要である．しかし，原子内の電子間相互作用が原子間の移動積分に比べて充分大きい場合には，その原子の電子状態にのみ着目して固体の物性を論じることができる．他の原子の影響は，注目する原子の電子に対する結晶場（第 2.1.3 節）や，他の原子の軌道が混成する効果（第 3 章）として取り入れられる．したがって，遷移金属イオンや希土類イオンの電子状態を，固体中の不純物と考えて議論することによって，遷移金属化合物，希土類化合物の物性の特徴をとらえることができる．

4.1　結晶場中の原子

不完全 d 殻をもつ遷移金属化合物，不完全 f 殻をもつ希土類化合物など，外殻を価電子が完全に占有していないにもかかわらず絶縁体である物質を総称して **Mott 絶縁体**と呼ぶ．遷移金属イオン，希土類イオンに局在する d 電子系，f 電子系に周囲の原子（主に，配位子と呼ばれる非金属原子）の影響を取り入れる最も簡単な扱いは，原子外からのポテンシャルとして**結晶場**（crystal field）を導入することである．立方対称の結晶場による d 軌道の分裂は，第 2.1.3 節で導入した通りである．結晶場の起源として，

i) 周囲の原子（特に，酸素，カルコゲン，ハロゲンなどの陰イオン）により生じる電場．

ii) 周囲の原子軌道が混成する．

iii) 周囲の原子軌道との直交化.

が考えられるが，一般に（特に d 電子系の場合）ii) が圧倒的に大きな寄与をする．したがって，結晶場は**配位子場**（ligand field）とも呼ばれる．本節では，結晶場の起源は問わずに，結晶場中に置かれた原子（イオン）の電子状態について考える．

結晶場近似は，電子波動関数の広がりが小さく局在性の強い，希土類元素の $4f$ 電子，第 1 系列遷移元素（$3d$ 遷移元素）の $3d$ 電子に対して主に適用されるが，アクチナイド系列元素の $5f$ 電子，第 2 系列遷移元素の $4d$ 電子にも適用されることもある．Mott 絶縁体中でこれらの電子が局在している場合，および金属であっても，多くの希土類金属，希土類化合物の $4f$ 電子のように伝導に全く関与しない場合には，結晶場（配位子場）近似はよい近似となり，磁性，光学的性質等を正確に記述する．

立方対称結晶場中での d 軌道は，図 2.5 に示したように，2 重縮退した e_g 軌道と 3 重縮退した t_{2g} 軌道に分裂する（第 2.1.3 節）．e_g 軌道（式 (2.9)）の 2 つの軌道を，

$$u \equiv d_{3z^2-r^2}, \quad v \equiv d_{x^2-y^2}, \tag{4.1}$$

t_{2g} 軌道（式 (2.9)）の 3 個の軌道を，

$$\xi \equiv d_{zx}, \quad \eta \equiv d_{xy}, \quad \zeta \equiv d_{yz} \tag{4.2}$$

と表記することにする．立方対称の結晶場中の遷移金属原子 d^n 電子配置のハミルトニアンは

$$H_n = \sum_{i=1}^{n}\left[\frac{\mathbf{p}_i^2}{2m} + v_{\text{core}}(\mathbf{r}_i) + v_{CF}(\mathbf{r}_i)\right] + \sum_{i>j=1}^{n}\frac{e^2}{r_{ij}} \equiv \sum_{i=1}^{n} h_i + \sum_{i>j=1}^{n} v_{ij} \tag{4.3}$$

で与えられる．ここで，

$$v_{\text{core}}(\mathbf{r}_i) = -\frac{Ze^2}{r_i} + v_{\text{core},c}(\mathbf{r}_i) + v_{\text{core},x} \tag{4.4}$$

は遷移元素の原子核と内殻電子が d 電子に及ぼすクーロン（$v_{\text{core},c}$）・交換（$v_{\text{core},x}$）ポテンシャル，$v_{CF}(\mathbf{r})$ は周囲の原子からの結晶場を表す．ハミ

ルトニアン (4.3) の 1 電子部分の期待値は，結晶場分裂の大きさ $10Dq$ を用いて，

$$\langle u|h|u\rangle = \langle v|h|v\rangle \equiv \varepsilon_d^0 + 6Dq,$$
$$\langle \xi|h|\xi\rangle = \langle \eta|h|\eta\rangle \equiv \langle \zeta|h|\zeta\rangle = \varepsilon_d^0 - 4Dq$$

と書く．ハミルトニアン (4.3) を第 2 量子化形式で表すと，電子数の演算子 $n_q \equiv c_q^\dagger c_q$ を用いて，

$$H = \sum_{q=1}^{10} \varepsilon_q^0 n_q + \frac{1}{2} \sum_{q,q',q'',q'''=1}^{10} \langle qq'|v|q''q'''\rangle c_{q'}^\dagger c_q^\dagger c_{q''} c_{q'''} \tag{4.5}$$

となる（付録B）．式 (4.5) 右辺の和は，$q \equiv \gamma\sigma = u_\uparrow, u_\downarrow, v_\uparrow, v_\downarrow, \xi_\uparrow, \xi_\downarrow, \eta_\uparrow, \eta_\downarrow, \zeta_\uparrow, \zeta_\downarrow$ の 10 個についてとる．また，同じく式 (4.5) 右辺の ε_q^0 は，

$$q = u\sigma, v\sigma : \quad \varepsilon_q^0 = \varepsilon_d^0 + 6Dq,$$
$$q = \xi\sigma, \eta\sigma, \zeta\sigma : \quad \varepsilon_q^0 = \varepsilon_d^0 - 4Dq$$

の値をとる．式 (4.5) 右辺第 2 項の原子内クーロン積分・交換積分は，式 (C.6) と同様に，パラメータ U, U', $J_{\rm H}$（式 (C.6)）を用いると，

$$\langle \gamma\gamma|v|\gamma\gamma\rangle \equiv U_{\gamma\gamma} = U,$$
$$\langle \gamma\gamma'|v|\gamma\gamma'\rangle \equiv U_{\gamma\gamma'} = U',$$
$$\langle \gamma\gamma'|v|\gamma'\gamma\rangle = \langle \gamma\gamma|v|\gamma'\gamma'\rangle \equiv J_{\gamma\gamma'} = J_{\rm H} \quad (\gamma \neq \gamma') \tag{4.6}$$

と書ける．

4.1.1 非制限 Hartree-Fock 近似

立方対称の結晶場中に置かれた d 電子（第 2.1.3 節，図 2.4）を例にとり，第 2.2 節での取り扱いに従って，Hartree-Fock 近似で電子状態を考える．

まず，最も簡単な場合として，d 電子が 1 個の場合（d^1 電子配置）を考える．この場合，基底状態

$$\Psi_1^{\rm HF} = \psi_{\gamma\sigma} \quad (\gamma = \xi, \eta, \zeta, \ \ \sigma = \uparrow, \downarrow)$$

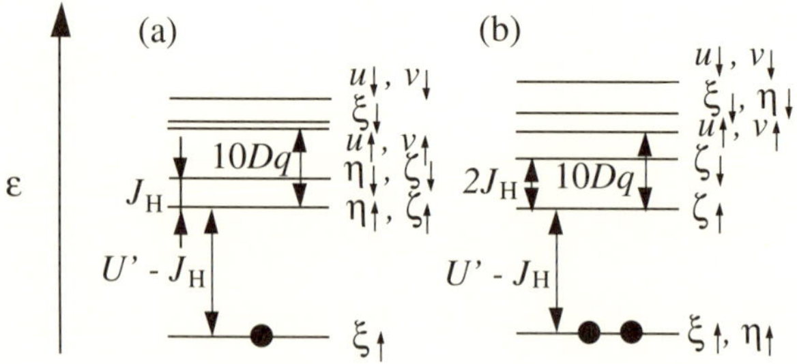

図 4.1: Hartree-Fock 近似に基づいた立方対称結晶場中の d 電子系の 1 電子エネルギー準位．(a) 基底状態が $\Psi_1^{\mathrm{HF}} = \psi_{\xi\uparrow}$ の場合．(b) 基底状態が $\Psi_2^{\mathrm{HF}} = |\psi_{\xi\uparrow}\psi_{\eta\uparrow}|$ の場合．

はスピン自由度も含めて 6 重に縮退している．価電子の全エネルギーは，t_{2g} 軌道の 1 電子エネルギー $\varepsilon_d^0 - 4Dq$ に等しい：

$$E_1^{\mathrm{HF}}(\xi_\uparrow) = \varepsilon_d^0 - 4Dq.$$

励起状態としては，スピン自由度も含めて 4 重縮退した $\Psi_1^{\mathrm{HF}} = \psi_{\gamma\sigma}$,（$\gamma = u, v, \sigma = \uparrow, \downarrow$）があり，エネルギーは

$$E_1^{\mathrm{HF}}(u_\uparrow) = \varepsilon_d^0 + 6Dq$$

に等しい．基底状態として $\Psi_1^{\mathrm{HF}} = \psi_{\xi\uparrow}$ が実現しているとすると，1 電子状態のエネルギー固有値は U，U'，J_{H}（式 (4.6)）を用いて，

$$\begin{aligned}
\varepsilon_{\xi\uparrow} &= \varepsilon_d^0 - 4Dq, \\
\varepsilon_{\xi\downarrow} &= \varepsilon_d^0 - 4Dq + U, \\
\varepsilon_{\eta\uparrow} = \varepsilon_{\zeta\uparrow} &= \varepsilon_d^0 - 4Dq + U' - J_{\mathrm{H}}, \\
\varepsilon_{\eta\downarrow} = \varepsilon_{\zeta\downarrow} &= \varepsilon_d^0 - 4Dq + U', \\
\varepsilon_{u\uparrow} = \varepsilon_{v\uparrow} &= \varepsilon_d^0 + 6Dq + U' - J_{\mathrm{H}}, \\
\varepsilon_{u\downarrow} = \varepsilon_{v\downarrow} &= \varepsilon_d^0 + 6Dq + U'
\end{aligned} \tag{4.7}$$

となり，最低非占有軌道は $\psi_{\eta\uparrow}, \psi_{\zeta\uparrow}$ である．この 1 電子状態のエネルギー固有値を図 4.1(a) に示す．最高占有軌道と最低非占有軌道の間に

$$E_{\mathrm{g}} = \varepsilon_{\eta\uparrow} - \varepsilon_{\xi\uparrow} = U' - J_{\mathrm{H}}$$

のギャップが開いている．実際の結晶ではそれぞれの準位がエネルギー・バンド（第 6.3 節参照）を形成することを考えて，この 1 粒子ギャップを通常**バンドギャップ**（band gap）と呼ぶ．Koopmans の定理によれば，図 4.2(a) に示すように，ある遷移金属イオンから電子を取り去り，（充分離れた）他の遷移金属イオンに付け加えるのに要するエネルギーが，このギャップの大きさを与える．

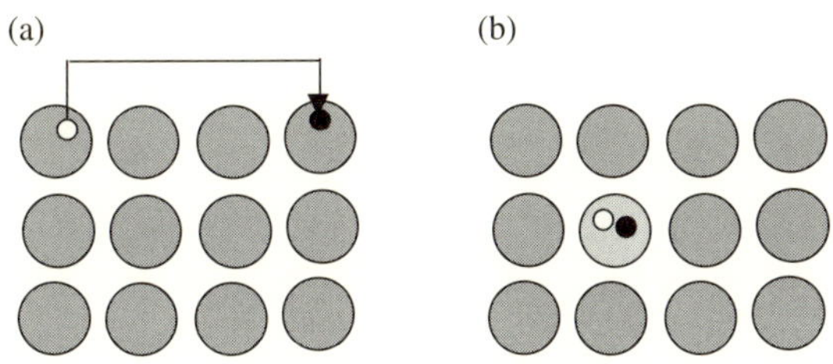

図 4.2: 局在 d 電子をもつ遷移金属イオンからなる結晶の電子励起．(a) バンドギャップ間に相当する電子励起．(b) イオン内の電子励起．

同じく Koopmans の定理により，2 個目の電子を付け加えるのに最もエネルギーが低い軌道が $\psi_{\eta\uparrow}$ または $\psi_{\zeta\uparrow}$ であるので，スピンの揃った（Hund 則を満たす）$\Psi_2^{\mathrm{HF}} = |\psi_{\xi\uparrow}\psi_{\eta\uparrow}|$ あるいは $|\psi_{\xi\uparrow}\psi_{\zeta\uparrow}|$ が d^2 電子配置の基底状態であることがわかる．

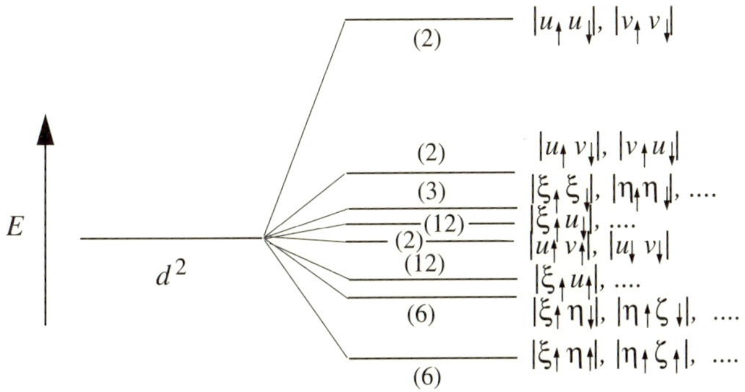

図 4.3: Hartree-Fock 近似に基づいた立方対称結晶場中の 2 電子系（d^2 電子配置）の多電子エネルギー準位．(　) 内は縮退度を表す．

引き続き，d 殻に電子が 2 個ある場合（d^2 電子配置）を考える．まず t_{2g}^2 電子配置を考える．スピン自由度も含めて 6 重縮退した

$$\Psi_2^{\mathrm{HF}} = |\psi_{\xi\sigma}\psi_{\eta\sigma}|,\ \ |\psi_{\eta\sigma}\psi_{\zeta\sigma}|,\ \ |\psi_{\eta\sigma}\psi_{\xi\sigma}|\ \ (\sigma =\uparrow,\downarrow) \tag{4.8}$$

それぞれの全エネルギーは，式 (2.35) より，

$$E_2^{\mathrm{HF}}(\xi_\uparrow\eta_\uparrow) = 2\varepsilon_d^0 - 8Dq + U' - J_{\mathrm{H}} \tag{4.9}$$

となる．その他の t_{2g}^2 電子配置の状態とエネルギーは，$-\sigma$ を σ と反対向きのスピンとして，

$$\begin{aligned}
\Psi_2^{\mathrm{HF}} &= |\psi_{\xi\sigma}\psi_{\eta-\sigma}|,\ \ |\psi_{\eta\sigma}\psi_{\zeta-\sigma}|,\ \ |\psi_{\eta\sigma}\psi_{\xi-\sigma}|\ \ (\sigma =\uparrow,\downarrow)\ (6\ \text{重縮退}) \\
&\quad E_2^{\mathrm{HF}}(\xi_\uparrow\eta_\downarrow) = 2\varepsilon_d^0 - 8Dq + U', \\
\Psi_2^{\mathrm{HF}} &= |\psi_{\xi\uparrow}\psi_{\xi\downarrow}|,\ \ |\psi_{\eta\uparrow}\psi_{\eta\downarrow}|,\ \ |\psi_{\zeta\uparrow}\psi_{\zeta\downarrow}|\ (3\ \text{重縮退}) \\
&\quad E_2^{\mathrm{HF}}(\xi_\uparrow\xi_\downarrow) = 2\varepsilon_d^0 - 8Dq + U,
\end{aligned} \tag{4.10}$$

$t_{2g}e_g$ 電子配置については，

$$\begin{aligned}
\Psi_2^{\mathrm{HF}} &= |\psi_{\gamma\sigma}\psi_{\gamma'\sigma}|\ \ (\gamma = \xi,\eta,\zeta,\ \ \gamma' = u,v,\sigma =\uparrow,\downarrow)\ (12\ \text{重縮退}) \\
&\quad E_2^{\mathrm{HF}}(\xi_\uparrow u_\uparrow) = 2\varepsilon_d^0 + 2Dq + U' - J_{\mathrm{H}}, \\
\Psi_2^{\mathrm{HF}} &= |\psi_{\gamma\sigma}\psi_{\gamma'-\sigma}|\ \ (\gamma = \xi,\eta,\zeta,\ \ \gamma' = u,v,\sigma =\uparrow,\downarrow)\ (12\ \text{重縮退}) \\
&\quad E_2^{\mathrm{HF}}(\xi_\uparrow u_\downarrow) = 2\varepsilon_d^0 + 2Dq + U',
\end{aligned} \tag{4.11}$$

e_g^2 電子配置は，

$$\begin{aligned}
\Psi_2^{\mathrm{HF}} &= |\psi_{u\sigma}\psi_{v\sigma}|\ \ (\sigma =\uparrow,\downarrow)\ (2\ \text{重縮退}) \\
&\quad E_2^{\mathrm{HF}}(u_\uparrow v_\uparrow) = 2\varepsilon_d^0 + 12Dq + U' - J_{\mathrm{H}}, \\
\Psi_2^{\mathrm{HF}} &= |\psi_{u\sigma}\psi_{v-\sigma}|\ \ (\sigma =\uparrow,\downarrow)\ (2\ \text{重縮退}) \\
&\quad E_2^{\mathrm{HF}}(u_\sigma v_{-\sigma}) = 2\varepsilon_d^0 + 12Dq + U', \\
\Psi_2^{\mathrm{HF}} &= |\psi_{\gamma\uparrow}\psi_{\gamma\downarrow}|\ \ (\gamma = u,v)\ (2\ \text{重縮退}) \\
&\quad E_2^{\mathrm{HF}}(u_\uparrow u_\downarrow) = 2\varepsilon_d^0 + 12Dq + U
\end{aligned} \tag{4.12}$$

で与えられる．これら 2 電子系の全エネルギー準位を図 4.3 に図示する．したがって，$\Psi_2^{\mathrm{HF}} = |\psi_{\xi\uparrow}\psi_{\eta\uparrow}|$ が最もエネルギーが低くなり，Hund 則に従う．

このことは，上で d^1 電子配置の基底状態に電子を付加する際に Koopmans の定理を適用したときの結論と一致する．

$\Psi_2^{\mathrm{HF}} = |\psi_{\xi\uparrow}\psi_{\eta\uparrow}|$ での 1 電子状態のエネルギー固有値は，式 (2.44) より，

$$
\begin{aligned}
\varepsilon_{\xi\uparrow} &= \varepsilon_{\eta\uparrow} = \varepsilon_d^0 - 4Dq + U' - J_{\mathrm{H}}, \\
\varepsilon_{\xi\downarrow} &= \varepsilon_{\eta\downarrow} = \varepsilon_d^0 - 4Dq + U + U', \\
\varepsilon_{\zeta\uparrow} &= \varepsilon_d^0 - 4Dq + 2U' - 2J_{\mathrm{H}}, \\
\varepsilon_{\zeta\downarrow} &= \varepsilon_d^0 - 4Dq + 2U', \\
\varepsilon_{u\uparrow} &= \varepsilon_{v\uparrow} = \varepsilon_d^0 + 6Dq + 2U' - 2J_{\mathrm{H}}, \\
\varepsilon_{u\downarrow} &= \varepsilon_{v\downarrow} = \varepsilon_d^0 + 6Dq + 2U'
\end{aligned}
\tag{4.13}
$$

となる．図 4.1(b) に示すように，やはり最高占有軌道と最低非占有軌道の間に

$$
E_{\mathrm{g}} = \varepsilon_{\zeta\uparrow} - \varepsilon_{\xi\uparrow} = U' - J_{\mathrm{H}}
$$

のバンドギャップが開く．図 4.2(a) に示したバンドギャップ間の励起の他に，図 4.2(b) に示したような遷移金属イオン内の励起も起こる．イオン内の励起は，図 4.3 に示した多電子エネルギー準位図における基底状態から励起状態への励起である．イオン内励起の中でエネルギーの低いのは，電子のうち 1 個がスピン反転を起こす励起か，結晶場で分裂した準位間を移動する励起（$t_{2g} \to e_g$ 遷移）である．

Koopmans の定理によれば，d^2 電子配置の基底状態に 3 個目の電子を付け加えるのに最もエネルギーの低い軌道が $\psi_{\zeta\uparrow}$ であるので，スピンの揃った，すなわち Hund 則を満たす

$$
\Psi_3^{\mathrm{HF}} = |\psi_{\xi\uparrow}\psi_{\eta\uparrow}\psi_{\zeta\uparrow}|
$$

が d^3 電子配置の基底状態であることが予想される．実際，この全エネルギーは $3\varepsilon_d^0 - 12Dq + 3U + 12U' - 6J_{\mathrm{H}}$ となり，d^3 電子配置のなかで最も全エネルギーが低い．この状態における電子のエネルギー準位は

$$
\begin{aligned}
\varepsilon_{\xi\uparrow} &= \varepsilon_{\eta\uparrow} = \varepsilon_{\zeta\uparrow} = \varepsilon_d^0 - 4Dq + 2U' - 2J_{\mathrm{H}}, \\
\varepsilon_{\xi\downarrow} &= \varepsilon_{\eta\downarrow} = \varepsilon_{\zeta\downarrow} = \varepsilon_d^0 - 4Dq + U + 2U', \\
\varepsilon_{u\uparrow} &= \varepsilon_{v\uparrow} = \varepsilon_d^0 + 6Dq + 3U' - 3J_{\mathrm{H}},
\end{aligned}
$$

$$\varepsilon_{u\downarrow} = \varepsilon_{v\downarrow} = \varepsilon_d^0 + 6Dq + 3U' \tag{4.14}$$

となる．これを図 4.4 に示す．

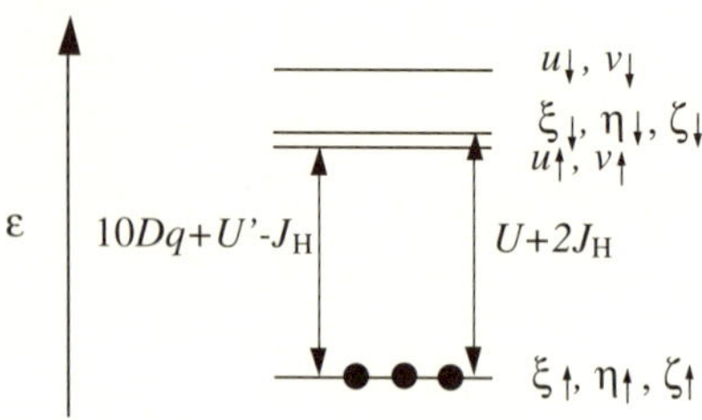

図 4.4: Hartree-Fock 近似に基づいた立方対称結晶場中の d 電子系の 1 電子エネルギー準位．基底状態が $\Psi_3^{\mathrm{HF}} = |\psi_{\xi\uparrow}\psi_{\eta\uparrow}\psi_{\zeta\uparrow}|$ の場合．

この d^3 電子配置の基底状態にさらに 1 個電子を付け加えて d^4 電子配置を作ろうとするとき，電子を付け加えるのに最もエネルギーの低い軌道が，結晶場の大きさ $10Dq$ によって異なることが電子エネルギー準位図 4.4 あるいは式 (4.14) よりわかる．すなわち，

$$\varepsilon_{\xi\downarrow} - \varepsilon_{u\uparrow} = -10Dq + U - U' + 3J_{\mathrm{H}} = -10Dq + 5J_{\mathrm{H}} \tag{4.15}$$

であるために，$10Dq < 5J_{\mathrm{H}}$ の場合は，4 番目の電子は Hund 則に従って ↑ スピンをもつ軌道に入り，$10Dq > 5J_{\mathrm{H}}$ の場合は，電子は Hund 則を破り ↓ スピンをもつ軌道に入る．Hund 則に従う電子配置を**高スピン状態**といい，これを破る電子配置を**低スピン状態**という．この立方対称結晶場の例からわかるように，一般に結晶場が強ければ低スピン状態を取りやすい．また遷移金属のなかでも，原子内クーロン積分，交換積分の小さい $5d$, $4d$ 遷移金属は，$3d$ 遷移金属に比べて低スピン状態を取りやすい．

電子描像とホール描像

Hartree-Fock 近似の場合も，後に述べる配位子場理論の場合も，d 電子数が多くなると取り扱いがますます煩雑になってくる．しかし，電子は Fermi 粒子なので，d 電子数が 5 を越えれば，電子で考える（電子描像）代わりにホールで考えた方（ホール描像）が簡単である．

電子描像の代わりにホール描像で考えると，d^{10-n} 電子配置 $(n<5)$ をあらわに取り扱う代わりに，d^n 電子配置と類似の扱いをすればよい．そのためには，d^n 電子配置の扱いに対して次の置き換えを行えばよい．

i) d^0 電子配置のエネルギー：$E_0 \equiv 0$
　→　d^{10} 電子配置の全エネルギー[1]：$E_{10} \equiv 10\varepsilon_d^0 + 5U + 40U' - 20J_{\mathrm{H}}$

ii) 1 電子のエネルギー（t_{2g} 軌道の場合）：$\varepsilon_d^0 - 4Dq$
　→　1 ホールのエネルギー[2]：$-\varepsilon_d^0 + 4Dq - U - 8U' + 4J_{\mathrm{H}} \equiv -\varepsilon_d' + 4Dq$

ii)′ 1 電子のエネルギー（e_g 軌道の場合）：$\varepsilon_d^0 + 6Dq$
　→　1 ホールのエネルギー：$-\varepsilon_d^0 - 6Dq - U - 8U' + 4J_{\mathrm{H}} \equiv -\varepsilon_d' - 6Dq$

iii) 2 電子間のクーロン・交換積分：U, U', J_{H}
　→　2 ホール間のクーロン・交換積分：U, U', J_{H} のまま変わらず

このことから，電子の代わりにホールを考えると，1 電子エネルギーから 1 ホールエネルギーには符号が変わるが，**多重項構造の符号は変わらない**ことが結論される．

ホール描像で考えた方が簡単な例として，立方対称の結晶場中に置かれた，d^8 電子配置をもつ Ni^{2+} イオンを考える．結晶場準位，スピンまで特定した電子配置は，$t_{2g\uparrow}^3 t_{2g\downarrow}^3 e_{g\uparrow}^2$ となる（図 4.5 左）．立方対称結晶場中の d^8 電子配置は，（$10Dq > 0$ である限り）結晶場の大きさ $10Dq$ に関わらず Hund 則が満たされ，必ず高スピン状態が実現する．Hartree-Fock 近似での基底状態は

$$\Psi_8^{\mathrm{HF}} = |\psi_{\xi\uparrow}\psi_{\xi\downarrow}\psi_{\eta\uparrow}\psi_{\eta\downarrow}\psi_{\zeta\uparrow}\psi_{\zeta\downarrow}\psi_{u\uparrow}\psi_{v\uparrow}| \tag{4.16}$$

---

[1] 軌道が同じでスピンが逆向きの電子間の相互作用エネルギーの和は $5U$，軌道が異なりスピンが平行な電子間の相互作用エネルギーの和は $2{}_5C_2(U' - J_{\mathrm{H}})$，軌道もスピンも異なる電子間の相互作用エネルギーの和は $5 \times 4 \times U'$ なので，これらの和が $5U + 40U' - 20J_{\mathrm{H}}$ となる．

[2] 各電子は，軌道が同じでスピンが逆向きの電子から U，軌道が異なりスピンが同じ 4 個の電子から合計 $4(U' - J_{\mathrm{H}})$，軌道もスピンも異なる 4 個の電子から合計 $4U'$ の相互作用エネルギーを受けるので，それらを足して負号をつけた $-U - 8U' + 4J_{\mathrm{H}}$ が，ホールが他の電子から受ける相互作用エネルギーの合計となる．

となり[3]，全エネルギーは

$$E_8^{\mathrm{HF}}(\xi_\uparrow\xi_\downarrow\eta_\uparrow\eta_\downarrow\zeta_\uparrow\zeta_\downarrow u_\uparrow v_\uparrow) = 8\varepsilon_d^0 - 12Dq + 3U + 25U' - 13J_{\mathrm{H}} \quad (4.17)$$

で与えられる．1 電子状態のエネルギー固有値は，式 (4.13)，(4.14) を求めたときと同様にして，

$$\begin{aligned}
\varepsilon_{\xi\uparrow} &= \varepsilon_{\eta\uparrow} = \varepsilon_{\zeta\uparrow} = \varepsilon_d^0 - 4Dq + U + 6U' - 4J_{\mathrm{H}}, \\
\varepsilon_{\xi\downarrow} &= \varepsilon_{\eta\downarrow} = \varepsilon_{\zeta\downarrow} = \varepsilon_d^0 - 4Dq + U + 6U' - 2J_{\mathrm{H}}, \\
\varepsilon_{u\uparrow} &= \varepsilon_{v\uparrow} = \varepsilon_d^0 + 6Dq + 7U' - 4J_{\mathrm{H}}, \\
\varepsilon_{u\downarrow} &= \varepsilon_{v\downarrow} = \varepsilon_d^0 + 6Dq + U + 7U' - 3J_{\mathrm{H}}
\end{aligned} \quad (4.18)$$

となる．これらの準位を図 4.5 右に示す．

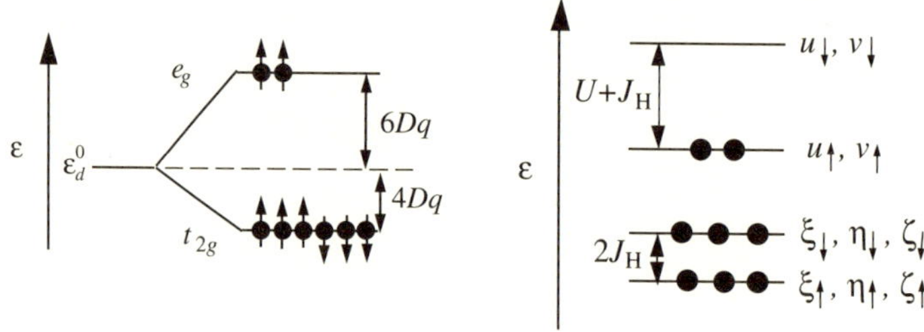

図 4.5: 立方対称の結晶場中の Ni^{2+} イオン（d^8）の電子配置（左）と，Hartree-Fock 近似による 1 電子エネルギー準位（右）．左図の縦軸は 1 電子演算子 h の期待値．

同じ Ni^{2+} イオンをホール描像で考えると，図 4.6 のようになる．以下では，下線が付いたエネルギー（$\underline{\varepsilon}$ 等）と波動関数（$\underline{\psi}$ 等）はホールのエネルギーと波動関数を表すものとする．また，↑, ↓ はホールのスピンの向き（欠損する電子のスピンの向きとは逆）[4]を表すものとする．基底状態

---

[3] 立方対称結晶場中の d^8 電子配置は，Hartree-Fock 近似の波動関数がスピン（$\mathbf{S}^2$, S_z）の固有関数でもある．また，立方体を不変に保つ回転，鏡映などの操作が作る点群 O_h の既約表現の基底にもなっている．したがって，電子相関を取り入れても波動関数は変わらない．

[4] 例えば，スピン ↑ の電子が抜けてできたホールは，スピン ↓ をもつ．

$\Psi_8^{\rm HF}$（式 (4.16)）はホール描像で

$$\underline{\Psi}_2^{\rm HF} = |\underline{\psi}_{u\uparrow}\underline{\psi}_{v\uparrow}|$$

と表され，全エネルギーは上記の規則 i), ii)，ii)′，iii) に従って，閉核 d^{10} 電子配置に導入された 2 個のホールのエネルギーとして，

$$\underline{E}_2^{\rm HF}(\underline{u}_\uparrow\underline{v}_\uparrow) = E_{10} - 2\varepsilon_d' + U - J_{\rm H}$$

となる．右辺第 2 項はホール 2 個のエネルギー，第 3 項・第 4 項はホール間のクーロン・交換エネルギーである．したがって，式 (4.17) と比べ，

$$\underline{E}_2^{\rm HF}(\underline{u}_\uparrow\underline{v}_\uparrow) = E_8^{\rm HF}(\xi_\uparrow\xi_\downarrow\eta_\uparrow\eta_\downarrow\zeta_\uparrow\zeta_\downarrow u_\uparrow v_\uparrow)$$

であることが確かめられる．各ホールのエネルギー固有値は，

$$\begin{aligned}
\underline{\varepsilon}_{u\uparrow} &= \underline{\varepsilon}_{v\uparrow} = -\varepsilon_d' - 6Dq + U' - J_{\rm H}, \\
\underline{\varepsilon}_{u\downarrow} &= \underline{\varepsilon}_{v\downarrow} = -\varepsilon_d' - 6Dq + U + U', \\
\underline{\varepsilon}_{\xi\uparrow} &= \underline{\varepsilon}_{\eta\uparrow} = \underline{\varepsilon}_{\zeta\uparrow} = -\varepsilon_d' + 4Dq + 2U' - J_{\rm H}, \\
\underline{\varepsilon}_{\xi\downarrow} &= \underline{\varepsilon}_{\eta\downarrow} = \underline{\varepsilon}_{\zeta\downarrow} = -\varepsilon_d' + 4Dq + 2U'
\end{aligned} \tag{4.19}$$

となる．これらのホールのエネルギー固有値は，対応する電子のエネルギー固有値に負符号をつけたものに等しいこと（$\underline{\varepsilon}_{u\uparrow} = -\varepsilon_{u\downarrow}$ など）が簡単に確かめられる．

4.1.2 配位子場理論

電子相関の効果

Hartree-Fock 近似では，多電子系の基底状態の波動関数は 1 つの Slater 行列式で書けると仮定するが，励起状態もそれぞれ 1 つの Slater 行列式で書けると近似してみる．これは，Slater 行列式を基底関数として電子間相互作用 $H' = \sum_{i>j} v_{ij}$（式 (4.3) 右辺）の非対角行列要素を無視する近似である（第 2.3.2 節と同様）．簡単な例として，e_g^2 電子配置を考える．行

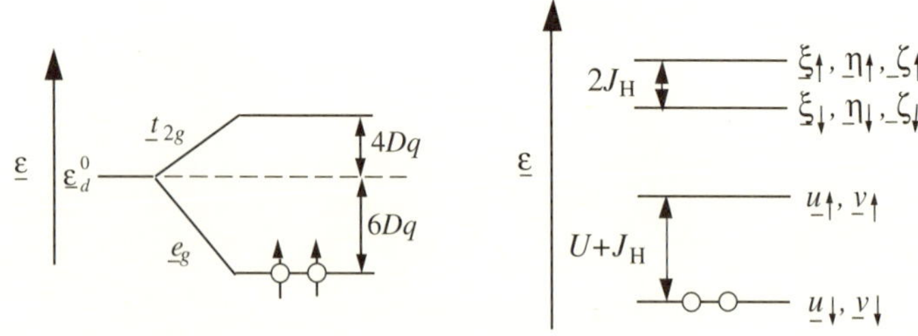

図 4.6: ホール描像で見た立方対称の結晶場中の Ni^{2+} イオン（d^8）の電子配置（左）と Hartree-Fock 近似による 1 電子エネルギー準位（右）．左図の縦軸は 1 電子演算子 h の期待値．下線が付いたエネルギー，波動関数は，ホールのエネルギー，波動関数を表す．

列表示の基底となる Slater 行列式（一般には，$\mathbf{S}^2$, S_z の固有状態ではない）は，

$$\begin{aligned}\Psi_2^{\mathrm{HF}} &= |\psi_{u\uparrow}\psi_{v\uparrow}|,\ |\psi_{u\downarrow}\psi_{v\downarrow}|,\ |\psi_{u\uparrow}\psi_{v\downarrow}| \\ &\quad |\psi_{u\downarrow}\psi_{v\uparrow}|,\ |\psi_{u\uparrow}\psi_{u\downarrow}|,\ |\psi_{v\uparrow}\psi_{v\downarrow}| \end{aligned} \tag{4.20}$$

の 6 個である．これらの波動関数によるクーロン相互作用 $H' = \sum_{i>j} v_{ij}$ の期待値は，式 (4.12) によれば，$U' - J_{\mathrm{H}}$，U'，U のいずれかである．これらの波動関数を基底とした H' の行列は，非対角要素を無視すると，

$$H' = \begin{pmatrix} U' - J_{\mathrm{H}} & 0 & 0 & 0 & 0 & 0 \\ 0 & U' - J_{\mathrm{H}} & 0 & 0 & 0 & 0 \\ 0 & 0 & U' & 0 & 0 & 0 \\ 0 & 0 & 0 & U' & 0 & 0 \\ 0 & 0 & 0 & 0 & U & 0 \\ 0 & 0 & 0 & 0 & 0 & U \end{pmatrix} \tag{4.21}$$

となる．したがって，この近似では 2 電子系のエネルギー準位は，図 4.7 中央のようになる．

次に，$H' = \sum_{i>j} v_{ij}$ の非対角行列要素を取り入れる．非対角行列要素により複数の Slater 行列式が混成し，多電子系の波動関数は一般に複数の Slater 行列式の線型結合となる．基底状態も複数の Slater 行列式の線

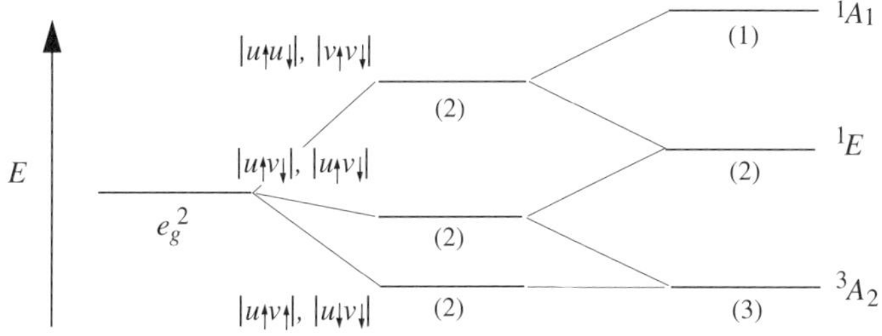

図 4.7: e_g^2 電子配置の多重項構造. 中央：Slater 行列式間の行列要素を無視した近似. 右：Slater 行列式間の行列要素を取り入れた場合. (　) 内の数字は各準位の縮退度.

型結合となり，Hartree-Fock 近似を越えて電子相関が取り入れられることになる. H' の 0 と異なる非対角要素は,

$$\int d\tau_1 \int d\tau_2 |\psi_{u\uparrow}\psi_{v\downarrow}|H'|\psi_{u\downarrow}\psi_{v\uparrow}| = \langle uv|v|vu\rangle = -J_{\mathrm{H}},$$

$$\int d\tau_1 \int d\tau_2 |\psi_{u\uparrow}\psi_{u\downarrow}|H'|\psi_{v\uparrow}\psi_{v\downarrow}| = \langle uu|v|vv\rangle = \langle uv|v|vu\rangle = J_{\mathrm{H}}$$

で，行列は,

$$H' = \begin{pmatrix} U'-J_{\mathrm{H}} & 0 & 0 & 0 & 0 & 0 \\ 0 & U'-J_{\mathrm{H}} & 0 & 0 & 0 & 0 \\ 0 & 0 & U' & -J_{\mathrm{H}} & 0 & 0 \\ 0 & 0 & -J_{\mathrm{H}} & U' & 0 & 0 \\ 0 & 0 & 0 & 0 & U & J_{\mathrm{H}} \\ 0 & 0 & 0 & 0 & J_{\mathrm{H}} & U \end{pmatrix} \tag{4.22}$$

となる. これを対角化して得られた状態は，次に示すように $\mathbf{S}^2$, S_z の固有状態にもなっている. それぞれの固有値 $E(S)$ と固有関数 $\Psi_2(SM_S)$ は,

$$E_2(1) = 2\varepsilon_d^0 + 12Dq + U' - J_{\mathrm{H}}: \quad \Psi_2(11) = |\psi_{u\uparrow}\psi_{v\uparrow}|,$$

$$\Psi_2(1,-1) = |\psi_{u\downarrow}\psi_{v\downarrow}|,$$

$$E_2(1)' = 2\varepsilon_d^0 + 12Dq + U' - J_{\mathrm{H}}: \quad \Psi_2(10) = \frac{1}{\sqrt{2}}(|\psi_{u\uparrow}\psi_{v\downarrow}| + |\psi_{u\downarrow}\psi_{v\uparrow}|),$$

$$
\begin{aligned}
E_2(0) = 2\varepsilon_d^0 + 12Dq + U' + J_{\mathrm{H}}: \quad & \Psi_2(00) = \frac{1}{\sqrt{2}}(|\psi_{u\uparrow}\psi_{v\downarrow}| - |\psi_{u\downarrow}\psi_{v\uparrow}|), \\
E_2(0)' = 2\varepsilon_d^0 + 12Dq + U - J_{\mathrm{H}}: \quad & \Psi_2(00)' = \frac{1}{\sqrt{2}}(|\psi_{u\uparrow}\psi_{u\downarrow}| - |\psi_{v\uparrow}\psi_{v\downarrow}|), \\
E_2(0)'' = 2\varepsilon_d^0 + 12Dq + U + J_{\mathrm{H}}: \quad & \Psi_2(00)'' = \frac{1}{\sqrt{2}}(|\psi_{u\uparrow}\psi_{u\downarrow}| + |\psi_{v\uparrow}\psi_{v\downarrow}|)
\end{aligned}
\tag{4.23}
$$

で与えられる．これに，座標系の回転に対するクーロン・交換積分の不変性の条件 $U - U' = 2J_{\mathrm{H}}$（第 2.2.2 節および付録 C）を用いると，(4.23) は

$$
\begin{aligned}
E_2({}^3A_{2g}) &= 2\varepsilon_d^0 + 12Dq + U' - J_{\mathrm{H}}, \\
&\Psi_2({}^3A_{2g}1) = |\psi_{u\uparrow}\psi_{v\uparrow}|, \\
&\Psi_2({}^3A_{2g}0) = \frac{1}{\sqrt{2}}(|\psi_{u\uparrow}\psi_{v\downarrow}| + |\psi_{u\downarrow}\psi_{v\uparrow}|), \\
&\Psi_2({}^3A_{2g}-1) = |\psi_{u\downarrow}\psi_{v\downarrow}|, \\
E_2({}^1E_g) &= 2\varepsilon_d^0 + 12Dq + U' + J_{\mathrm{H}}, \\
&\Psi_2({}^1E_g u) = \frac{1}{\sqrt{2}}(|\psi_{u\uparrow}\psi_{u\downarrow}| - |\psi_{v\uparrow}\psi_{v\downarrow}|), \\
&\Psi_2({}^1E_g v) = \frac{1}{\sqrt{2}}(|\psi_{u\uparrow}\psi_{v\downarrow}| - |\psi_{u\downarrow}\psi_{v\uparrow}|), \\
E_2({}^1A_{1g}) &= 2\varepsilon_d^0 + 12Dq + U + J_{\mathrm{H}}, \\
&\Psi_2({}^1A_{1g}) = \frac{1}{\sqrt{2}}(|\psi_{u\uparrow}\psi_{u\downarrow}| + |\psi_{v\uparrow}\psi_{v\downarrow}|)
\end{aligned}
\tag{4.24}
$$

となり，実は 3 つのエネルギー準位に分裂していることがわかる．ここで，(4.24) のうち $\Psi_2({}^3A_{2g}M_S)$ は $S = 1$ の固有状態であるために，スピンに関して 3 重縮退している．$\Psi_2({}^1E_g\gamma)$ は $S = 0$ でスピンの縮退はないが，軌道部分で $\gamma = u, v$ の 2 重縮退をしている．$\Psi_2({}^1A_{1g})$ は，スピンも軌道も縮退がない．ここで，${}^3A_{2g}$，${}^1E_g$ 等の記号は，自由原子の項 ${}^{2S+1}L$（第 2.3.3 節参照）と同様，スピン縮退度 $2S+1$ と軌道部分の波動関数の対称性を表す Γ を用いた ${}^{2S+1}\Gamma$ という表記法に従っている（詳しくは，続いて説明する）．これらのエネルギー準位を図 4.7 右に示す．

強い配位子場の理論

複数の Slater 行列式の線型結合をとることによって電子相関を取り入れ，多電子系の正しい波動関数を求める一般的な方法は，自由原子について多重項理論として第 2.3.3 節に述べた．これを結晶場中のイオンに拡張した**配位子場理論**（ligand-field thoery）について述べる[5]．球対称ポテンシャルをもつ自由原子では，(スピン-軌道相互作用が無視できる場合には) 全軌道角運動量 $\hbar\mathbf{L}$ と全スピン角運動量 $\hbar\mathbf{S}$ が保存量であるので，固有状態は $\mathbf{L}^2$, L_z, $\mathbf{S}^2$, S_z の固有関数でなければならなかった．群論の言葉でいえば，自由原子の固有状態の波動関数は，実空間の回転群の既約表現の基底で，かつスピン空間の回転群の既約表現の基底でなければならなかった．第 2.3.3 節の多重項理論では，$\mathbf{L}^2$, L_z, $\mathbf{S}^2$, S_z の固有関数を得るために，Hartree-Fock 波動関数に，軌道角運動量に対する Clebsch-Gordan 係数（$\langle lm_1 lm_2|LM\rangle$ など）とスピン角運動量に対する Clebsch-Gordan 係数（$\langle \frac{1}{2}m_{s1}\frac{1}{2}m_{s2}|SM_S\rangle$ など）をかけて線型結合をとり固有状態を求めた．

結晶場中の原子でも全スピン角運動量 $\hbar\mathbf{S}$ は保存量でなければならないが，Hartree-Fock 波動関数は一般に（高スピン状態 $S_z = \pm S$ を除いて）$\mathbf{S}^2$, S_z の固有関数になっていない．$\mathbf{S}^2$, S_z の固有関数を得るには，自由原子の場合と同様，Hartree-Fock 波動関数にスピン角運動量に対する Clebsch-Gordan 係数をかけて線型結合をとる必要がある．一方，結晶場中では $\hbar\mathbf{L}$ は保存量ではないので，固有状態を求めるには，波動関数の軌道部分について自由原子と異なる取り扱いが必要である．群論の言葉でいうと，結晶場中の原子の固有状態の波動関数は，スピン部分が，回転操作が作る**回転群**の既約表現の基底であるとともに，軌道部分が，結晶場を不変に保つ回転・鏡映などの操作が作る**点群**の既約表現の基底でなければならない．軌道部分に対する Clebsch-Gordan 係数を $\langle \Gamma_1\gamma_1\Gamma_2\gamma_2|\Gamma\gamma\rangle$ と表

[5] 結晶場を自由原子の多重項構造に対する摂動として扱う "弱い配位子場理論"（J. S. Griffith: *The Theory of Transition-Metal Ions* (Cambridge University Press, London, 1961)）に対して，1 電子状態から結晶場分裂を取り入れて多重項構造を組み立てる理論 [上村洸，菅野暁，田辺行人：配位子場理論とその応用 (裳華房，1969 年)] を "強い配位子場理論" と呼ぶ．

表 4.1: 点群 O_h の規約表現とその基底関数となる代表的な多項式．添え字の g と u は，反転操作に対して符号を変えない表現と変える表現を表す．反転操作を含まない点群 T_d の場合は，g と u の区別がなくなる．規格化はされていない．

既約表現	基底	多項式
A_{1g}	e_1	1
A_{2g}	e_2	$x^4(y^2-z^2)+y^4(z^2-x^2)+z^4(x^2-y^2)$
E_g	u	$3z^2-r^2$
	v	$\sqrt{3}(x^2-y^2)$
T_{1g}	α	$yz(y^2-z^2)$
	β	$zx(z^2-x^2)$
	γ	$xy(x^2-y^2)$
T_{2g}	ξ	yz
	η	zx
	ζ	xy
A_{1u}	e_1	
A_{2u}	e_2	xyz
E_u	u	$\sqrt{3}xyz(x^2-y^2)$
	v	$2xyz(z^2-\frac{x^2+y^2}{2})$
T_{1u}	α	x，$x(x^2-\frac{3}{5}r^2)$
	β	y，$y(y^2-\frac{3}{5}r^2)$
	γ	z，$z(z^2-\frac{3}{5}r^2)$
T_{2u}	ξ	$x(y^2-z^2)$
	η	$y(z^2-x^2)$
	ζ	$z(x^2-y^2)$

す．ここで，$\Gamma, \Gamma_1, \Gamma_2$ は既約表現（回転群の L, l 等に対応し，立方対称を保つ操作の作る点群 O_h では，E_g, T_{2g} など），$\gamma, \gamma_1, \gamma_2$（回転群の M, m 等に相当し，立方対称の点群 O_h では，E_g の基底 u, v, T_{2g} の基底 ξ, η, ζ など）はその成分を表す．点群 O_h の規約表現とその基底関数となる代表的な多項式を表 4.1 に示す．

結晶場中の 1 電子固有状態 $\psi_{\Gamma_1\gamma_1\frac{1}{2}m_{s1}}, \psi_{\Gamma_2\gamma_2\frac{1}{2}m_{s2}}$ から Clebsch-Gordan 係数を使って 2 電子固有状態を作るには，式 (2.70) との類推により，

$$\begin{aligned}&\Psi_2(\Gamma\gamma SM_S;\mathbf{x}_1,\mathbf{x}_2)\\&=\sum_{m_{s1},m_{s2},\gamma_1,\gamma_2}\langle\frac{1}{2}m_{s1}\frac{1}{2}m_{s2}|SM_S\rangle\langle\Gamma_1\gamma_1\Gamma_2\gamma_2|\Gamma\gamma\rangle\\&\quad\times|\psi_{\Gamma_1\gamma_1\frac{1}{2}m_{s1}}\psi_{\Gamma_2\gamma_2\frac{1}{2}m_{s2}}|(\mathbf{x}_1,\mathbf{x}_2)\end{aligned}\tag{4.25}$$

のように波動関数を合成する．

O_h 群の Clebsch-Gordan 係数を，付録 E の表 E.2 に示す[6]．表 E.2 を用いて，式 (4.24) の波動関数が，O_h 群の規約表現になっていることが確かめられる．

4.2 クラスター・モデル

結晶場の考え方では，注目する遷移金属イオンの d 電子，希土類の f 電子に対する周囲の原子の影響を，異方的なポテンシャルにより d 準位，f 準位が（$10Dq$ などで表されるエネルギーだけ）分裂することであると考えた．これに対して，周囲の原子の原子軌道（酸素などの陰イオンの p 軌道）をあらわに考え，d 軌道，f 軌道との電荷移動（軌道混成）を取り入れるのが**クラスター・モデル**（cluster model）である．クラスター・モデルでは，注目する遷移金属あるいは希土類イオンと周囲の陰イオンからなる分子（＝クラスター）を結晶より“切り出して”考え，その電子状態を議論する．

クラスター・モデルが適用される代表的な物質である NaCl 型遷移金属化合物とペロブスカイト型遷移金属化合物の結晶構造を図 4.8 に示す．こ

[6] Clebsch-Gordan 係数の使い方をはじめとする配位子場理論の詳細は，上村洸，菅野暁，田辺行人：配位子場理論とその応用（裳華房，1969 年）を参照．

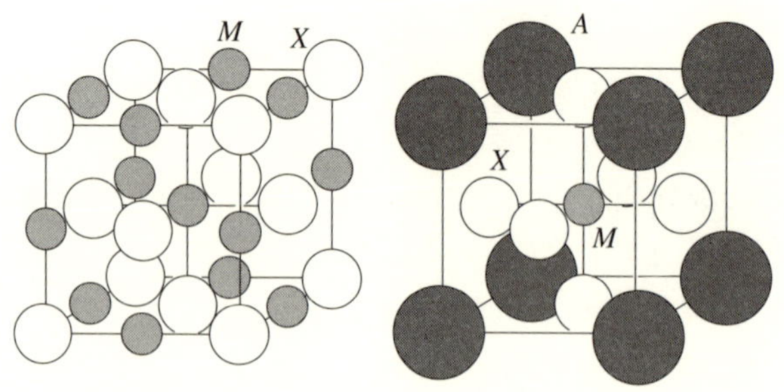

図 4.8: NaCl 型化合物 MX（左）およびペロブスカイト型化合物 AMX_3（右）の結晶構造．M は遷移金属原子（Ti, V, ..., Ni, Cu など），A は希土類原子（La, Y など）またはアルカリ土類原子（Sr, Ca など），X は酸素，ハロゲン等の非金属原子．

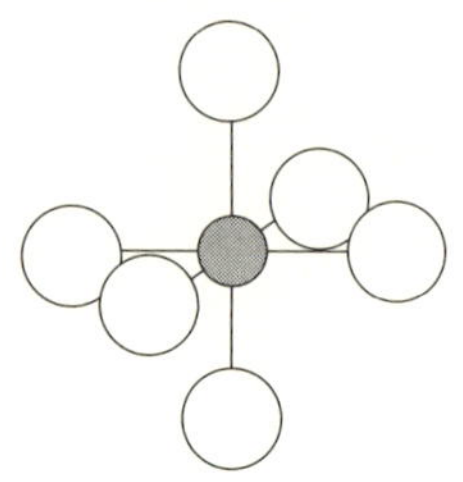

図 4.9: 図 4.8 の結晶構造に対応する MX_6 クラスター・モデル．

れらの物質の物性においては遷移金属の d 電子が最も重要な働きをしているので，図 4.9 に示すように，中心に遷移金属原子 M をもち，それを取り囲む 6 個の非金属原子 X からなる正八面体状のクラスターを考える．遷移金属原子を取り囲む非金属原子は**配位子**（ligand）と呼ばれ，酸素，ハロゲン（X = F, Cl, Br, I），カルコゲン（X = S, Se, Te），プニクトゲン（X = N, P, As, Bi）等である．その電子状態を，第 3 章で述べた分子の電子状態と同様に取り扱う．つまり，遷移金属原子の d 軌道と配位子の p 軌道の間に有限の移動積分（水素分子の場合は (3.11) で定義される）が存在し，電荷の移動が起きたり分子軌道が形成されたりする．

4.2.1 モデル・ハミルトニアン

分子のハミルトニアン (3.3) に倣って，図 4.9 のクラスターのハミルトニアンを考える．N を全価電子数，$v_{\rm core}$，$v_{\rm core}^a$ を，遷移金属原子とそれを取り囲む a 番目の配位子の原子核と内殻電子によるポテンシャル（式 (4.4) 参照）とすると，ハミルトニアンは

$$
\begin{aligned}
H_N &= \sum_{i=1}^{N}\left[\frac{\mathbf{p}_i^2}{2m} + v_{\rm core}(\mathbf{r}_i) + \sum_{a=1}^{6} v_{\rm core}^a(\mathbf{r}_i - \mathbf{R}_a)\right] + \sum_{i>j=1}^{N}\frac{e^2}{r_{ij}} \\
&\equiv \sum_{i=1}^{N} h_i + \sum_{i>j=1}^{N} v_{ij}
\end{aligned}
\tag{4.26}
$$

で与えられる．ここで，電子間クーロン相互作用 $\sum_{i>j} v_{ij}$ は，電子が遷移金属の d 軌道にあるときのみ重要になり，比較的広がった配位子 p 軌道では重要でないと考えられる．このことを考慮し，また d 原子軌道と p 原子軌道が直交しているとすると，ハミルトニアンを第 2 量子化形式，

$$
\begin{aligned}
H &= H_d + H_p + H_{p-d}, \\
H_d &= \sum_{q=1}^{10} \varepsilon_{dq}^0 n_q + \frac{1}{2}\sum_{q,q',q'',q'''=1}^{10} \langle qq'|v|q''q'''\rangle c_{q'}^\dagger c_q^\dagger c_{q''} c_{q'''}, \\
H_p &= \sum_{a=1}^{6}\sum_{q=1}^{6} \varepsilon_p n_{aq} - \sum_{a,b=1}^{6}\sum_{q,q'=1}^{6}(t_{aq,bq'} c_{aq}^\dagger c_{bq'} + t_{bq',aq}^* c_{bq'}^\dagger c_{aq}), \\
H_{p-d} &= -\sum_{q=1}^{10}\sum_{a=1}^{6}\sum_{q'=1}^{6}(t_{aq',q} c_{aq'}^\dagger c_q + t_{q,aq'}^* c_q^\dagger c_{aq'})
\end{aligned}
\tag{4.27}
$$

で表すことができる．ここで，d 殻の 1 電子状態 q に関する和は，式 (4.5) と同様 $q \equiv \gamma\sigma = u_\uparrow, u_\downarrow, v_\uparrow, v_\downarrow, \xi_\uparrow, \xi_\downarrow, \eta_\uparrow, \eta_\downarrow, \zeta_\uparrow, \zeta_\downarrow$ の 10 個についてとる．式 (4.27) の H_d は d 電子のエネルギーで，結晶場中の遷移金属原子のハミルトニアン (4.5) と似ているが，d 原子軌道-p 原子軌道間の電荷移動（軌道混成）が H_{p-d} に取り入れてあるので，H_d の第 1 項で表される結晶場分裂は，第 4.1 節に挙げた結晶場の原因 i)〜iii) のうち i) と iii) による弱いものだけを含む．したがって，ε_{dq}^0 の q 依存性は弱く，近似的に $\varepsilon_{dq}^0 \simeq \varepsilon_d^0$ としてもよい．

式 (4.27) の H_p は配位子 p 電子のエネルギーである．p 軌道に関する和は，6 個の配位子原子（$a = 1, ..., 6$，図 4.9 参照）と，それぞれの原子のスピン状態も含めた 6 個の p 原子軌道（$q' \equiv \gamma'\sigma = p_{x\uparrow}, p_{x\downarrow}, p_{y\uparrow}, p_{y\downarrow}, p_{z\uparrow}, p_{z\downarrow}$）についてとる．第 1 項は p 原子軌道のエネルギー，第 2 項は隣り合った配位子の p 軌道間の電荷移動（軌道混成）を表す．p 電子間のクーロン・交換相互作用は弱いとして省略している（あるいは，パラメータ ε_p に繰り込まれていると考える）．移動積分

$$-t_{aq,bq'} \equiv \langle aq|h|bq'\rangle$$

は，付録 G に従って与えられる．ψ_{aq} と $\psi_{bq'}$ が反対方向のスピンをもつとき $t_{aq,bq'}$ はゼロとなる．

式 (4.27) の H_{p-d} は，遷移金属 d 軌道と配位子 p 軌道の間の電荷移動（軌道混成）を表す．ここでも，移動積分

$$-t_{aq',q} \equiv \langle aq'|h|q\rangle$$

は付録 G に与えられ，d 軌道 ψ_q と配位子の p 軌道 $\psi_{aq'}$ のスピンが反対のときはゼロとなる．原子間のクーロン・エネルギーは小さいとして無視することが多い．

配位子の分子軌道

第 4.1 節で述べたように，立方対称結晶場中では，遷移金属イオンの d 軌道は e_g 軌道と t_{2g} 軌道に分裂し，それぞれが，立方対称を保つ回転・鏡映などの作る点群 O_h の既約表現の基底になっている．クラスター・モデルのハミルトニアン (4.27) の対称性は立方対称結晶場と同じなので，d 軌道はやはり e_g 軌道と t_{2g} 軌道に分裂する．配位子の軌道についても，分子軌道を p 原子軌道の線型結合で作り，点群 O_h の既約表現の基底になるようにすると，電子状態の議論の見通しが非常によくなる．

a 番目の配位子原子の p_x, p_y, p_z 軌道を ϕ_{ap_x}, ϕ_{ap_y}, ϕ_{ap_z} とすると，配位子の分子軌道のなかで，

$$\begin{aligned}
\phi_{Lu} &\equiv (1/2\sqrt{3})(-2\phi_{5p_z} + 2\phi_{6p_z} + \phi_{1p_x} - \phi_{2p_x} + \phi_{3p_y} - \phi_{4p_y}),\\
\phi_{Lv} &\equiv (1/2)(-\phi_{1p_x} + \phi_{2p_x} + \phi_{3p_y} - \phi_{4p_y})
\end{aligned} \tag{4.28}$$

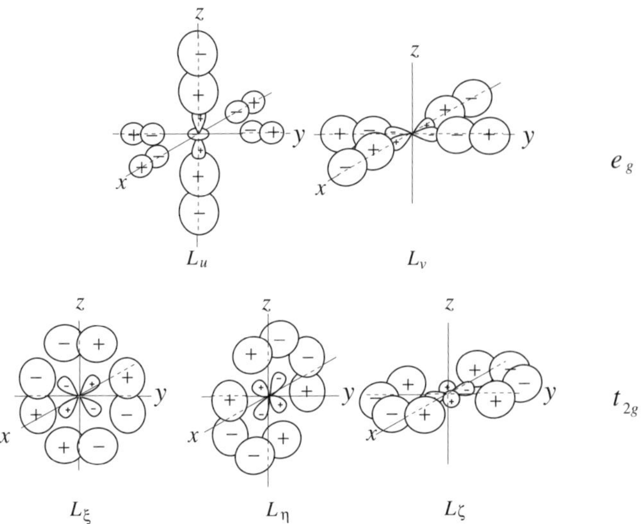

図 4.10: 配位子の p 原子軌道からなる分子軌道．それぞれの図の中央には，それらと混成する d 軌道（図 2.2 参照）を示す．

は，e_g 軌道（ϕ_u, ϕ_v）と同じ対称性を，

$$\begin{aligned} \phi_{L\xi} &\equiv (1/2)(\phi_{3p_z} - \phi_{4p_z} + \phi_{5p_y} - \phi_{6p_y}), \\ \phi_{L\eta} &\equiv (1/2)(\phi_{5p_x} - \phi_{6p_x} + \phi_{1p_z} - \phi_{2p_z}), \\ \phi_{L\zeta} &\equiv (1/2)(\phi_{1p_y} - \phi_{2p_y} + \phi_{3p_x} - \phi_{4p_x}) \end{aligned} \tag{4.29}$$

は，t_{2g} 軌道（$\phi_\xi, \phi_\eta, \phi_\zeta$）と同じ対称性をもつ．これらの分子軌道の形状を図 4.10 に示す．また，これらの分子軌道 $\phi_{L\gamma}$ のエネルギーは $\langle \phi_{L\gamma}|h|\phi_{L\gamma}\rangle$ を計算して得られ，付録 G に従って **Slater-Koster パラメータ**（Slater-Koster parameters）$(pp\sigma)$, $(pp\pi)$ を用いて表される．例えば，ϕ_{Lv} のエネルギー ε_{Lv} は，波動関数 (4.28) を用いて，

$$\begin{aligned} \varepsilon_{Lv} = \langle L_v|h|L_v\rangle &= (1/4)(-\langle 1p_x|h|2p_x\rangle + \langle 2p_x|h|3p_y\rangle \\ &- \langle 3p_y|h|4p_y\rangle + \langle 4p_y|h|1p_x\rangle) = \varepsilon_p + (1/2)[(pp\sigma) - (pp\pi)] \end{aligned} \tag{4.30}$$

と求まる．このようにして，分子軌道 (4.28)，(4.29) のエネルギーは

$$\varepsilon_{Le_g} \equiv \varepsilon_{Lu} = \varepsilon_{Lv} = \varepsilon_p + (1/2)[(pp\sigma) - (pp\pi)],$$
$$\varepsilon_{Lt_{2g}} \equiv \varepsilon_{L\xi} = \varepsilon_{L\eta} = \varepsilon_{L\zeta} = \varepsilon_p - (1/2)[(pp\sigma) - (pp\pi)] \tag{4.31}$$

となる．クラスター内の p 原子軌道は（スピンを含めずに）18 個あるので，(4.28)，(4.29) 以外に 13 個の分子軌道があり，e_g, t_{2g} 軌道とは異なった対称性をもつ．

18 個の分子軌道すべてに対して，上記の方法によりエネルギーを求めることができるので，ハミルトニアン (4.27) 中の p 電子エネルギーの項

$$\sum_{a,q} \varepsilon_p n_{aq} - \sum_{a,b,q,q'} (t_{aq,bq'} c^\dagger_{aq} c_{bq'} + t^*_{bq',aq} c^\dagger_{bq'} c_{aq})$$

を対角化し，分子軌道 Q のエネルギー ε_{LQ} と電子数演算子 n_{LQ} を用いて

$$\sum_{Q=1}^{36} \varepsilon_{LQ} n_{LQ} \tag{4.32}$$

と書ける．ここで，Q に関する和はスピン状態も含めた $18 \times 2 = 36$ 個の分子軌道についてとる．さらに原子間クーロン相互作用を無視すると，ハミルトニアン (4.27) は，

$$H = H_d + H_p + H_{p-d},$$
$$H_d = \sum_{q=1}^{10} \varepsilon^0_{dq} n_q + \frac{1}{2} \sum_{q,q',q'',q'''=1}^{10} \langle qq'|v|q''q'''\rangle c^\dagger_{q'} c^\dagger_q c_{q''} c_{q'''},$$
$$H_p = \sum_{q=1}^{10} \varepsilon_{Lq} n_{Lq} + \sum_{Q=11}^{36} \varepsilon_{LQ} n_{LQ},$$
$$H_{p-d} = -\sum_{q=1}^{10} (t_q c^\dagger_{Lq} c_q + t^*_q c^\dagger_q c_{Lq}) \tag{4.33}$$

となる．ここで，和 $q = 1, 2, ..., 10$（$q = \xi_\uparrow, \xi_\downarrow, \eta_\uparrow, ...$）は，スピン状態も含めた e_g, t_{2g} の 10 個の軌道についてとる．H_p の第 2 項は，e_g, t_{2g} 以外の対称性をもつ分子軌道（$Q = 11, 12, ..., 36$）で，d 軌道との間に電荷移動（軌道混成）はなく，**非結合軌道**（non-bonding orbitals）と呼ばれる．今後，必要のない場合には非結合軌道を省略する．

式 (4.33) に現れる移動積分 $-t_q \equiv \langle L_q|h|q\rangle$ は，q のスピンによらない．

t_q は，付録 G に従って Slater-Koster パラメータ $(pd\sigma)$, $(pd\pi)$ を用いて表すことにする．例えば，

$$t_v = -\langle L_v|h|v\rangle = -\frac{1}{2}(-\langle 1p_x|h|v\rangle + \langle 2p_x|h|v\rangle + \langle 3p_y|h|v\rangle - \langle 4p_y|h|v\rangle) = -\sqrt{3}(pd\sigma). \quad (4.34)$$

同様にして，

$$t_{e_g} \equiv t_u = t_v = -\sqrt{3}(pd\sigma),$$
$$t_{t_{2g}} \equiv t_\xi = t_\eta = t_\zeta = 2(pd\pi) \quad (4.35)$$

となる．

4.2.2 Mott-Hubbard 型と電荷移動型

結晶をクラスター・モデルで取り扱うと，クラスターと外部の電子のやりとりがなくなり，孤立した分子と同様に，その電子数がある数に固定される．このことから，クラスター・モデルは，金属よりも絶縁体の電子状態を記述するのに適していることが明かである．しかし絶縁体の場合でも，クラスター中の電子数をいくつに固定するのがよいかは必ずしも明白でない．一般に行われている方法は，物質をイオン結晶と見て，その形式価数から電子数を決める方法である．化学的直感に基づいたこの方法を用いると，確かに絶縁体の占有準位と非占有準位が正しく与えられ，バンドギャップの考察が可能になる．例えば，典型的な反強磁性 Mott 絶縁体 NiO を Ni^{2+} イオンと O^{2-} イオンからなるイオン結晶と見て，NiO_6 クラスターの電荷を－ 10 価とする．ペロブスカイト型構造をもつ反強磁性 Mott 絶縁体 $LaMnO_3$ の場合は，La^{3+} イオン，Mn^{3+} イオン，O^{2-} イオンからなると考えて，－ 9 価の電荷をもつ MnO_6 クラスターを考える．

簡単のためにまず，遷移金属イオン M が価数 v，電子配置 d^n をもつとし，クーロン相互作用の異方性と交換相互作用を無視して多重項構造を考えないで MX_6 クラスターのエネルギー準位を考える．また，d 軌道と p 軌道の電荷移動（軌道混成）も無視する．クラスターの全エネルギーは，配位子 X p 軌道が閉殻で遷移金属イオンが d^0 電子配置のときの全エネルギーを E_0 とすると，原子の場合（式 (2.52),(2.59)）と全く同じく，

$$E(d^n) = E_0 + n\varepsilon_d^0 +_n C_2\bar{U} = E_0 + n\varepsilon_d^0 + \frac{n(n-1)}{2}\bar{U} \tag{4.36}$$

で与えられる．ここで，ε_d^0 は d 電子 1 個のエネルギー，$\bar{U}$ は 2 つの d 電子間のクーロン・交換エネルギーの平均値である．d 電子を引きぬく（d ホールを付け加える）のに要する最小エネルギー（＝イオン化エネルギー）を $E_h(d^n)$，d 電子を付け加えるのに要する最小エネルギー $E_e(d^n)$ は，原子のイオン化エネルギー（式 (2.61)），電子親和力（式 (2.62)）との類推で，

$$E_h(d^n) = E(d^{n-1}) + \mu - E(d^n) = \mu - \varepsilon_d^0 - n\bar{U}, \tag{4.37}$$

$$E_e(d^n) = E(d^{n+1}) - E(d^n) - \mu = \varepsilon_d^0 - \mu + (n+1)\bar{U} \tag{4.38}$$

と定義される．但し，ここでは 1 電子のエネルギーの基準を，原子の場合のような真空準位 ε_V ではなく，**電子の化学ポテンシャル**（electron chemical potential）μ にとっている[7]．また，$E_e(d^n)$ の定義は，電子親和力の定義（式 (2.62)）と逆符号であることに注意されたい．これらの多電子エネルギー準位を図 4.11 に，1 電子エネルギー準位を図 4.12 に示す．充分に離れたクラスター間の電荷移動 $d^n + d^n \to d^{n-1} + d^{n+1}$ に対応する d 電子系のみの 1 粒子ギャップも，原子の場合（式 (2.60)）と同様に

$$E_h(d^n) + E_e(d^n) = E(d^{n-1}) + E(d^{n+1}) - 2E(d^n) = \bar{U} \tag{4.39}$$

で与えられる．一般に，原子軌道は固体中では有限のエネルギー幅をもつ“バンド”を作るので，図 4.12 は d バンドがクーロン相互作用のために $\bar{U}$ だけ分裂（**Hubbard 分裂**）したように見える．このうち，占有状態にある方を**下部 Hubbard バンド**（lower Hubbard band），非占有状態にある方を**上部 Hubbard バンド**（upper Hubbard band）と呼ぶ．

一方，クラスター・モデルでは，遷移金属原子ばかりでなく，配位子 X の p 軌道も考慮する必要がある．p 軌道に空いたホールを $\underline{L}$ と書き，p 軌

7 今考えているクラスターは結晶の一部であり，クラスター内の電子も含む結晶中の巨視的な数の電子は熱平衡状態にあると考えられるので，電子の化学ポテンシャル μ が最も自然な 1 電子エネルギーの基準である．$E_h(d^n)$ はクラスターからクラスター外部のエネルギー位置 μ に電子を移すのに必要なエネルギー，$E_e(d^n)$ はクラスター外部のエネルギー位置 μ からクラスターへ電子を移すのに必要なエネルギーと定義されている．μ と真空準位 ε_V の差は仕事関数（ϕ）と呼ばれ，電子を固体から取り出すのに要する最小エネルギーである：$\phi = \varepsilon_V - \mu$.

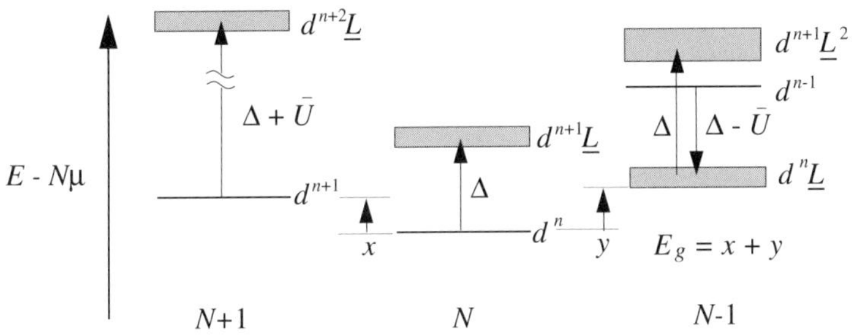

図 4.11: 多重項構造と軌道混成を無視した MX_6 クラスターの多電子エネルギー準位．左より，$N+1$，N，$N-1$ 電子状態．Δ：電荷移動エネルギー．$\bar{U}$：原子内クーロン積分．μ：電子の化学ポテンシャル．$\underline{L}$：p 軌道のホール．E_g：バンドギャップ．異なる電子数のエネルギーを μ を基準として比較するために，電子系のエネルギーから $(N+1)\mu$，$N\mu$ あるいは $(N-1)\mu$ を差し引いたものを縦軸にプロットしている．系は電荷移動型絶縁体（$\Delta < \bar{U}$）．

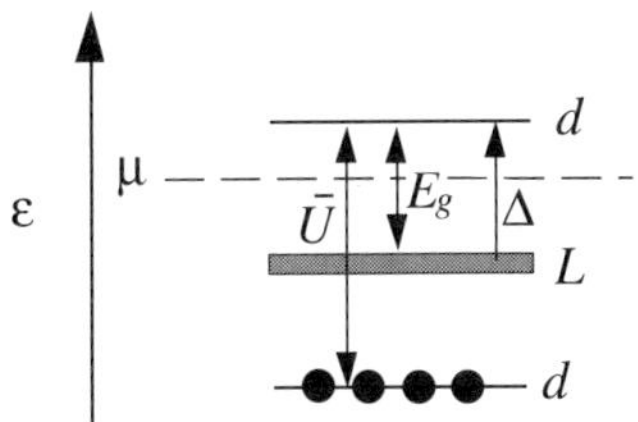

図 4.12: 多重項構造と軌道混成を無視した MX_6 クラスターの1電子エネルギー準位（$n = 4$ の場合）．Δ：電荷移動エネルギー．$\bar{U}$：原子内クーロン積分．μ：電子の化学ポテンシャル．E_g：バンドギャップ．系は電荷移動型絶縁体（$\Delta < \bar{U}$）．

道にホールが1個空いたクラスターの電子配置を $d^n\underline{L}$ と書くと，p 軌道のイオン化エネルギーは，

$$I(p^6) = E(d^n\underline{L}) + \mu - E(d^n) = \mu - \varepsilon_p \tag{4.40}$$

で与えられる．ここで，$-\varepsilon_p$ は p ホール1個のエネルギーである[8]．図 4.11,

[8] p ホールが2個以上の場合（$\underline{L}^2$, $\underline{L}^3$, ...）も，簡単のためホール間のクーロン・交換相互作用は考えない．これを正当化する理由としては，

1. p 電子間の相互作用が d 電子間の相互作用に比べて小さいこと，
2. 配位子の p 殻は閉殻に近く p ホールの数が一般に少ないこと

がある．

4.12には，p電子のイオン化準位も示されている．準位に幅をもたせてあるのは，複数の配位子分子軌道が存在するからである．したがって，遷移金属イオンと配位子の間のクーロン相互作用が無視できる場合（式(4.27)で$U_{pd} \sim 0$と見なせる場合），配位子p軌道から遷移金属d軌道への電荷移動$d^n \to d^{n+1}\underline{L}$に要するエネルギーは，

$$E(d^n\underline{L}) + E(d^{n+1}) - 2E(d^n) = \varepsilon_d^0 + n\bar{U} - \varepsilon_p \equiv \Delta(d^n) \tag{4.41}$$

で与えられる．このΔは**電荷移動エネルギー**（charge-transfer energy）と呼ばれる量である．遷移金属イオン-配位子間のクーロン相互作用が無視できない場合も，充分離れたクラスター間の電荷移動$d^n + d^n \to d^n\underline{L} + d^{n+1}$を考えれば，これに要するエネルギーとして電荷移動エネルギーΔを定義できる．

クラスターの1粒子ギャップE_gは，$d \to d$電荷移動に要するエネルギー$\bar{U}$（式(4.39)）と$p \to d$電荷移動に要するエネルギーΔ（式(4.41)）のうち小さい方で与えられる．

すなわち，

$$\bar{U} < \Delta\text{の場合：}E_g = \bar{U}, \tag{4.42}$$

$$\bar{U} > \Delta\text{の場合：}E_g = \Delta \tag{4.43}$$

となり，前者のタイプのMott絶縁体を**Mott-Hubbard型絶縁体**（Mott-Hubbard-type insulator）[9]，後者のタイプのMott絶縁体を**電荷移動型絶縁体**（charge-transfer-type insulator）と呼ぶ．それぞれの場合のバンドギャップを，**Mott-Hubbardギャップ**，**電荷移動ギャップ**と呼ぶ．

図4.11, 4.12のエネルギー準位は電荷移動型絶縁体に対して描かれており，p分子軌道と非占有d軌道の間に，大きさΔのバンドギャップが開いている．Mott-Hubbard型絶縁体の場合，エネルギー準位は図4.13, 4.14に示すように，p分子軌道が深くなり，大きさ$\bar{U}$のギャップが，占有d軌

[9] $\bar{U} < \Delta$の場合，Mottが提唱しHubbardが定式化した，p軌道をあらわに考えないHubbardモデル（第6.1.1節）を用いて電子状態や物性を議論することが可能である．このため，この電子構造の分類の提唱者であるZaanen, Sawatzky, AllenがMott-Hubbard型と呼んで，電荷移動型絶縁体と区別した[J. Zaanen, G. A. Sawatzky and J. W. Allen: *Phys. Rev. Lett.* **55**, 418 (1985)].

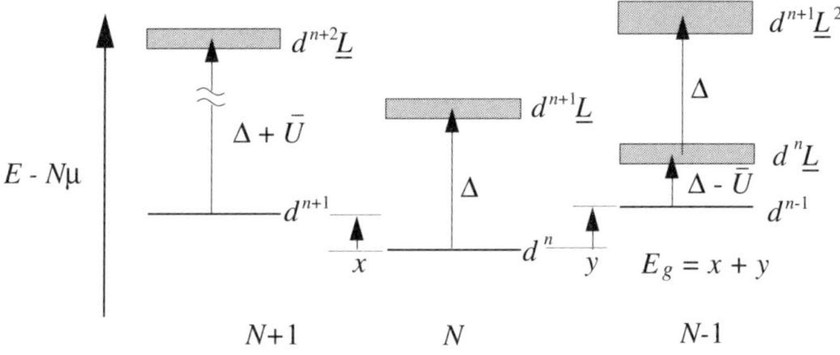

図 4.13: 図 4.11 に同じ．但し，系は Mott-Hubbard 型絶縁体（$\Delta > \bar{U}$）．

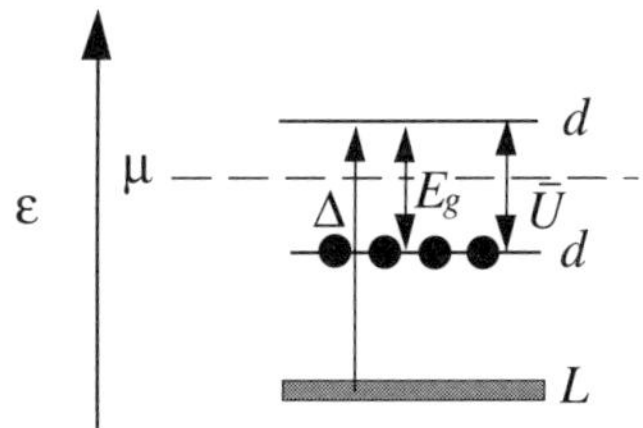

図 4.14: 図 4.12 に同じ．但し，系は Mott-Hubbard 型絶縁体（$\Delta > \bar{U}$）．

道（下部 Hubbard バンド）と非占有 d 軌道（上部 Hubbard バンド）の間に開く．

バンドギャップの開閉による金属-絶縁体転移

実際の結晶では，各エネルギー準位は有限の幅をもつバンドを形成している．したがって，d バンドの幅を W_d，p バンドの幅を W_p とすると，バンドギャップは (4.42)，(4.43) よりも狭まり，

$$E_g \simeq \bar{U} - W_d \quad \text{(Mott-Hubbard 型絶縁体)},$$
$$E_g \simeq \Delta - \frac{1}{2}(W_d + W_p) \quad \text{(電荷移動型絶縁体)} \tag{4.44}$$

となる．

したがって，例えば物質に高い圧力を加えバンド幅を増大させると，Mott-

Hubbard 型絶縁体では $\bar{U} \sim W_d$ でバンドギャップが閉じ，電荷移動型絶縁体は $\Delta \sim \frac{1}{2}(W_d + W_p)$ でバンドギャップが閉じ，金属に転移する．これをもとに図 4.15 のような相図を Δ-$\bar{U}$ 平面上に描ける．この図を **Zaanen-Sawatzky-Allen 相図**（Zaanen-Sawatzky-Allen diagram）と呼ぶ[10]．定

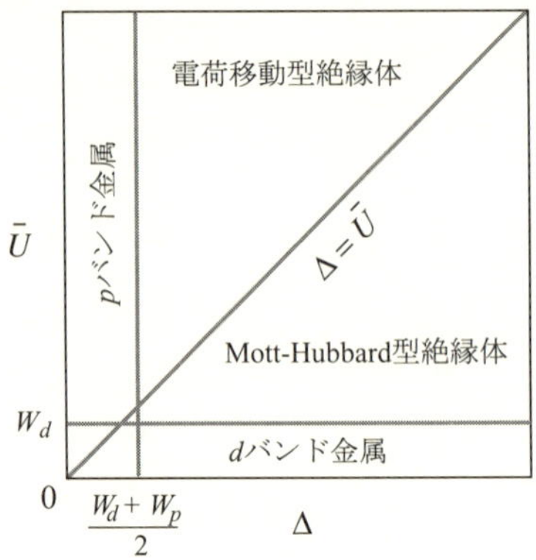

図 4.15: 軌道混成，多重項構造を無視した模式的な Zaanen-Sawatzky-Allen 相図．

義から，斜めの直線 $\Delta = \bar{U}$ の上側が電荷移動型，下側が Mott-Hubbard 型となる．ただし，後に述べる電荷移動（軌道混成）の効果を考えると，電荷移動型と Mott-Hubbard 型の境界は相転移ではなく，連続的な移り変わりとなる．Δ-軸付近の金属状態は Mott-Hubbard 型のギャップが閉じた “d バンド” 金属，$\bar{U}$-軸付近の金属状態は電荷移動型ギャップが閉じ，p バンドに結晶中を動き回るホールが入った “p バンド金属” と考えられる．この相図に対する軌道混成の効果は，多重項分裂の効果とともに後に述べる．

キャリアのドーピング

半導体の一部を価数の異なる元素で置換して，電子またはホールをキャリアとしてドープして電気伝導度を向上させるように，Mott 絶縁体でも

---

[10] J. Zaanen, G. A. Sawatzky and J. W. Allen: *Phys. Rev. Lett.* **55**, 418 (1985).

元素置換により電子またはホールをドープすることが可能である．図 4.8 に示したペロブスカイト型構造をもつ遷移金属酸化物 AMO_3 の遷移金属の価数は，A がアルカリ土類金属の 2 価のイオンの場合には遷移金属 M は 4 価のイオン，A が希土類金属の 3 価のイオンの場合には遷移金属 M は 3 価のイオンとなる．したがって，A 原子がアルカリ土類金属の場合，これを部分的に希土類金属に置換すると，M の価数は 4 価よりやや減り，Mott 絶縁体に電子がドープされることになる．A 原子が希土類金属の場合，これをアルカリ土類金属に置換すると，M の価数は 3 価より増え，Mott 絶縁体にホールがドープされることになる．電子のドーピングは，N 電子の基底状態から $N+1$ 電子の基底状態への移行を引き起こし，ホールのドーピングは，N 電子の基底状態から $N-1$ 電子の基底状態へを引き起こす．

図 4.11，4.13 によれば，d^n 電子配置をもつ N 電子の基底状態に電子をドープすると，$N+1$ 電子の基底状態は必ず d^{n+1} 電子配置をもつ．すなわち，Mott-Hubbard 型絶縁体にドープされた電子も，電荷移動型絶縁体にドープされた電子も，遷移金属の d 軌道に入る．一方，図 4.11，4.13 によれば，N 電子基底状態にホールをドープすると，Mott-Hubbard 型絶縁体の場合には $N-1$ 電子の基底状態が d^{n-1} 電子配置になり，ホールは d 軌道に入るが，電荷移動型絶縁体の場合には $N-1$ 電子の基底状態が $d^n\underline{L}$ 電子配置となり，ホールは配位子の p 軌道に入る．ホールが酸素の p 軌道に入り，そのことが物性に重要な役割を果たしているのが，後に述べる銅酸化物高温超伝導体である．

電荷移動エネルギーと原子内クーロン積分の物質依存性

電荷移動エネルギー Δ と原子内クーロン積分 $\bar{U}$ の大きさは物質によって異なるが，それらは遷移金属イオンの原子番号，価数，非金属イオンの電気陰性度によって系統的に変化する[11]．まず，電荷移動エネルギー Δ の物質依存性は次の規則に従う：

---

[11] 津田惟雄，那須奎一郎，藤森淳，白鳥紀一：電気伝導性酸化物（裳華房，1993 年）．

i) 配位子の電気陰性度と共に増加する．

ii) 遷移金属イオンの原子番号 Z とともに減少する．

iii) 遷移金属イオンの価数 v とともに大きく減少する．

電荷移動エネルギーは，配位子の p 軌道から遷移金属 d 軌道へ電子を移動させるのに要するエネルギーであるから，両原子の電気陰性度に関連している．したがって，i) は明らかである．ii) は，遷移金属元素の電気陰性度が Z とともに増加することで説明できる．iii) は，価数 v の増加とともに d 軌道のエネルギーが下がることで説明される．これらの規則は，いずれも化学的な直感に合致したものとなっている．原子内クーロン積分 $\bar{U}$ の物質依存性は，

i) 遷移金属イオンの原子番号 Z とともにゆるやかに増加する．

ii) 遷移金属イオンの価数 v とともにわずかに増加する．

iii) 配位子の電子分極率とともに減少する．

i), ii) は，原子核やイオンの正電荷の増加により，d 軌道の大きさが縮小することによる．上記の規則を半定量的にまとめると，

$$\Delta \simeq a - 0.6Z - 2.5v, \quad \bar{U} \simeq b + 0.3Z + 0.5v \tag{4.45}$$

（単位 eV）となる．a, b は配位子の電気陰性度によって決まる定数で，酸化物では $a \sim 26$ eV, $b \sim -2.5$ eV である．したがって，CuO，高温超伝導体の母物質である La_2CuO_4 などの Cu^{2+} 酸化物は，$\Delta \simeq 3.5$，$\bar{U} \simeq 7$，NiO（Ni^{2+}）は $\Delta \simeq 4$，$\bar{U} \simeq 7$ となり，いずれも典型的な電荷移動型絶縁体である．MnO は $\Delta \simeq 5$ と $\bar{U} \simeq 6$ が近くなり，電荷移動型絶縁体と Mott-Hubbard 型絶縁体の境界付近に位置する．Ti_2O_3，V_2O_3 など軽い遷移金属の酸化物は $\Delta > \bar{U}$ となり，絶縁体相は Mott-Hubbard 型絶縁体である．

酸化物からカルコゲナイドに移ると，p 軌道のエネルギーの上昇により Δ が大きく減少し，非金属イオンの分極率の増加により $\bar{U}$ も減少する：$a \sim 23.5$ eV（硫化物），23.0 eV（セレン化物），22.5 eV（テルル化物）；

$b \sim -4.0$ eV. その結果，カルコゲナイドは，酸化物よりも電荷移動型になりやすい傾向がある．

4.2.3 多重項構造

クーロン相互作用の異方性と交換相互作用を取り入れると，第 2.3.1 節で示したように，各々の d^n 電子配置が図 2.13 に示したように多重項に分裂する．これに伴い，多電子エネルギー準位（図 4.11）は，それぞれの電子配置が多重項分裂を示し，図 4.16 のようになる．その結果，d 電子配置 d^{n-1}, d^n, d^{n+1} の基底状態のエネルギーがそれぞれ $-\Delta E_{n-1}$，$-\Delta E_n$，$-\Delta E_{n+1}$ だけ変化し，電荷移動 $d^n + d^n \to d^{n-1} + d^{n+1}$ に要するエネルギーが $\bar{U}$ から $U_{\rm eff} = \bar{U} + 2\Delta E_n - \Delta E_{n-1} - \Delta E_{n+1}$ に多重項補正される（式 (2.67) 参照）．多重項補正の大きさは，図 2.19 に示されるように，d 殻が電子で半分占有される $n = 5$ で正の最大値をとる．したがって，d^5 電子配置の遷移金属イオンをもつ Mott-Hubbard 型化合物はバンドギャップ（式 (4.44)）が大きくなり，金属になりにくい．

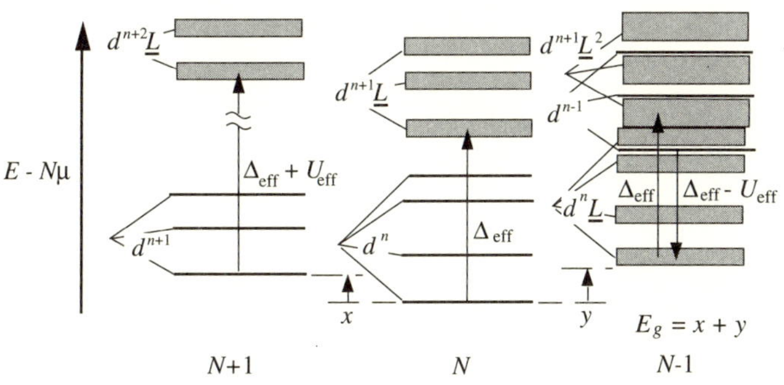

図 4.16: 多重項構造を取り入れた MX_6 クラスターの多電子エネルギー準位．左より，$N+1$，N，$N-1$ 電子状態．$\Delta_{\rm eff}$：多重項補正をした電荷移動エネルギー，$U_{\rm eff}$：多重項補正をした原子内クーロン積分，μ：電子の化学ポテンシャル，E_g：バンドギャップ．

電荷移動エネルギー Δ に対する多重項補正は，電荷移動 $d^n \to d^{n+1}\underline{L}$ に要するエネルギーへの多重項補正であるので $\Delta E_n - \Delta E_{n+1}$ となり，Δ

から

$$\Delta + \Delta E_n - \Delta E_{n+1} \equiv \Delta_{\rm eff}$$

に多重項補正される．補正の大きさ $\Delta E_n - \Delta E_{n+1}$ は，図 4.17 に示すように $n = 4$ で最小値（負値）を，$n = 5$ で最大値（正値）をとる．したがっ

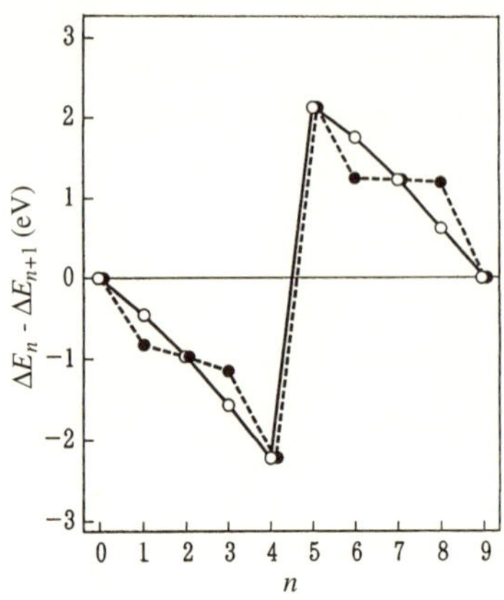

図 4.17: d^n 電子配置の電荷移動エネルギー Δ に対する多重項補正 $\Delta E_n - \Delta E_{n+1}$．白丸は Hartree-Fock 近似，黒丸は多重項理論 [A. Fujimori, A.E. Bocquet, T. Saitoh and T. Mizokawa: *J. Electron. Spectrosc. Relat. Phenom.* **62** 141 (1993)].

て，Mott-Hubbard 型ばかりでなく電荷移動型化合物でも，d^5 電子配置の遷移金属イオンをもつ化合物はバンドギャップ（式 (4.44)）が大きい．実際，Mn^{2+}（d^5），Fe^{3+}（d^5）化合物には MnO, MnS, Fe_2O_3, $LaFeO_3$ 等の絶縁体が多く，金属は少ない．また，電荷移動型化合物では d^4 電子配置の遷移金属イオンをもつ場合に，バンドギャップが小さくなるので，金属になりやすい．

4.2.4 非制限 Hartree-Fock 近似

第 4.1.1 節では，非制限 Hartree-Fock 近似により結晶場中の d 電子を取り扱ったが，本節では同様な取り扱いを周囲の配位子軌道も含めたクラスター・モデルに拡張する．以降，クラスター・モデルのハミルトニア

ンでこれまで無視してきた d 軌道と配位子分子軌道の間の電荷移動（軌道混成）$-\sum_q(t_q c_{Lq}^\dagger c_q + t_q^* c_q^\dagger c_{Lq})$（式 (4.33)）を取り入れ，より正確に電子状態を議論する．まず，MX_6 クラスターの 1 電子エネルギー準位を Hartree-Fock 近似で考える．$q = \xi_\uparrow, \xi_\downarrow, \eta_\uparrow, \eta_\downarrow, \zeta_\uparrow, \zeta_\downarrow, u_\uparrow, u_\downarrow, v_\uparrow, v_\downarrow$ で表される軌道対称性とスピンをもつ d 軌道 ψ_q は，同じ軌道対称性とスピンをもつ配位子分子軌道 ψ_{Lq} との間で**結合軌道**（bonding orbital）ψ_{Bq} と**反結合軌道**（antibonding orbital）ψ_{Aq} を形成する．結合・反結合軌道は，θ_q（$0 \leq \theta_q \leq \pi/4$）をパラメータとして，

$$\psi_{Bq} \equiv \sin\theta_q \psi_q + \cos\theta_q \psi_{Lq},$$
$$\psi_{Aq} \equiv \cos\theta_q \psi_q - \sin\theta_q \psi_{Lq} \tag{4.46}$$

と表される．

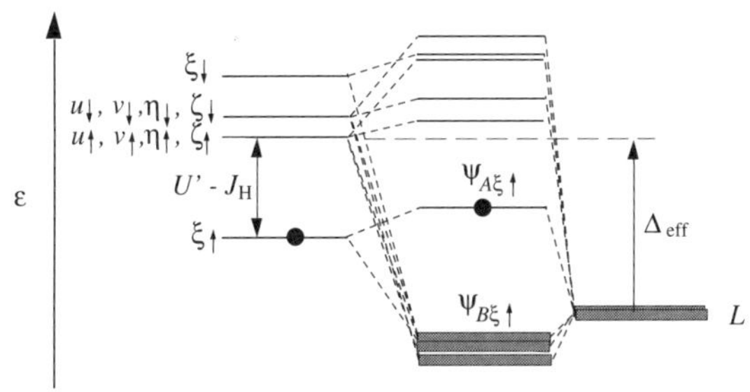

図 4.18: d^1 電子配置をもつ遷移金属イオンを中心にもつ MX_6 クラスターの 1 電子エネルギー準位図.

例として，中心の遷移金属イオンが Ti^{3+}，V^{4+} などのように d^1 電子配置をもつイオン，配位子が酸素 O^{2-} イオンからなる MX_6 クラスターを考える．図 4.18 にこのクラスターの 1 電子エネルギー準位図を示す．スピン自由度も考えると，d 軌道は 10 個，酸素 p 軌道からなる配位子分子軌道は $6 \times 6 = 36$ 個あり，併せて 46 個の軌道がある．配位子軌道 36 個のうち 10 個は d 軌道と結合・反結合軌道をつくり，残りの 26 個は非結合軌道をつくる．d 電子と酸素の p 電子を併せたクラスターの価電子数は $1 + 6 \times 6 = 37$ であるから，結合軌道と非結合軌道はすべて占有され，反結合軌道は 1 つのみ占有される．反結合軌道 $\psi_{A\xi\uparrow}$ が占有されているとす

ると，Hartree-Fock 近似で基底状態の波動関数は，

$$\Psi_{37}^{\mathrm{HF}} = \left| \psi_{A\xi\uparrow} \prod_{q=1}^{10} \psi_{Bq} \prod_{Q=11}^{36} \psi_{LQ} \right| \tag{4.47}$$

で与えられる．ここで，ψ_{LQ}（$Q = 11, ..., 36$）は非結合（配位子）軌道である．LCAO-MO 法（第 3.2.2 節）における Hartree-Fock 演算子の行列要素は，式 (3.64) で計算される．MX_6 クラスターの独立な 1 電子波動関数はスピンも含めて全部で 46 個あるので，Hartree-Fock 演算子は 46×46 の行列になるが，同じ軌道対称性とスピンをもつ 1 電子波動関数を基底とする小さな行列にブロック対角化できる．このうち，d 軌道および d 軌道と同じ対称性をもつ配位子分子軌道は併せて 20 個あるが，これらを基底とする 20×20 行列は，スピンと軌道対称性より 10 個の 2×2 行列にブロック対角化される．$\xi_\uparrow$ 対称部分の行列要素は，式 (3.64), (3.65) に従って，

$$\begin{aligned}
\langle \xi_\uparrow | h^{\mathrm{HF}} | \xi_\uparrow \rangle &= \varepsilon_d^0 + \sum_{\gamma(\neq\xi)} [(U' - J_{\mathrm{H}}) \sin^2 \theta_{\gamma\uparrow} + U' \sin^2 \theta_{\gamma\downarrow}] + U \sin^2 \theta_{\xi\downarrow}, \\
\langle L_{\xi\uparrow} | h^{\mathrm{HF}} | L_{\xi\uparrow} \rangle &= \varepsilon_p - (1/2)[(pp\sigma) - (pp\pi)], \\
\langle L_{\xi\uparrow} | h^{\mathrm{HF}} | \xi_\uparrow \rangle &= -2(pd\pi)
\end{aligned} \tag{4.48}$$

で与えられ，これらを用いて Hartree-Fock 方程式の $\xi_\uparrow$ 対称部分は，

$$\begin{pmatrix} \langle \xi_\uparrow | h^{\mathrm{HF}} | \xi_\uparrow \rangle - \varepsilon & -2(pd\pi) \\ -2(pd\pi) & \varepsilon_p - \frac{1}{2}[(pp\sigma) - (pp\pi)] - \varepsilon \end{pmatrix} \begin{pmatrix} c_{\xi\uparrow} \\ c_{L\xi\uparrow} \end{pmatrix} = 0 \tag{4.49}$$

となる．その解は，結合軌道に対しては，

$$c_{\xi\uparrow} = \sin \theta_{\xi\uparrow},\ c_{L\xi\uparrow} = \cos \theta_{\xi\uparrow} \tag{4.50}$$

反結合軌道に対しては，

$$c_{\xi\uparrow} = \cos \theta_{\xi\uparrow},\ c_{L\xi\uparrow} = -\sin \theta_{\xi\uparrow} \tag{4.51}$$

である．$\eta_\uparrow$ 対称部分の行列要素は，

$$\langle \eta_\uparrow | h^{\mathrm{HF}} | \eta_\uparrow \rangle = \varepsilon_d^0 + \sum_{\gamma(\neq\xi,\eta)} [(U' - J_{\mathrm{H}}) \sin^2 \theta_{\gamma\downarrow} + U' \sin^2 \theta_{\gamma\uparrow}]$$

$$+U'\sin^2\theta_{\eta\downarrow}+U'-J_{\mathrm{H}},$$
$$\langle L_{\eta\uparrow}|h^{\mathrm{HF}}|L_{\eta\uparrow}\rangle=\varepsilon_p-(1/2)[(pp\sigma)-(pp\pi)],$$
$$\langle L_{\eta\uparrow}|h^{\mathrm{HF}}|\eta_{\uparrow}\rangle=2(pd\pi) \tag{4.52}$$

で与えられ，Hartree-Fock 方程式の $\eta_\uparrow$ 対称性部分は，

$$\begin{pmatrix} \langle\eta_\uparrow|h^{\mathrm{HF}}|\eta_\uparrow\rangle-\varepsilon & 2(pd\pi) \\ 2(pd\pi) & \varepsilon_p-\frac{1}{2}[(pp\sigma)-(pp\pi)]-\varepsilon \end{pmatrix}\begin{pmatrix} c_{\eta\uparrow} \\ c_{L\eta\uparrow}\end{pmatrix}=0 \tag{4.53}$$

となる．解は，結合軌道に対しては，

$$c_{\eta\uparrow}=\sin\theta_{\eta\uparrow},\ c_{L\eta\uparrow}=\cos\theta_{\eta\uparrow} \tag{4.54}$$

反結合軌道に対しては，

$$c_{\eta\uparrow}=\cos\theta_{\eta\uparrow},\ c_{L\eta\uparrow}=-\sin\theta_{\eta\uparrow} \tag{4.55}$$

である．以下，同様にして他のスピンと軌道対称性 $\xi_\downarrow$, $\eta_\downarrow$, $\zeta_\uparrow$, $\zeta_\downarrow$, $u_\uparrow$, $u_\downarrow$, $v_\uparrow$, $v_\downarrow$ それぞれについて 2×2 行列が作られ，この系の Hartree-Fock 方程式は，10 組の 2 行 2 列固有値方程式からなることがわかる．解は 10 個の θ_q の組で与えられるが，行列要素に θ_q が入っており（式 (4.49)，(4.53) 参照)，10 組の固有値方程式は連立している．また，方程式に求める解 θ_q が入っているので，第 2.2.2 節で述べたように，逐次近似でセルフ・コンシステントに解く必要がある．

p-d 軌道混成に際して，詰まった配位子 p 軌道から空いた d 軌道へ電荷移動が起こる．電荷移動量 Δn_d は，混成前後の d 軌道に分布する電荷（Mulliken 電荷，第 3.2.3 節参照）で与えられ，

$$\Delta n_d=\sum_{q=1}^{10}\sin^2\theta_q+\cos^2\theta_{\xi\uparrow}-1=\sum_{q=1(\neq\xi\uparrow)}^{10}\sin^2\theta_q \tag{4.56}$$

となる．混成前に電子の詰まっていた $\xi\uparrow$ 軌道へは電荷移動が起こらないので，空いた d 軌道が多いほど $p\rightarrow d$ 電荷移動量が大きいことがわかる．すなわち，d 軌道と p 軌道のエネルギー差が大きい（$\Delta_{\mathrm{eff}}(d^1)\equiv\varepsilon_d^0+U'-J_{\mathrm{H}}-\varepsilon_p\gg 2|(pd\pi)|$）場合，$\sin\theta_q\sim 2(pd\pi)/\Delta_{\mathrm{eff}}$ なので，

$$\Delta n_d\sim 9[2(pd\pi)/\Delta_{\mathrm{eff}}]^2 \tag{4.57}$$

となる．

Ti^{3+}，V^{4+} 等の化合物は Mott-Hubbard 型（$\Delta_{\mathrm{eff}} > U_{\mathrm{eff}}$）と考えられるので（図 4.28 参照），バンドギャップは占有 d 軌道と非占有 d 軌道の間に形成される．$\Delta_{\mathrm{eff}} \gg 2|(pd\pi)|$ の場合，$|\sin\theta_q| \ll 1$ となり，結合軌道は $\psi_{Bq} \sim \psi_{Lq}$，反結合軌道は $\psi_{Aq} \sim \psi_q$ となる．この場合，式 (4.48), (4.52) の d 軌道対角成分 $\langle q|h^{\mathrm{HF}}|q\rangle$ からわかるように，占有された反結合軌道 $\psi_{A\xi\uparrow}$ と非占有の反結合軌道 ψ_{Aq}（$q \neq \xi_\uparrow$）の間に $U' - J_{\mathrm{H}}$ 程度のギャップが開く．

電子描像とホール描像

結晶場中の遷移金属イオンの場合（第 4.1.1 節）と同様にクラスターでも，中心の遷移金属イオンの d 電子数が多い場合は，電子描像の代わりにホール描像で考えると，取り扱いが大きく簡単化される．すなわち，d^{10-n} 電子配置 ($n < 5$) をそのあらわに取り扱う代わりに，d^n 電子配置と類似の扱いを，次の置き換えを行った後に行う．

i) d^0 電子配置のエネルギー：$E_0 \equiv 0$
　→　d^{10} 電子配置の全エネルギー：$E_{10} \equiv 10\varepsilon_d^0 + 5U + 40U' - 20J_{\mathrm{H}}$

ii) 1 電子のエネルギー（t_{2g} 軌道の場合）：$\varepsilon_d^0 - 4Dq$
　→　1 ホールのエネルギー：$-\varepsilon_d^0 + 4Dq - U - 8U' + 4J_{\mathrm{H}} \equiv -\varepsilon_d' + 4Dq$

ii)′ 1 電子のエネルギー（e_g 軌道の場合）：$\varepsilon_d^0 + 6Dq$
　→　1 ホールのエネルギー：$-\varepsilon_d^0 - 6Dq - U - 8U' + 4J_{\mathrm{H}} \equiv -\varepsilon_d' - 6Dq$

iii) 2 個の d 電子間のクーロン・交換積分：U, U', J_{H}
　→　2 ホール間のクーロン・交換積分：U, U', J_{H} のまま変わらず

iv) p 電子のエネルギー：$\varepsilon_p \to -\varepsilon_p$

v) 移動積分：$-t_q \to t_q$

i)〜iii) は第 4.1.1 節で述べた遷移金属イオンの場合と同じもので，iv), v) は配位子 p 軌道が加わったための置き換えである．

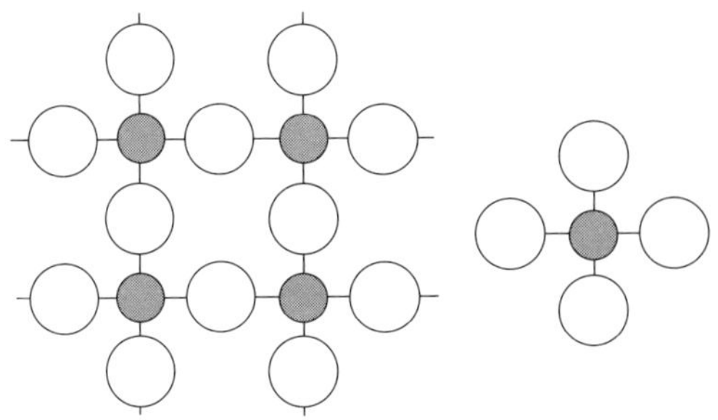

図 4.19: すべての銅酸化物高温超伝導体がもつ CuO_2 面（左）と，これに対応する CuO_4 クラスター・モデル（右）．網かけの丸は銅原子，白丸は酸素原子．

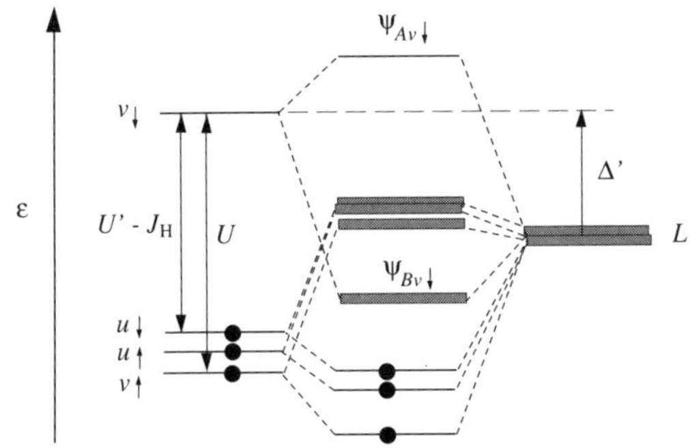

図 4.20: Cu^{2+} イオン（d^9 電子配置）を中心にもつ $[CuO_4]^{6-}$ クラスターの 1 電子エネルギー準位図．t_{2g} 軌道は省略．

最も簡単な例として，Cu^{2+} イオンが 4 個の酸素イオンで平面状に囲まれた CuO_4 クラスターを考える（図 4.19 右）．これは，銅酸化物**高温超伝導体**（high-temperature superconductor）が共通してもつ CuO_2 面（図 4.19 左）の一部を切り出したクラスター・モデルである．高温超伝導体にホールがドープされる前の反強磁性絶縁体を考えるには，Cu^{2+} イオンは d^9 電子配置を，O^{2-} イオンは閉殻の p^6 電子配置をもち，クラスターは − 6 価の電荷をもつとする．MX_6 クラスターに比べて，CuO_4 クラスターでは上下方向の酸素が離れているか存在しないので，v（$\equiv d_{x^2-y^2}$）軌道と酸素の分子軌道 L_v（式 (4.28)，図 4.10）との混成が他の軌道に比べて重要

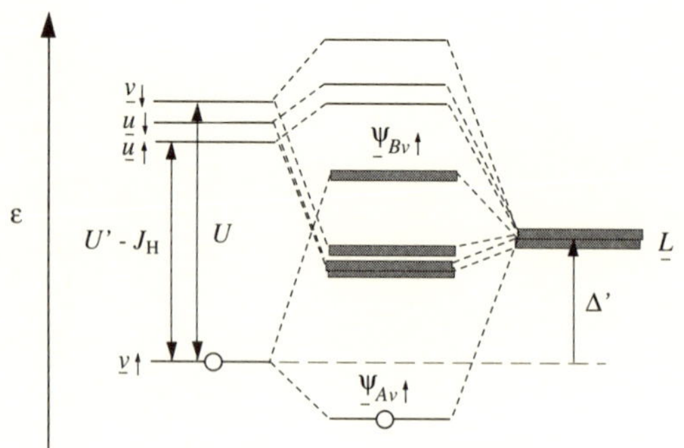

図 4.21: ホール描像で見た，Cu^{2+} イオン（d^9 電子配置）を中心にもつ $[CuO_4]^{6-}$ クラスターの 1 電子エネルギー準位図．t_{2g} 軌道は省略．

になる．このクラスターの基底状態の Hartree-Fock 近似での波動関数は，式 (4.46) で定義された結合・反結合軌道を用い，通常の電子描像で

$$\Psi_{33}^{\mathrm{HF}} = \left| \prod_{q=1(\neq v\downarrow)}^{10} \psi_{Aq} \prod_{q=1}^{10} \psi_{Bq} \prod_{Q=11}^{24} \psi_{LQ} \right| \tag{4.58}$$

となる．クラスターの 1 電子エネルギー準位図を図 4.20 に表す．Cu^{2+} 酸化物は電荷移動型なので（図 4.28 参照），占有 d 軌道は配位子 p 軌道より深く位置し，バンドギャップは，唯一の非占有軌道である反結合軌道 $\psi_{Av_\downarrow}$（主に d 軌道からなる）と他の反結合軌道（主に p 軌道からなる）の間に形成される．

ホール描像では，同じ CuO_4 クラスターの基底状態の波動関数は

$$\underline{\Psi}_1^{\mathrm{HF}} = \underline{\psi}_{Av\uparrow} \tag{4.59}$$

と非常に簡単になる．ここで，

$$\underline{\psi}_{Av\uparrow} \equiv \cos\theta_{v\downarrow}\underline{\psi}_{v\uparrow} - \sin\theta_{v\downarrow}\underline{\psi}_{Lv\uparrow}$$

であり，↑はホールのスピンの向き（欠損する電子のスピンの向き↓とは逆）を表す．1 電子エネルギー準位図も，ホールの非占有状態（電子に占有された状態）を省略すると，図 4.21 のように非常に簡単なものになる．

$\underline{\psi}_{v\uparrow}$, $\underline{\psi}_{Lv\uparrow}$ を基底としたHartree-Fock演算子の行列要素は,

$$\begin{aligned}\langle \underline{v}_\uparrow | h^{\mathrm{HF}} | \underline{v}_\uparrow \rangle &= -\varepsilon'_d = -\varepsilon^0_d - U - 8U' + 4J_{\mathrm{H}},\\ \langle \underline{L}_{v\uparrow} | h^{\mathrm{HF}} | \underline{L}_{v\uparrow} \rangle &= -\varepsilon_p - (1/2)[(pp\sigma) - (pp\pi)] \equiv -\varepsilon'_d + \Delta',\\ \langle \underline{L}_{v\uparrow} | h^{\mathrm{HF}} | \underline{v}_\uparrow \rangle &= -\sqrt{3}(pd\sigma)\end{aligned} \tag{4.60}$$

となる．ここで $\Delta' \equiv \Delta(d^9) - \frac{1}{2}[(pp\sigma) - (pp\pi)] = \varepsilon'_d - \varepsilon_p$ と定義されるが[12], $\frac{1}{2}[(pp\sigma) - (pp\pi)]$ は 0.1 eV 程度の小さな量なので，通常は $\Delta' \simeq \Delta$ と見なして問題ない．したがって，Hartree-Fock 方程式

$$\begin{pmatrix} -\varepsilon'_d - \underline{\varepsilon} & -\sqrt{3}(pd\sigma) \\ -\sqrt{3}(pd\sigma) & -\varepsilon'_d + \Delta' - \underline{\varepsilon} \end{pmatrix} \begin{pmatrix} c_{Lv\downarrow} \\ c_{v\downarrow} \end{pmatrix} = 0 \tag{4.61}$$

を解いて，1ホールのエネルギー固有値 $\underline{\varepsilon}$ と固有状態を求めればよい．このCuO$_4$ クラスターには，閉殻（d^{10} 電子配置の遷移金属イオンと p^6 電子配置の非金属イオン）にホールが1個だけ入ったものなので，式 (4.60), (4.61) にはホール間のクーロン・交換相互作用は現れない．したがって，方程式 (4.61) を1回解けばよく，逐次近似でセルフ・コンシステントな解を求める必要はない[13]. p-d 混成による p から d への電荷移動量は，

$$\Delta n_d = 1 - \cos^2\theta_{v\downarrow} \tag{4.62}$$

で与えられる．$|\sqrt{3}(pd\sigma)| \ll \Delta'$ ならば，式 (4.56), (4.57) に倣って，

$$\Delta n_d \sim [\sqrt{3}(pd\sigma)/\Delta']^2 \tag{4.63}$$

となる[14].

ホール描像が便利なもう1つの例として，d^8 電子配置をもつ Ni^{2+} イオンが6個の非金属イオンに囲まれた $[\mathrm{NiO_6}]^{10-}$ クラスターを考える．この

[12] $d^9 \to d^{10}\underline{L}$ 電荷移動エネルギーは $\Delta = \varepsilon'_d - \varepsilon_p$ で与えられ，多重項補正はない（第2.3.1節）.

[13] 本節の初めで述べた，d^1 電子配置の遷移金属イオンと p^6 電子配置の非金属イオンからなるクラスターは，閉殻（p^6 電子配置の非金属イオン）に電子が1個加わったものであるが，多数の電子（多数のホール）が相互作用する問題であり，逐次近似でセルフ・コンシステントな解を求める必要があることに注意.

[14] 実際の Cu^{2+} 酸化物では，$|\sqrt{3}(pd\sigma)|$ と Δ' は同程度なので，式 (4.56), (4.57) の2次摂動では不正確である.

クラスターは，典型的な電荷移動型 Mott 絶縁体で反強磁性体の NiO のモデルとして用いられる．基底状態の Hartree-Fock 近似波動関数は，電子描像では，

$$\Psi_{44}^{\mathrm{HF}} = \left| \prod_{q=1(\neq u\downarrow, v\downarrow)}^{10} \psi_{Aq} \prod_{q=1}^{10} \psi_{Bq} \prod_{Q=11}^{36} \psi_{LQ} \right|, \tag{4.64}$$

ホール描像では，

$$\underline{\Psi}_2^{\mathrm{HF}} = |\underline{\psi}_{Au\uparrow} \underline{\psi}_{Av\uparrow}| \tag{4.65}$$

となる．ここで，$\underline{\psi}_{Au\uparrow}$ と $\underline{\psi}_{Av\uparrow}$ は対称性より，同じ係数（$\theta_{u\downarrow} = \theta_{v\downarrow} \equiv \theta_{e_g\downarrow}$）を用いて d 軌道と配位子分子軌道に展開される：

$$\underline{\psi}_{Au\uparrow} \equiv \cos\theta_{e_g\downarrow} \underline{\psi}_{u\uparrow} - \sin\theta_{e_g\downarrow} \underline{\psi}_{Lu\uparrow},$$

$$\underline{\psi}_{Av\uparrow} \equiv \cos\theta_{e_g\downarrow} \underline{\psi}_{v\uparrow} - \sin\theta_{e_g\downarrow} \underline{\psi}_{Lv\uparrow}.$$

したがって，Hartree-Fock 方程式の $\underline{u}_\uparrow$ 対称部分は，

$$\begin{pmatrix} -2\varepsilon_d' + (U' - J_{\mathrm{H}})\cos^2\theta_{e_g\uparrow} - \underline{\varepsilon} & -\sqrt{3}(pd\sigma) \\ -\sqrt{3}(pd\sigma) & -\varepsilon_d' - \varepsilon_{Le_g} - \underline{\varepsilon} \end{pmatrix} \begin{pmatrix} c_{Le_g\downarrow} \\ c_{e_g\downarrow} \end{pmatrix} = 0 \tag{4.66}$$

となり，$\underline{v}_\uparrow$ 対称部分も全く同じ方程式になる．今度は相互作用する 2 つのホールの問題なので，逐次近似でセルフ・コンシステントに解く必要がある．p-d 混成による p から d への電荷移動量は，

$$\Delta n_d = 2 - 2\cos^2\theta_{e_g\downarrow}$$

と，Cu^{2+} 酸化物に比べて非占有 d 軌道の数が 2 倍になったのに対応して，式 (4.62) に比べて係数 2 がかかっている．$|\sqrt{3}(pd\sigma)| \ll \Delta_{\mathrm{eff}}' \equiv \Delta_{\mathrm{eff}}(d^8) - \frac{1}{2}[(pp\sigma) - (pp\pi)] = \varepsilon_d' + U' - J_{\mathrm{H}} - \varepsilon_{Le_g}$ であれば，

$$\Delta n_d \sim 2[\sqrt{3}(pd\sigma)/\Delta_{\mathrm{eff}}']^2 \tag{4.67}$$

となる（式 (4.63) 参照）．

4.2.5 配置間相互作用法

電子間相互作用の強い多電子系をより正確に取り扱うには，原子の場合（第 2.3.3 節），分子の場合（第 3.3.2 節），結晶場中のイオンの場合（第 4.1.2 節）に見たように，Hatree-Fock 近似を越え，複数の Slater 行列式の線型結合で多電子系の波動関数を表現する必要がある．原子，分子，結晶場中のイオンの場合は，電子間相互作用 $H' = \sum_{i>j} v_{ij}$ を摂動として，異なった Slater 行列式の間での H' の非対角行列要素を考えた．本節では，クラスターの場合について Hartree-Fock 近似を越えた取り扱いを行うが，原子，分子，結晶場中のイオンの場合に行ったように，前節で述べた Hartree-Fock 近似を非摂動状態として H' を摂動等と考えるのではなく，整数個の電子が遷移金属 d 軌道と配位子分子軌道に分布する状態を非摂動状態として電荷移動（軌道混成）を摂動と考える．このような摂動は，水素分子の Heitler-London 近似を出発点として電荷移動を摂動に取り入れる方法（第 3.1.3 節）に似ている．電子間相互作用を摂動とした方がよいか，電荷移動を摂動とした方がよいかは，第 3.3.3 節および図 3.11 で述べたように，原子内クーロン積分（$\bar{U}$ など）と移動積分（$-t$）の大きさの比（$\bar{U}/t$）による．図 3.11 に示すように，遷移金属-配位子クラスターの場合は $\bar{U}/t$ が大きく，電荷移動を摂動とした方がより効率的である（図 3.11）．

電子配置 d^n の遷移金属イオンを中心にもつ MX_6 クラスターの基底状態の波動関数を，

$$\Psi_N^{\mathrm{CI}} = C_0\Psi(d^n) + C_1\Psi(d^{n+1}\underline{L}) + C_2\Psi(d^{n+2}\underline{L}^2) + ... \tag{4.68}$$

のように，d^n から出発して配位子から遷移金属への電荷移動（$p \to d$ 電荷移動）で生じる電子配置 $d^{n+1}\underline{L}$，$d^{n+2}\underline{L}^2$ 等を基底関数として用い展開する．異なった電子配置が混成するので，この取り扱いを**配置間相互作用法**（configuration interaction theory）と呼ぶ[15]．式 (4.68) 右辺の各項は，互いに混成するために同じスピン状態と軌道対称性をもたなければならない．

[15] 電子間相互作用が摂動となっている第 3.3.2 節の配置間相互作用法と異なり，ここでは電荷移動（軌道混成）が摂動となっている．

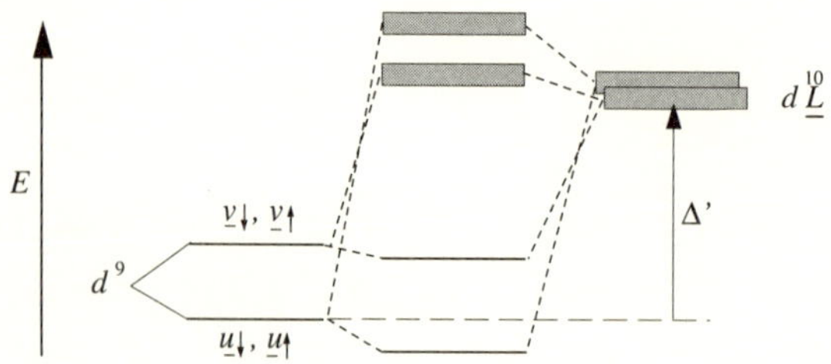

図 4.22: 配置間相互作用法による $[CuO_4]^{6-}$ クラスターの多電子エネルギー準位. e_g 軌道が関与するもの以外は省略.

最も簡単な例として，前節と同じ CuO_4 クラスターを扱う．基底状態の波動関数を，基底関数 $\Psi(d^9) \equiv \underline{\psi}_{v\uparrow}$, $\Psi(d^{10}\underline{L}) \equiv \underline{\psi}_{Lv\uparrow}$ を用いて，

$$\Psi_N^{\mathrm{CI}} = C_0\Psi(d^9) + C_1\Psi(d^{10}\underline{L}) \tag{4.69}$$

と表す．ハミルトニアン（式 (4.26) あるいは (4.27)）の，$\Psi(d^9)$，$\Psi(d^{10}\underline{L})$ を基底とした行列要素は，

$$\begin{aligned} \langle d^9|H|d^9\rangle &= E_{10} - \varepsilon'_d, \\ \langle d^{10}\underline{L}|H|d^{10}\underline{L}\rangle &= E_{10} - \varepsilon_{Le_g} = E_{10} - \varepsilon'_d + \Delta', \\ \langle d^9|H|d^{10}\underline{L}\rangle &= -\sqrt{3}(pd\sigma) \end{aligned} \tag{4.70}$$

となり，固有値方程式

$$\begin{pmatrix} -E_N & -\sqrt{3}(pd\sigma) \\ -\sqrt{3}(pd\sigma) & \Delta' - E_N \end{pmatrix} \begin{pmatrix} C_0 \\ C_1 \end{pmatrix} = 0 \tag{4.71}$$

を得る（$\Delta' \equiv \Delta(d^9) - \frac{1}{2}[(pp\sigma) - (pp\pi)] = \varepsilon'_d - \varepsilon_{e_g}$）．ここでは，$E_{10} - \varepsilon'_d$ をエネルギーの原点とみて省略してある．今後，誤解の恐れがない場合には，表式が簡単になるよう適宜エネルギーの原点を選ぶことにする．この方程式は，Hartree-Fock 方程式 (4.61) と全く同じエネルギー固有値を与える．このことは，$[CuO_4]^{6-}$ クラスターの電子状態が Hartree-Fock 近似で求めた 1 電子エネルギー準位で正確に記述できることを示している．実際，式 (4.71) を解いて得られた多電子エネルギー準位（図 4.22）とホール描像の 1 電子エネルギー準位（図 4.21）は同一のものである．したがって，p-d 混成による電荷移動量 Δn_d も式 (4.62), (4.63) で与えられる．

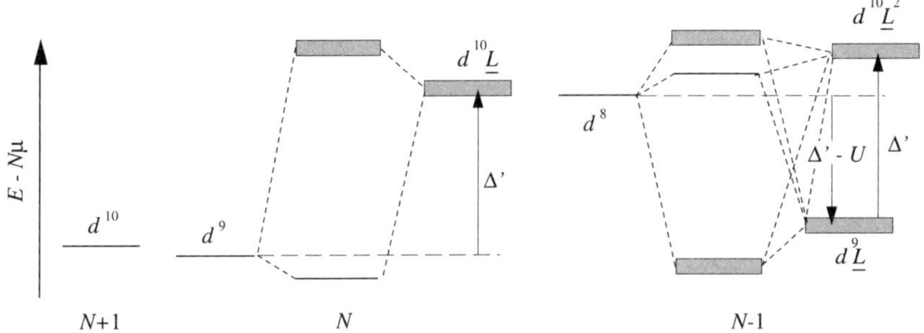

図 4.23: 配置間相互作用法による $[\mathrm{CuO_4}]^{6-}$ クラスターの多電子エネルギー準位. 左より, $N+1$, N, $N-1$ 電子状態. v ($\equiv d_{x^2-y^2}$) 軌道が関与するもの以外は省略.

次に, 同じ $[\mathrm{CuO_4}]^{6-}$ クラスターのイオン化, 電子付加を考えるために, N 電子状態に加えて $N-1$ 電子状態, $N+1$ 電子状態 (それぞれ, $[\mathrm{CuO_4}]^{5-}$, $[\mathrm{CuO_4}]^{7-}$ クラスターの電子状態に対応) を考える (図 4.11 参照). $N+1$ 電子状態の波動関数は $\Psi^{\mathrm{CI}}_{N+1} = \Psi(d^{10})$, エネルギーは $E_{N+1} = E_{10}$ で与えられる. $N-1$ 電子状態は, イオン化される電子のスピンや軌道対称性により, 非常に多くの固有状態が考えられるが, ここでは, v ($\equiv d_{x^2-y^2}$) 対称性の電子のイオン化のみを調べるために, 波動関数を

$$\Psi^{\mathrm{CI}}_{N-1} = C_0^-\Psi(d^8) + C_1^-\Psi(d^9\underline{L}) + C_2^-\Psi(d^{10}\underline{L}^2),$$

$$\begin{aligned}\Psi(d^8) &\equiv |\underline{\psi}_{v\uparrow}\underline{\psi}_{v\downarrow}|,\\ \Psi(d^9\underline{L}) &\equiv \frac{1}{\sqrt{2}}[|\underline{\psi}_{v\uparrow}\underline{\psi}_{Lv\downarrow}| - |\underline{\psi}_{v\downarrow}\underline{\psi}_{Lv\uparrow}|],\\ \Psi(d^{10}\underline{L}^2) &\equiv |\underline{\psi}_{Lv\uparrow}\underline{\psi}_{Lv\downarrow}|\end{aligned} \tag{4.72}$$

と表す. ここで, 基底関数 $\Psi(d^8)$, $\Psi(d^9\underline{L})$, $\Psi(d^{10}\underline{L})$ はすべてスピン 1 重項 ($S=0$) である. これらを基底関数としたハミルトニアンの行列要素は,

$$\langle d^8|H|d^8\rangle = E_{10} - 2\varepsilon'_d + U,$$

$$\langle d^9\underline{L}|H|d^9\underline{L}\rangle = E_{10} - \varepsilon'_d - \varepsilon_{Le_g} = E_{10} - 2\varepsilon'_d + \Delta',$$

$$\langle d^{10}\underline{L}^2|H|d^{10}\underline{L}^2\rangle = E_{10} - 2\varepsilon_{Le_g} = E_{10} - 2\varepsilon'_d + 2\Delta',$$
$$\langle d^8|H|d^9\underline{L}\rangle = \langle d^9\underline{L}|H|d^{10}\underline{L}^2\rangle = -\sqrt{6}(pd\sigma) \tag{4.73}$$

となり，固有値方程式は，

$$\begin{pmatrix} U - E_{N-1} & -\sqrt{6}(pd\sigma) & 0 \\ -\sqrt{6}(pd\sigma) & \Delta' - E_{N-1} & -\sqrt{6}(pd\sigma) \\ 0 & -\sqrt{6}(pd\sigma) & 2\Delta' - E_{N-1} \end{pmatrix} \begin{pmatrix} C_0^- \\ C_1^- \\ C_2^- \end{pmatrix} = 0 \tag{4.74}$$

となる．以上述べた $[\mathrm{CuO_4}]^{6-}$ クラスターの $N-1$, N, $N+1$ 電子状態の多電子エネルギー準位を，v 対称性軌道が関与するものに限って図 4.23 に示す．

Cu^{2+} 酸化物は電荷移動型で，$U > \Delta' > 0$ であるから，$\langle d^8|H|d^8\rangle$, $\langle d^{10}\underline{L}^2|H|d^{10}\underline{L}^2\rangle > \langle d^9\underline{L}|H|d^9\underline{L}\rangle$ となり，スピン 1 重項 $\Psi(d^9\underline{L})$ が $N-1$ 電子系の基底状態の主成分となる．簡単のために，

$$\Psi(d^9\underline{L}) = \frac{1}{\sqrt{2}}[|\underline{\psi}_{v\uparrow}\underline{\psi}_{Lv\downarrow}| - |\underline{\psi}_{v\downarrow}\underline{\psi}_{Lv\uparrow}|] \tag{4.75}$$

（図 4.23 右参照）を非摂動状態と見なすと，電荷移動（軌道混成）により状態 (4.75) のエネルギーは

$$\Delta E(d^9\underline{L}) \simeq -6(pd\sigma)^2\left(\frac{1}{U} + \frac{1}{\Delta'}\right)$$

（~ -1 eV）だけ低下する．このようなホールの状態は **Zhang-Rice 1 重項**（Zhang-Rice singlet）[16]と呼ばれ，銅酸化物の高温超伝導を理解するうえでの出発点となっている．

次に，d^8 電子配置の例として再び，$[\mathrm{NiO_6}]^{10-}$ クラスター・モデルを取り上げ，配置間相互作用法で取り扱う．基底状態がスピン 3 重項（$S=1$）であるので，$S=1$（$S_z=1$）の基底関数を用いて展開する：

$$\Psi_N^{\mathrm{CI}} = C_0\Psi(d^8) + C_1\Psi(d^9\underline{L}) + C_2\Psi(d^{10}\underline{L}^2),$$
$$\Psi(d^8) \equiv |\underline{\psi}_{u\uparrow}\underline{\psi}_{v\uparrow}|,$$

[16] F. C. Zhang and T. M. Rice: *Phys. Rev. B* **37**, 3759 (1988).

$$\Psi(d^9\underline{L}) \equiv \frac{1}{\sqrt{2}}\left[|\underline{\psi}_{u\uparrow}\underline{\psi}_{Lv\uparrow}| + |\underline{\psi}_{Lu\uparrow}\underline{\psi}_{v\uparrow}|\right]$$
$$\Psi(d^{10}\underline{L}^2) \equiv |\underline{\psi}_{Lu\uparrow}\underline{\psi}_{Lv\uparrow}|. \quad (4.76)$$

ハミルトニアンの行列要素は

$$\begin{aligned}
\langle d^8|H|d^8\rangle &= E_{10} - 2\varepsilon'_d + U' - J_{\mathrm{H}},\\
\langle d^9\underline{L}|H|d^9\underline{L}\rangle &= E_{10} - \varepsilon'_d - \varepsilon_{Le_g} = E_{10} - 2\varepsilon'_d + U' - J_{\mathrm{H}} + \Delta'_{\mathrm{eff}},\\
\langle d^{10}\underline{L}^2|H|d^{10}\underline{L}^2\rangle &= E_{10} - 2\varepsilon_{Le_g} = E_{10} - 2\varepsilon'_d + 2(U' - J_{\mathrm{H}}) + 2\Delta'_{\mathrm{eff}},\\
\langle d^8|H|d^9\underline{L}\rangle &= \langle d^9\underline{L}|H|d^{10}\underline{L}^2\rangle = -\sqrt{6}(pd\sigma) \quad (4.77)
\end{aligned}$$

となり，固有値方程式は，

$$\begin{pmatrix} -E_{N-1} & -\sqrt{6}(pd\sigma) & 0 \\ -\sqrt{6}(pd\sigma) & \Delta'_{\mathrm{eff}} - E_{N-1} & -\sqrt{6}(pd\sigma) \\ 0 & -\sqrt{6}(pd\sigma) & 2\Delta'_{\mathrm{eff}} + U' - J_{\mathrm{H}} - E_{N-1} \end{pmatrix} \begin{pmatrix} C_0 \\ C_1 \\ C_2 \end{pmatrix} = 0 \quad (4.78)$$

となる．ここで，$\Delta'_{\mathrm{eff}} \equiv \Delta_{\mathrm{eff}}(d^8) - \frac{1}{2}[(pp\sigma) - (pp\pi)] = \varepsilon'_d - \varepsilon_{Le_g} - U' + J_{\mathrm{H}} > 0$ である．したがって，$\langle d^{10}\underline{L}^2|H|d^{10}\underline{L}^2\rangle > \langle d^9\underline{L}|H|d^9\underline{L}\rangle > \langle d^8|H|d^8\rangle$ となり，基底状態 (4.77) は主成分 $\Psi(d^8)$ に $\Psi(d^9\underline{L})$ が混成したものであることがわかる（$\Psi(d^{10}\underline{L}^2)$ の混成量は非常に少ない）．したがって，p-d 混成による p から d への電荷移動量は

$$\Delta n_d \sim [\sqrt{6}(pd\sigma)/\Delta'_{\mathrm{eff}}]^2$$

となり，Hartree-Fock 近似の結果 (4.67) と同じものが得られる．

4.3 Anderson 不純物モデル

1 個の遷移金属イオンあるいは希土類イオンとそれに配位する数個の非金属イオンを結晶から切り出すクラスター・モデル（図 4.9）に対して，図 4.24 に示すように，1 個の遷移金属イオンあるいは希土類イオンと無限個の非金属原子を扱うのが **Anderson 不純物モデル**（Anderson Impurity

model）である．クラスター・モデルでは，非金属イオンの電子状態が離散的な分子軌道を形成していたが，Anderson 不純物モデルでは，非金属イオンの電子状態は価電子帯を形成し連続準位である．通常の化合物では，遷移金属イオンあるいは希土類イオンも結晶格子を作っているが，固体中に遷移金属イオンあるいは希土類イオンが不純物として入っている場合には，Anderson 不純物モデルは非常に現実的なモデルとなる．

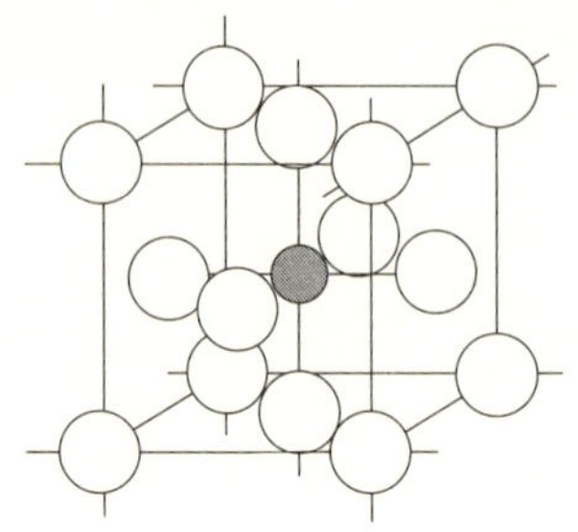

図 4.24: NaCl 型結晶構造（図 4.8 左）に対応する不純物モデル．

4.3.1 モデル・ハミルトニアン

クラスター・モデルのハミルトニアン (4.27) のうち，d 電子を表す部分 H_d は，Anderson 不純物モデルでも変わらない．配位子の分子軌道を表す H_p および配位子軌道と，d 軌道との間の電荷移動（軌道混成）を表す H_{p-d} においては，離散準位である配位子軌道を有限のエネルギー幅をもつバンドに置き換える．不純物位置から見て d 電子 q（$q \equiv \gamma\sigma$）と同じ軌道対称性 γ とスピン σ をもつ "バンド電子" $\psi_{\varepsilon q}$ を非金属イオンの 1 電子状態として用いる[17]．d 電子とバンド電子を，

$$\langle \varepsilon q | \varepsilon' q' \rangle = \delta(\varepsilon - \varepsilon')\delta_{q,q'}, \quad \langle q | q' \rangle = \delta_{q,q'}, \quad \langle \varepsilon q | q' \rangle = 0 \tag{4.79}$$

[17] 結晶の並進対称性を考慮したバンド電子の取り扱いについては，第 6 章で詳しく述べる．ここでは，クラスター・モデルにおける有限個の配位子分子軌道の数が増え，無限個になったものがバンドであると考えてよい．

と規格直交化する．これらを 1 電子軌道の基底に用いると，Anderson 不純物モデルのハミルトニアンは，

$$
\begin{aligned}
H &= H_d + H_p + H_{p-d}, \\
H_d &= \sum_{q=1}^{10} \varepsilon_{dq}^0 n_q + \frac{1}{2} \sum_{q,q',q'',q'''=1}^{10} \langle qq'|v|q''q'''\rangle c_{q'}^\dagger c_q^\dagger c_{q''} c_{q'''}, \\
H_p &= \sum_{q=1}^{10} \int_{\varepsilon_p - W_p/2}^{\varepsilon_p + W_p/2} d\varepsilon \ \ \varepsilon n_{\varepsilon q} + \sum_Q \int_{\varepsilon_p - W_p/2}^{\varepsilon_p + W_p/2} d\varepsilon \ \ \varepsilon n_{\varepsilon Q}, \\
H_{p-d} &= -\sum_{q=1}^{10} \int_{\varepsilon_p - W_p/2}^{\varepsilon_p + W_p/2} d\varepsilon [t_{\varepsilon q} c_{\varepsilon q}^\dagger c_q + t_{\varepsilon q}^* c_{\varepsilon q}^\dagger c_{\varepsilon q}]
\end{aligned}
\tag{4.80}
$$

と書ける．ここで，バンド電子 H_p の右辺の和を，クラスター・モデルの場合（式 (4.33)）に倣って，d 軌道と混成できるバンド電子（$q = 1, ..., 10$）と混成できないバンド電子（q 以外の Q）に分けて書いた．W_p は ε_p を中心とする価電子帯のバンド幅，$c_{\varepsilon q}^\dagger$，$c_{\varepsilon q}$ はバンド電子の生成・消滅演算子を表す．また，移動積分 $-t_{\varepsilon q}$ は，クラスター・モデルにおける d 軌道-配位子分子軌道間の移動積分 $-t_q \equiv \langle Lq|h|q\rangle$（式 (4.33) 参照）に対応する量であり，$t_{\varepsilon q}$ と t_q の間には，

$$
\int_{\varepsilon_p - W_p/2}^{\varepsilon_p + W_p/2} d\varepsilon |t_{\varepsilon q}|^2 = |t_q|^2 \tag{4.81}
$$

の関係が成り立つ．式 (4.80) の H_p の第 2 項目は，d 軌道と対称性が異なるために混成しない "非結合性" の価電子で，以降省略する．式 (4.80) は，クラスター・モデルのハミルトニアン (4.33) における配位子分子軌道を価電子帯のバンド電子に拡張した形をしており，クラスター・モデルと対応した取り扱いが可能である．

4.3.2 非制限 Hartree-Fock 近似

Anderson 不純物モデルでは，d 軌道と混成する相手の価電子帯が連続準位であるため，d 軌道と価電子帯の単純な結合軌道，反結合軌道ではなく，

$$
\tilde{\psi}_q = a_q \left[\psi_q + \int_{\varepsilon_p - W_p/2}^{\varepsilon_p + W_p/2} d\varepsilon' c_q(\varepsilon') \psi_{\varepsilon' q} \right] \tag{4.82}
$$

の形の線型結合をつくる必要がある．ここで，a_q は規格化定数．

ホールがドープされる前の高温超伝導体の CuO_2 面のモデルとして，電子の詰まった O $2p$ 価電子帯と，それに混成する Cu^{2+}（d^9）不純物からなる系を例に取り上げ，Hartree-Fock 近似で問題を解く．$[CuO_4]^{6-}$ クラスターの場合と同様，閉殻にホールが 1 個だけ入っているので，エネルギーの一番高い，$q = v\downarrow$ 対称性をもつ 1 電子軌道にホールが入っていると考えられる：

$$\tilde{\psi}_{v\downarrow} = a_{v\downarrow}\left[\psi_{v\downarrow} + \int_{\varepsilon_p - W_p/2}^{\varepsilon_p + W_p/2} d\varepsilon' c_{v\downarrow}(\varepsilon')\psi_{\varepsilon' v\downarrow}\right]. \tag{4.83}$$

$\psi_{v\downarrow}$，$\psi_{\varepsilon v\downarrow}$ を基底とした Hartree-Fock 演算子の行列要素は，

$$\begin{aligned}
\langle v_\downarrow | h^{\mathrm{HF}} | v_\downarrow \rangle &= \varepsilon_d^0 + U + 8U' - 4J_{\mathrm{H}} \equiv \varepsilon_d', \\
\langle \varepsilon_{v\downarrow} | h^{\mathrm{HF}} | \varepsilon'_{v\downarrow} \rangle &= \varepsilon\delta(\varepsilon - \varepsilon'), \\
\langle \varepsilon_{v\downarrow} | h^{\mathrm{HF}} | v_\downarrow \rangle &= -t_{\varepsilon v}
\end{aligned} \tag{4.84}$$

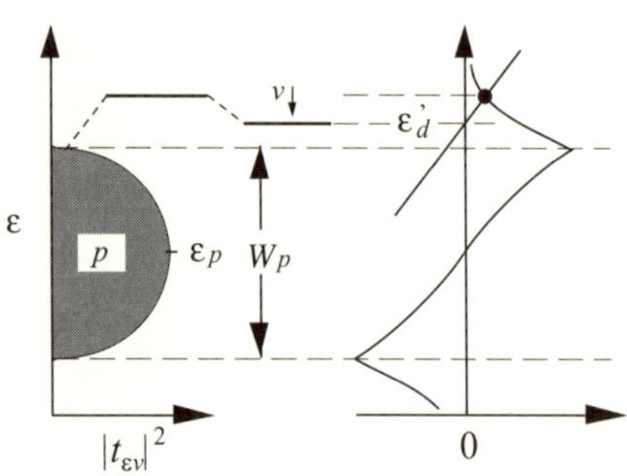

図 4.25: Hartree-Fock 近似による，CuO_2 面の Anderson 不純物モデルの 1 電子エネルギー準位．左：1 電子エネルギー準位と仮定した混成強度 $|t_{\varepsilon v}|^2$，右：積分方程式 (4.87) の右辺（直線）と左辺を，ε の関数としてプロットした図．黒丸で示した交点が，離散準位の解を与える．

となる．これらを，図 4.25 左の 1 電子エネルギー準位に示す．したがって，状態 (4.83) の満たす Hartree-Fock 方程式

$$(h^{\mathrm{HF}} - \varepsilon)\tilde{\psi}_{v\downarrow} = 0$$

に $\psi_{v\downarrow}^*$ をかけて価電子について積分すると，

$$(\varepsilon_d' - \varepsilon) - \int_{\varepsilon_p - W_p/2}^{\varepsilon_p + W_p/2} d\varepsilon' c_{v\downarrow}(\varepsilon') t_{\varepsilon' v}^* = 0 \tag{4.85}$$

となり，$\psi_{\varepsilon' v\downarrow}^*$ をかけて価電子について積分すると，

$$\begin{aligned} & -t_{\varepsilon' v} + \int_{\varepsilon_p - W_p/2}^{\varepsilon_p + W_p/2} d\varepsilon'' c_{v\downarrow}(\varepsilon'')(\varepsilon'' - \varepsilon)\delta(\varepsilon'' - \varepsilon') \\ & = -t_{\varepsilon' v} + c_{v\downarrow}(\varepsilon')(\varepsilon' - \varepsilon) = 0 \end{aligned}$$

より，

$$c_{v\downarrow}(\varepsilon') = \frac{t_{\varepsilon' v}}{\varepsilon' - \varepsilon} \tag{4.86}$$

が得られる．式 (4.86) を式 (4.85) に代入すると積分方程式

$$\int_{\varepsilon_p - W_p/2}^{\varepsilon_p + W_p/2} d\varepsilon' \frac{|t_{\varepsilon' v}|^2}{\varepsilon - \varepsilon'} = \varepsilon - \varepsilon_d' \tag{4.87}$$

が得られ，これを解くことになる．式 (4.87) の左辺は主値積分を行う．簡単のため，$|t_{\varepsilon v}|^2$ は価電子帯内（$\varepsilon_p - \frac{1}{2}W_p < \varepsilon < \varepsilon_p + \frac{1}{2}W_p$）で図 4.25 左に示したような形状（半円）であると仮定する[18]．すると，式 (4.87) の左辺は図 4.25 右に示すように，価電子帯の端（$\varepsilon = \varepsilon_p \pm \frac{1}{2}W_p$）で特異点をもつ．これと同式右辺（直線）の交点が，右図に黒丸で示したように価電子帯の外にできれば，積分方程式 (4.87) は離散準位の解をもつことになる．Cu^{2+} 酸化物の場合，電荷移動エネルギー $\Delta = \varepsilon_d' - \varepsilon_p \sim 2$ eV，移動積分 $(pd\sigma) \sim 1$ eV，価電子帯の幅 $W_p \sim 3$ eV より，主に $v_\downarrow$ 軌道からなる離散準位が酸素 p 価電子帯の上方に現れ，ホールを収容する．この結果は，p-d 混成の影響を受けながらも，基本的に v 軌道に 1 個のホールが収容され Cu^{2+} イオン状態が保たれていることを示しており，直感とも一致する結果である．

18　$|t_{\varepsilon v}|^2$ の大きさは，式 (4.81) より，$\int_{\varepsilon_p - W_p/2}^{\varepsilon_p + W_p/2} d\varepsilon' |t_{\varepsilon' v}|^2 = [\sqrt{3}(pd\sigma)]^2$ を満たす．

4.3.3 配置間相互作用法

クラスター・モデルの取り扱い（第 4.2.5 節）に倣って，配置間相互作用法で不純物 Anderson モデルを取り扱う．電子配置 d^n の遷移金属イオンと詰まった酸素 p 価電子帯が混成しているとする．d^n から出発して価電子帯から遷移金属への電荷移動で生じる電子配置 $d^{n+1}\underline{\varepsilon}$，$d^{n+2}\underline{\varepsilon}^2$，... を表す関数 $\Psi(d^n)$，$\Psi(d^{n+1}\underline{\varepsilon})$，$\Psi(d^{n+2}\underline{\varepsilon}\,\underline{\varepsilon}')$，... を用いて多電子状態を展開する．すなわち，基底状態の波動関数を，

$$\begin{aligned}\Psi_N^{\mathrm{CI}} = A\ \ &[\Psi(d^n) + \int_{\varepsilon_p - W_p/2}^{\varepsilon_p + W_p/2} d\varepsilon C_1(\varepsilon)\Psi(d^{n+1}\underline{\varepsilon}) \\ &+ \int_{\varepsilon_p - W_p/2}^{\varepsilon_p + W_p/2} d\varepsilon \int_{\varepsilon_p - W_p/2}^{\varepsilon_p + W_p/2} d\varepsilon' C_2(\varepsilon, \varepsilon')\Psi(d^{n+2}\underline{\varepsilon}\,\underline{\varepsilon}') \\ &+ \dots\ ]\end{aligned} \tag{4.88}$$

と展開する．

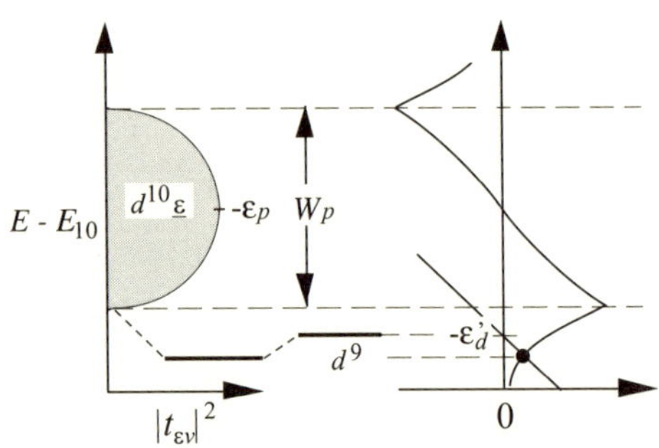

図 4.26: 配置間相互作用法による，絶縁体 CuO_2 面の Anderson 不純物モデルの多電子エネルギー準位．左：多電子エネルギー準位と仮定した混成強度 $|t_{\varepsilon v}|^2$．右：積分方程式 (4.93) の右辺（直線）と左辺．黒丸で示した交点が，離散準位の解を与える．

簡単な例として，前節と同様，ホールがドープされる前の高温超伝導体の CuO_2 面をモデル化した，電子の詰まった O $2p$ 価電子帯と Cu^{2+}（d^9）不純物からなる系を取り上げる．基底状態は，

$$\Psi_N^{\mathrm{CI}} = A\ \ [\Psi(d^9) + \int_{\varepsilon_p - W_p/2}^{\varepsilon_p + W_p/2} d\varepsilon C(\varepsilon)\Psi(d^{10}\underline{\varepsilon})]$$

$$\Psi(d^9) \equiv \underline{\psi}_{v\uparrow}, \quad \Psi(d^{10}\underline{\varepsilon}) \equiv \underline{\psi}_{\varepsilon v\uparrow} \tag{4.89}$$

で与えられる．$\Psi(d^9)$, $\Psi(d^{10}\underline{\varepsilon})$ を基底としたハミルトニアンの行列要素は，

$$\begin{aligned}
\langle d^9|H|d^9\rangle &= E_{10} - \varepsilon'_d = E_{10} - \varepsilon^0_d - U - 8U' + 4J_{\rm H},\\
\langle d^{10}\underline{\varepsilon}|H|d^{10}\underline{\varepsilon}'\rangle &= (E_{10} - \varepsilon)\delta(\varepsilon - \varepsilon'),\\
\langle d^{10}\underline{\varepsilon}|H|d^9\rangle &= t_{\varepsilon v}
\end{aligned} \tag{4.90}$$

となる．これを，図 4.26 左の多電子エネルギー準位図に示す．式 (4.89) の満たす Schrödinger 方程式

$$(H - E)\Psi_N^{\rm CI} = 0$$

に $\Psi(d^9)^*$ をかけて，価電子のエネルギー ε で積分すると，

$$(E_{10} - \varepsilon'_d - E) + \int_{\varepsilon_p - W_p/2}^{\varepsilon_p + W_p/2} d\varepsilon C(\varepsilon) t^*_{\varepsilon v} = 0 \tag{4.91}$$

となり，$\Psi(d^{10}\underline{\varepsilon})^*$ をかけて積分すると，

$$\begin{aligned}
t_{\varepsilon v} &+ \int_{\varepsilon_p - W_p/2}^{\varepsilon_p + W_p/2} d\varepsilon' C(\varepsilon')(E_{10} - \varepsilon' - E)\delta(\varepsilon - \varepsilon')\\
&= t_{\varepsilon v} + C(\varepsilon)(E_{10} - \varepsilon - E) = 0
\end{aligned}$$

となるので，

$$C(\varepsilon) = \frac{-t_{\varepsilon v}}{E_{10} - \varepsilon - E} \tag{4.92}$$

が得られる．式 (4.92) を式 (4.91) に代入し，積分方程式

$$\int_{\varepsilon_p - W_p/2}^{\varepsilon_p + W_p/2} d\varepsilon \frac{|t_{\varepsilon v}|^2}{E_{10} - \varepsilon - E} = E_{10} - \varepsilon'_d - E \tag{4.93}$$

が得られる．この方程式の図による解法を図 4.26 右に示す．Cu^{2+} イオンの d^9 状態が，電荷移動状態 $d^{10}\underline{L}$ との混成によりエネルギーが安定化しているのがわかる．

積分方程式 (4.93) は，置き換え $E_{10} - E \to \varepsilon$ を行うと，Hartree-Fock 近似の積分方程式 (4.87) と同一の式となる．また図 4.25 と図 4.26 は上下が逆なこと以外は，全く同一である．すなわち，閉殻にホールが 1 個はいった問題で Hartree-Fock 近似が厳密であることが再び示される．

Zhang-Rice 1 重項

第 4.2.5 節で述べた，クラスター・モデルを用いて行った Zhang-Rice 1 重項の記述を，Anderson 不純物モデルを用いて行う．Cu^{2+} イオンと電子の詰まった O $2p$ バンドにホールが 1 個入った系を考え，クラスター・モデルの基底状態 (4.72) に対応して，基底状態を

$$\begin{aligned}\Psi_{N-1}^{\mathrm{CI}} &= A\ \ [\Psi(d^8) + \int_{\varepsilon_p - W_p/2}^{\varepsilon_p + W_p/2} d\varepsilon C(\varepsilon)\Psi(d^9\underline{\varepsilon})], \\ \Psi(d^8) &\equiv |\underline{\psi}_{v\uparrow}\underline{\psi}_{v\downarrow}|, \\ \Psi(d^9\underline{\varepsilon}) &\equiv \frac{1}{\sqrt{2}}[|\underline{\psi}_{v\uparrow}\underline{\psi}_{\varepsilon v\downarrow}| - |\underline{\psi}_{v\downarrow}\underline{\psi}_{\varepsilon v\uparrow}|] \end{aligned} \tag{4.94}$$

と表す．簡単のため，$\Psi(d^{10}\underline{\varepsilon}\ \underline{\varepsilon}')$ は省略している．$\Psi(d^8)$，$\Psi(d^9\underline{\varepsilon})$ を基底としたハミルトニアンの行列要素は，

$$\begin{aligned}\langle d^8|H|d^8\rangle &= E_{10} - 2\varepsilon_d' + U, \\ \langle d^9\underline{\varepsilon}|H|d^9\underline{\varepsilon}'\rangle &= (E_{10} - \varepsilon_d' - \varepsilon)\delta(\varepsilon - \varepsilon'), \\ \langle d^9\underline{\varepsilon}|H|d^8\rangle &= \sqrt{2}t_{\varepsilon v}\end{aligned} \tag{4.95}$$

となり，図 4.27 左のようなエネルギー準位となる．連続準位 $d^9\underline{\varepsilon}$ が，高いエネルギー位置にある離散準位 d^8 と混成する結果，$d^9\underline{\varepsilon}$ 的性格をもつ離散準

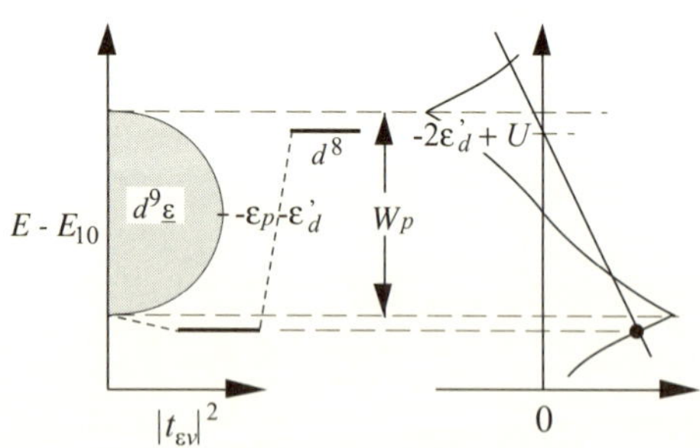

図 4.27: 配置間相互作用法による，ホールがドープされた CuO_2 面の Anderson 不純物モデルの多電子エネルギー準位．左：多電子エネルギー準位と仮定した混成強度 $|t_{\varepsilon v}|^2$．右：積分方程式 (4.96) の右辺（直線）と左辺．黒丸で示した交点が，離散準位（Zhang-Rice 1 重項）の解を与える．

位が連続準位より下に押し出されてきて，系の基底状態である Zhang-Rice 1 重項となる．これに対する積分方程式は，

$$\int_{\varepsilon_p - W_p/2}^{\varepsilon_p + W_p/2} d\varepsilon \frac{2|t_{\varepsilon v}|^2}{E_{10} - \varepsilon'_d - \varepsilon - E} = E_{10} - 2\varepsilon'_d + U - E \tag{4.96}$$

となり，図 4.27 右のようにして解が得られる．図からわかるように，積分方程式 (4.96) が離散準位の基底状態の解をもつには，混成強度 $|t_{\varepsilon v}|^2$ が充分大きく，交点（図の黒点）をもつ必要がある．混成強度が弱い場合は，ドープされたホールは，単に O $2p$ バンドの頂上に入るだけである．

不純物モデルで記述した Zhang-Rice 1 重項を格子モデルに拡張するのは，非常に難しい問題である．ドープされた複数のホール（有限の濃度のホール）の取り扱いは，自由度の多い多体問題となるからである．系が金属に転移していれば，強相関とは全く逆の出発点であるバンド理論から始めて，電子相関効果を自己エネルギー補正として取り入れる方法が考えられる．このようなアプローチに関しては，第 6.4 節で述べる．

負電荷移動エネルギー型絶縁体

軌道混成を考えない不純物モデルでは，図 4.15 に示したように，$\Delta < \frac{1}{2}(W_d + W_p)$（より正確には $\Delta_{\mathrm{eff}} < \frac{1}{2}(W_d + W_p)$）となると，バンドギャップが閉じ金属となる．しかし，N 電子状態の基底状態のエネルギーは陰イオン p 軌道と遷移金属 d 軌道の混成により低下し，バンドギャップは大きくなるので，$\Delta_{\mathrm{eff}} < \frac{1}{2}(W_d + W_p)$ でもギャップが残ることがある．そして，軌道混成が充分強くなると，負の電荷移動エネルギー $\Delta_{\mathrm{eff}} < 0$ でも，有限のバンドギャップが残る．このような絶縁体を，これまでに述べた Mott-Hubbard 型絶縁体，電荷移動型絶縁体と区別して，負電荷移動エネルギー絶縁体（negative-Δ insulator）と呼ぶ．負の電荷エネルギーが実現するのは，電荷移動エネルギーの物質依存性（式 (4.45)）から，重い遷移金属が高い価数をとるときであると考えられる．

負の電荷移動エネルギーをもつ絶縁体の具体的な例として，Cu^{3+} 酸化物である $NaCuO_2$ が知られている[19]．Cu^{3+} 酸化物は Cu^{2+} 酸化物から電

[19] T. Mizokawa *et al.*: *Phys. Rev. Lett.* **67**, 1638 (1991).

子を 1 個引き抜いたものなので，Anderson 不純物モデルの範囲で見ると，その基底状態は Zhang-Rice 1 重項とほぼ同じに考えられる．すなわち，Cu^{3+} 酸化物の N 電子状態のエネルギー準位図は，Cu^{2+} 酸化物の $N-1$ 電子状態（Cu^{2+} 酸化物にホールを 1 個ドープした状態）のエネルギー準位図（図 4.27）とほぼ同じであると考えられる．図 4.27 が示すように，Cu^{3+} 酸化物の基底状態は離散準位で，励起状態である連続準位と有限のギャップで隔てられた絶縁体である．

実際の物質の Zaanen-Sawatzky-Allen 相図

第 4.2.3 節，第 4.3.2 節および本節で述べてきた多重項分裂と軌道混成の効果を取り入れた Zaanen-Sawatzky-Allen 相図を図 4.28 に示す．軌道混成

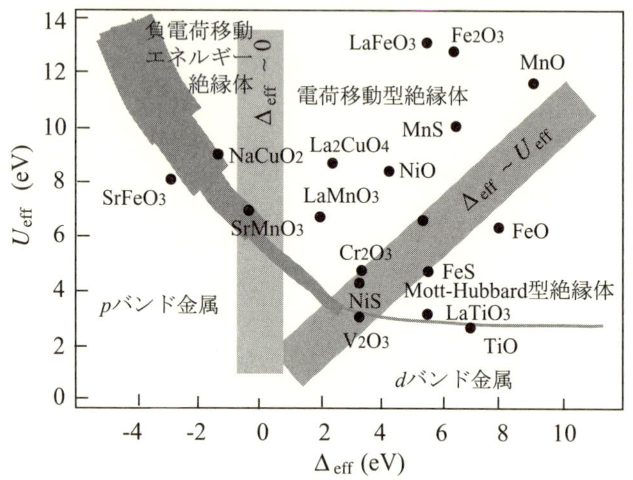

図 4.28: 実際の Zaanen-Sawatzky-Allen 相図．$\Delta_{\rm eff}$，$U_{\rm eff}$ の値は A. E. Bocquet *et al.*: *Phys. Rev. B* **46**, 3771 (1992); **53**, 1161 (1996) より．

により，電荷移動型と Mott-Hubbard 型の境界は相境界ではなく，連続的な移り変わり（クロスオーバー）を示すものになる．したがって，金属-絶縁体境界も，図 4.15 にあるような 2 本の直線ではなく，スムーズな曲線となっている．さらに，絶縁体領域が，$U_{\rm eff}$ が大きいところでは，$\Delta_{\rm eff} < 0$

の領域まで入り込んでいる．p-d 混成が強くなると，この領域での絶縁体の範囲がさらに広がる．

図 4.28 には，酸化物を中心にいくつかの遷移金属化合物がプロットされている．Δ_{eff}，U_{eff} は，式 (4.45) が表すように，遷移金属の原子番号 Z の増加，価数 v の増加とともに系統的に変化するとともに，多重項補正も受けている．NiO や銅酸化物など重い遷移元素の酸化物は電荷移動型に属し，Ti や V など軽い遷移元素の酸化物は Mott-Hubbard 型に属している．Fe^{3+}，Mn^{2+} 酸化物が図の右上にあるのは，d^5 電子配置に特有の大きな正の多重項補正（図 2.19，図 4.17 参照）のために，Δ_{eff}，U_{eff} がともに大きくなっているからである．

4.3.4 近藤効果

これまでは，不純物 d 軌道あるいは f 軌道と完全に電子の詰まった価電子帯の混成を取り扱ってきたが，ここでは価電子帯の途中まで電子が詰まっている場合，すなわち金属中の遷移金属あるいは希土類の不純物原子を考える．このような系は，金属中に微量に溶け込んだ磁性不純物の局在磁気モーメントが低温で消え，電気抵抗が低温に向かって対数的に増大する現象，すなわち**近藤効果**（Kondo effect）を調べるモデルとなる．また，金属中に磁性イオンが規則的に並び結晶格子を作っている系は**近藤格子**（Kondo lattice）と呼ばれ，それらの物質の示す異常な物性も興味深い．近藤効果が研究されているのは，最近は主に希土類化合物であるため，遷移金属 d 軌道の代わりに希土類 $4f$ 軌道を，価電子帯には自由電子的な s, p バンドあるいは（電子間相互作用の弱い）希土類の $5d$ 軌道からなるバンドを考える．

配置間相互作用法の基底関数として，不純物イオンが f^n 電子配置をもち，電子が化学ポテンシャル μ（Fermi 準位）まで価電子帯を占有した状態 $\Psi(f^n)$，価電子帯から f 準位に電子が 1 個移動した状態 $\Psi(f^{n+1}\underline{\varepsilon})$（$\underline{\varepsilon}$ は μ より下に空いたホールを表す），2 個移動した状態 $\Psi(f^{n+2}\underline{\varepsilon}\,\underline{\varepsilon}')$，...，の他に，$f$ 軌道に移動した電子が再び価電子帯に戻った状態 $\Psi(f^n\varepsilon\,\underline{\varepsilon}')$（$\varepsilon$ は，価電子帯の Fermi 準位 μ より上の部分に付加された電子を表す），

$\Psi(f^{n+1}\varepsilon\,\underline{\varepsilon}'\underline{\varepsilon}'')$，...，も考えられる．このように，価電子帯が完全に詰まっていないために，多くの電子配置が可能になっている．n の値は，f^{n-1} 電子配置のエネルギーが充分高く基底関数として考えなくてよいような n を選ぶ[20]．これらの基底関数を用いて，基底状態は，

$$\begin{aligned}\Psi_N^{\mathrm{CI}} = A\ \Big[&\Psi(f^n) + \int_{\mu-W_v}^{\mu} d\varepsilon C_1(\varepsilon)\Psi(f^{n+1}\underline{\varepsilon})\\ &+ \int_{\mu-W_v}^{\mu} d\varepsilon \int_{\mu-W_v}^{\mu} d\varepsilon' C_2(\varepsilon,\varepsilon')\Psi(f^{n+2}\underline{\varepsilon}\,\underline{\varepsilon}') + \ldots\\ &+ \int_{\mu-W_v}^{\mu} d\varepsilon \int_{\mu}^{\mu+W_v'} d\varepsilon' D_1(\varepsilon,\varepsilon')\Psi(f^n\varepsilon\underline{\varepsilon}')\\ &+ \int_{\mu-W_v}^{\mu} d\varepsilon \int_{\mu-W_v}^{\mu} d\varepsilon' \int_{\mu}^{\mu+W_v'} d\varepsilon'' D_2(\varepsilon,\varepsilon',\varepsilon'')\Psi(f^{n+1}\varepsilon\underline{\varepsilon}'\underline{\varepsilon}'')\\ &+ \ldots\ \Big]\end{aligned} \tag{4.97}$$

と書ける．ここで，W_v と W_v' はそれぞれ占有部分と非占有部分の幅，$W_v + W_v'$ は価電子帯の全幅である．

具体的な例として，金属中の Ce 不純物を考える．固体中の Ce 原子の基底状態は約 1 個の $4f$ 電子をもつことが知られているが，$4f^0$ 電子配置も基底状態より 1–2 eV エネルギーが高いだけで無視できない．したがって，式 (4.97) で $n = 0$ とする．$4f^0$ 電子配置は局在磁気モーメントをもたないので，f^0 電子配置と同じ軌道・スピン対称性をもつ $f^1\underline{\varepsilon}$，$f^2\underline{\varepsilon\varepsilon'}$ などの電子配置を基底関数に用いれば，1 個に近い $4f$ 電子がいても局在磁気モーメントが消えると考えられる．簡単のために f 準位は結晶場分裂がないとして，$\varepsilon_f \equiv \varepsilon_{fq}$，$-t_\varepsilon \equiv -t_{\varepsilon q} = \langle \varepsilon q|h|q\rangle$ とおき，基底関数を

$$\begin{aligned}\Psi(f^0) &\equiv |0\rangle,\\ \Psi(f^1\underline{\varepsilon}) &\equiv \frac{1}{\sqrt{N_f}}\sum_{q=1}^{N_f} c_q^\dagger c_{\varepsilon q}|0\rangle \equiv \frac{1}{\sqrt{N_f}}\sum_{q=1}^{N_f}|\varepsilon q\rangle,\end{aligned}$$

20　f^n 電子配置のエネルギーは，d 電子系の表式 (2.59) に倣って，n の 2 次関数

$$E(f^n) = n\varepsilon_f^0 + \frac{1}{2}n(n-1)U$$

で与えられるので，n と $n+1$ が極小値に近くなるように n を選ぶ．

$$\Psi(f^2\underline{\varepsilon}\,\underline{\varepsilon}') \equiv \frac{1}{\sqrt{N_f(N_f-1)}}\sum_{q,q'=1}^{N_f} c_q^\dagger c_{q'}^\dagger c_{\varepsilon q} c_{\varepsilon' q'}|0\rangle,$$

$$\Psi(f^0\varepsilon\underline{\varepsilon}') \equiv \frac{1}{\sqrt{N_f}}\sum_{q=1}^{N_f} c_{\varepsilon q}^\dagger c_{\varepsilon q}|0\rangle,$$

$$\Psi(f^1\varepsilon\underline{\varepsilon}'\underline{\varepsilon}'') \equiv \frac{1}{N_f}\sum_{q,q'=1}^{N_f} c_q^\dagger c_{q'\varepsilon}^\dagger c_{q\varepsilon} c_{\varepsilon q'}|0\rangle \tag{4.98}$$

とする．ここで，$|0\rangle$ は f 軌道が空で価電子帯に μ まで電子が詰まった状

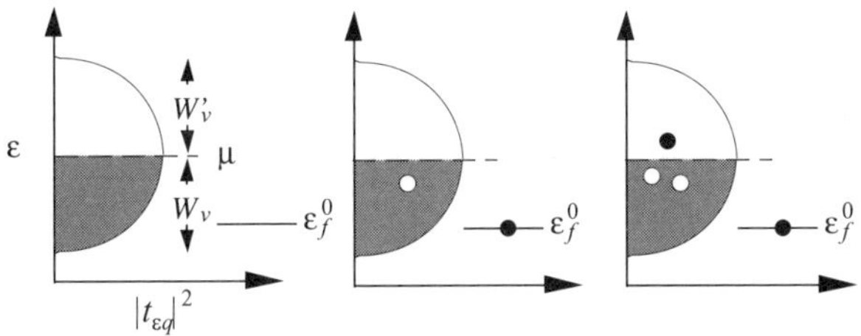

図 4.29: 金属中の Ce 原子を表すのに用いる基底関数（式 (4.98)）．左より，f^0，$f^1\underline{\varepsilon}$，$f^1\varepsilon\underline{\varepsilon}'\underline{\varepsilon}''$ 電子配置．黒丸は電子，白丸はホール．

態（図 4.29 左），$|\varepsilon q\rangle$ は価電子帯から f 軌道に電子が 1 個移動した状態（図 4.29 中），...，を表す．N_f は f 軌道の縮退度（$=14$）である．f 電子間の原子内クーロン積分 U が大きい極限（$U\to\infty$）では f^2 電子配置を無視できるので，f^0 と f^1 電子配置のみを考えればよい．また，この例のように N_f が 1 より充分大きい場合，$f^1\underline{\varepsilon}$ 電子配置に比べて，$f^1\varepsilon\underline{\varepsilon}'\underline{\varepsilon}''$（図 4.29 右）などの電子配置の f^0 への混成は非常に弱くなり，無視できる[21]．したがって，基底関数 (4.98) のうち，$\Psi(f^0)$ と $\Psi(f^1\underline{\varepsilon})$ のみを残して，多電子状態を

$$\Psi_N^{\rm CI} = A\left[\Psi(f^0) + \int_{\mu-W_v}^{\mu} d\varepsilon C(\varepsilon)\Psi(f^1\underline{\varepsilon})\right] \tag{4.99}$$

[21] $\langle\Psi(f^1\underline{\varepsilon})|H|\Psi(f^0)\rangle \propto \sqrt{N_f}$ のため，N_f が大きい場合，他の混成行列要素を無視できる．N_f が小さければ，$f^1\varepsilon\underline{\varepsilon}'\underline{\varepsilon}''$ などは無視できない．有限の N_f の効果は，小さなパラメータ $1/N_f$ の 1 次，2 次，....，に比例する項で系統的に補正する．この方法を **1/N 展開**と呼ぶ（ここでは，N は軌道縮退度を意味する）[O. Gunnarsson and K. Schönhammer: *Phys. Rev. B* **28**, 4315 (1983)].

と表す．$\Psi(f^0)$ と $\Psi(f^1\underline{\varepsilon})$ を残した場合の多電子エネルギー準位を，図 4.30 左に示す．基底関数の規格化は式 (4.79) で与えられる．

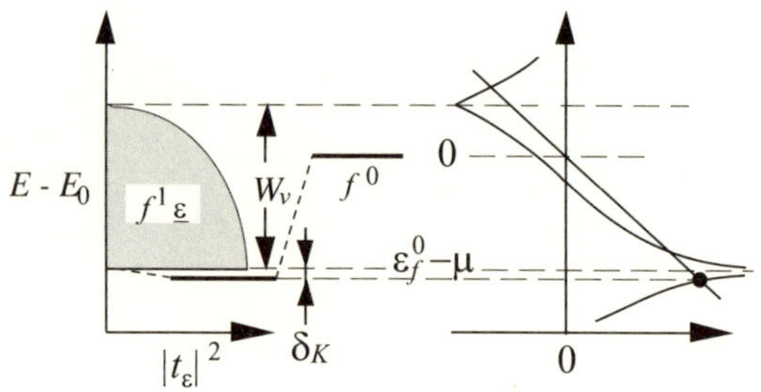

図 4.30: 金属中の Ce 原子の Anderson 不純物モデルの多電子エネルギー準位．左：多電子エネルギー準位．右：積分方程式 (4.103) の解法．黒丸で示した交点が，連続準位の端から δ_K だけ離れた離散準位の解（近藤 1 重項の基底状態）を与える．

ハミルトニアンの行列要素は，CuO_2 面のハミルトニアンの行列要素 (4.90) を求めたときと同様にして，

$$\langle \varepsilon q|H|\varepsilon' q'\rangle = (E_0 + \varepsilon_f - \varepsilon)\delta(\varepsilon - \varepsilon')\delta_{q,q'}, \quad \langle \varepsilon q|H|q'\rangle = -t_\varepsilon, \tag{4.100}$$

と求められる．式 (4.99) の満たす Schrödinger 方程式 $(H-E)\Psi_N^{\mathrm{CI}} = 0$ に $\langle 0|$ をかけて，ε について積分すると，

$$(E_0 - E) - N_f \int_{\mu - W_v}^{\mu} d\varepsilon C(\varepsilon') t^*_{\varepsilon'} = 0 \tag{4.101}$$

となり，$\langle \varepsilon q|$ をかけて積分すると，

$$\begin{aligned} &-t_\varepsilon + \int_{\mu - W_v}^{\mu} d\varepsilon' C(\varepsilon')(E_0 + \varepsilon_f - \varepsilon' - E)\delta(\varepsilon - \varepsilon') \\ &= -t_\varepsilon + C(\varepsilon)(E_0 + \varepsilon_f - \varepsilon - E) = 0 \end{aligned} \tag{4.102}$$

となる．式 (4.102) を式 (4.101) に代入して，積分方程式

$$N_f \int_{\mu - W_v}^{\mu} d\varepsilon \frac{|t_\varepsilon|^2}{E_0 + \varepsilon_f - \varepsilon - E} = E_0 - E \tag{4.103}$$

が得られる．

図 4.30 右に，この積分方程式の図による解法を示す．方程式の左辺は，積分範囲が Fermi 端までのために，$E = E_0 + \varepsilon_f - \mu$ で対数的な発散を示している．その結果，連続準位に非常に近接した離散準位が基底状態として必ず出現する．これが，局在的な f 電子と伝導電子が形成する $S = 0$ の状態で，**近藤 1 重項**（Kondo singlet）と呼ばれる基底状態である．近藤 1 重項は，局在磁気モーメントが残る $E = E_0 + \varepsilon_f - \mu$ 以上の状態に比べて，δ_K だけエネルギーが低い（図 4.30 参照）．δ_K は，近藤 1 重項の "束縛エネルギー" と解釈できる．$T_K \equiv \delta_K / k_B$ は**近藤温度**（Kondo temperature）と呼ばれ，近藤系の物性の温度依存性は，T_K 付近を境に異なる様相を示す．T_K 以下の低温で電気抵抗が $-\log T$ に比例して増大し，$\chi = C/(T+\theta)$ で表される Curie-Weiss 型の常磁性帯磁率は，T_K 以下で温度に依存しない Pauli 常磁性に移り変わる．$T > T_K$ での磁気的エントロピー $S_m = k_B \ln(2J+1)$（J：局在モーメントの角運動量量子数）は，局在モーメントの消える $T < T_K$ で伝導電子のエントロピー $S_e = \gamma T$（γ：電子比熱係数，第 6.5.2 節参照）に変わらなければならないので，$T \sim T_K$ で $S_m \sim S_e$ である．したがって，$\gamma \sim k_B \ln(2J+1)/T_K$ が導かれ，近藤温度 T_K が低い物質では，電子比熱が非常に大きくなることがわかる[22]．

さて，モデルをさらに簡単化し，近藤温度 $T_K = \delta_K / k_B$ の解析的な表式を導こう．t_ε を定数で近似し，

$$|t_\varepsilon|^2 \equiv \begin{cases} V^2/W_v & (\varepsilon > \mu - W_v), \\ 0 & (\varepsilon < \mu - W_v) \end{cases} \tag{4.104}$$

とおく．$E = E_0 + \varepsilon_f - \mu - \delta$ とおいて，方程式 (4.103) を

$$N_f \int_{\mu - W_v}^{\mu} d\varepsilon \frac{|t_\varepsilon|^2}{\varepsilon - \mu - \delta} = \varepsilon_f - \mu - \delta \tag{4.105}$$

と書き換えると，左辺は解析的に $(N_f V^2/W_v) \ln[(W_v + \delta)/\delta]$ と積分できる．方程式の解 $\delta = \delta_K$ は，$\delta_K \ll \mu - \varepsilon_f$，$\delta_K \ll W_v$ であるので，式 (4.105) は

$$\frac{N_f V^2}{W_v} \ln \frac{W_v}{\delta} \simeq \varepsilon_f - \mu$$

---

22 C. M. Varma: *Phys. Rev. Lett.* **55**, 2723 (1985).

となる．したがって，解 $\delta = \delta_K$ は，

$$\delta_K \simeq W_v \exp\left[-\frac{W_v(\mu - \varepsilon_f)}{N_f V^2}\right] \tag{4.106}$$

となる．混成の強度 $N_f V^2/W_v$ が強くなるか，f 準位の位置が浅くなれば（$\mu - \varepsilon_f$ が減少すれば），近藤温度 T_K（$\equiv \delta_K/k_B$）は指数関数的に増大することが式 (4.106) よりわかる．

近藤効果を起こす磁性不純物が規則正しく並び格子を形成しているものを，**近藤格子**（Kondo lattice）と呼ぶ．本節で導いた近藤不純物の振る舞いが近藤格子においてどうなるかは，巨視的な自由度の多体問題となり，非常に難しい問題である．近藤格子は，近藤効果を起こす磁性不純物と同様に電子相関が強い系であるが，電子相関の弱い極限であるバンド理論から出発して，電子相関の効果を自己エネルギーを用いて取り入れることが行われており（第 6.4 節参照），ある程度成功を収めている．大きな物理量である原子内クーロン積分を摂動とした理論も展開されている[23]．結晶格子における強相関電子状態を理解することは，物性物理学研究の重要な目標のひとつとなっており，今後発展するものと思われる．

近藤不純物モデル

$\mu - \varepsilon_f$，$\varepsilon_f + U - \mu$ が f 軌道–価電子帯間の移動積分に比べて充分大きいとき，基底状態はほぼ純粋に $f^1{}_{\underline{\varepsilon}}$ 電子配置となり，Ce 原子の f 電子数の量子力学的揺らぎが無視できる．したがって，局在 f 電子と価電子の相互作用は，両電子の混成相互作用（式 (4.80) の H_{p-d}）を，両電子のスピン間の反強磁性的な相互作用

$$H_K = \sum_a J_K^a \mathbf{s}_a \cdot \mathbf{S} \tag{4.107}$$

で置き換えられる．ここで，$\mathbf{S}$ は局在電子のスピン，$\mathbf{s}_a$ はそれと再近接非金属原子 a にある価電子のスピン演算子である．J_K^a は両スピン間の交換相互作用の係数で，多くの場合 $J_K^a > 0$（反強磁性的）である．式 (4.107) は**近藤不純物モデル**（Kondo-impurity model）と呼ばれる．近藤不純物

[23] 山田耕作：電子相関（岩波書店，1993 年）．

モデルの基底状態はスピン 1 重項（$S=0$）で，近藤温度 T_K は J_K を用いて，

$$T_K = \frac{W_v}{k_B} \exp\left[-\frac{1}{J_K N(\mu)}\right] \tag{4.108}$$

で与えられる．ここで，$N(\mu)$ は Fermi 準位での価電子帯の状態密度である．

4.3.5 古典的局在スピンと価電子の相互作用

前節で述べた Zhang-Rice 1 重項と近藤 1 重項の形成は，スピンの大きさが $S=1/2$ の局在 d 電子あるいは f 電子と価電子・伝導電子がスピン 1 重項を形成する現象で，スピンの量子力学的なゆらぎが最も顕著に現れる現象であった．スピンの大きさが大きくなると（多くの場合，$S=1$ ですでに），量子力学的ゆらぎは急速に消え，局在電子のスピンは特定の向きを向いた古典的なスピンとして振る舞う．

古典的スピンの例として，化合物半導体の陽イオン（II-VI 族半導体の場合は II 族原子，III-V 族半導体の場合は III 族原子）の一部を Mn イオンがランダムに置き換えた，**希薄磁性半導体**（diluted magnetic semiconductor）を考える．希薄磁性半導体中の Mn の濃度は，通常たかだか数%であるので，格子モデルよりも不純物モデルでよく記述される系である．II 族原子を置き換えた Mn 原子は，Hund 則で非常に安定な高スピンの Mn^{2+}（d^5）イオンとなり（第 2.3.1 節），II 族原子と同じ原子価なのでそのまま電荷中性を満たす．一方，III 族原子を置き換わった Mn 原子は，Mn^{3+}（d^4）イオンとなれば系の電荷中性条件を満たすが，Mn^{2+}（d^5）イオンとなると，電荷中性条件を満たすために価電子帯にホールを放出する．

図 4.31(a) に，III 族原子を置換した Mn イオンが Mn^{2+} 状態にあると考えたときの，この系の 1 電子エネルギー準位を示す．Mn $3d$ 準位は上向きスピンと下向きスピンに交換分裂し，前者が占有状態に，後者は非占有状態となる．電子が詰まった母体半導体の陰イオン p 軌道からなる価電子帯に，Mn イオンから放出された 1 個ホールが入っている．p 軌道-d 軌道間の混成が無視できれば，ホールは価電子帯の頂を占めるだけだが，p 軌道-d 軌道の混成が強いと，図のように価電子帯頂上より上に離散準位が

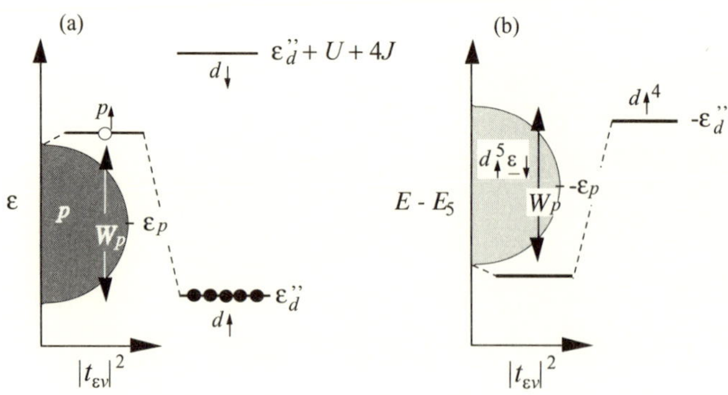

図 4.31: III-V 族半導体の陽イオン位置に，高スピン状態にある Mn 原子が置換した状態を表す Anderson 不純物モデル．(a) 1 電子エネルギー準位．(b) 多電子エネルギー準位．

押し出され，これにホールが入る（図 4.31(a) は電子描像なので，上の方ほどホールのエネルギーが低いことに注意）．第 4.3.2 節に倣って，d 軌道と p 価電子帯の上向きスピン電子 $\psi_{\gamma\uparrow}$，$\psi_{\varepsilon\gamma\uparrow}$ から，式 (4.82) に類似の線型結合を作り，Hartree-Fock 演算子の行列要素

$$\begin{aligned}\langle\gamma_\uparrow|h^{\mathrm{HF}}|\gamma_\uparrow\rangle &= \varepsilon_d^0 + 4U' - 4J_{\mathrm{H}} \equiv \varepsilon_d'',\\ \langle\varepsilon_{\gamma\uparrow}|h^{\mathrm{HF}}|\varepsilon'_{\gamma\uparrow}\rangle &= \varepsilon\delta(\varepsilon-\varepsilon'),\\ \langle\varepsilon_{\gamma\uparrow}|h^{\mathrm{HF}}|\gamma_\uparrow\rangle &= -t_{\varepsilon\gamma}\end{aligned} \tag{4.109}$$

を用いて，積分方程式

$$\int_{\varepsilon_p-W_p/2}^{\varepsilon_p+W_p/2} d\varepsilon' \frac{|t_{\varepsilon' t_2}|^2}{\varepsilon-\varepsilon'} = \varepsilon - \varepsilon_d'' \tag{4.110}$$

を導く．ここで γ は，正四面体配位の結晶場（図 2.7）で分裂した d 軌道のうち，t_2 準位（図 2.8）に属する軌道 $\gamma = d_{xy}, d_{yz}, d_{zx}$ のいずれかである．図 4.25 右と類似の解法により，p-d 混成が充分強い場合，図 4.31(a) のように価電子帯頂上から分離した上向きスピンの離散準位が現れ，これにホールが入る．この離散準位に入ったホールは下向きスピンをもつので（図 4.31(a) は電子描像なので，離散準位は上向きスピンに描かれている），d 電子のスピンと p ホールのスピンは強く反強磁性的に結合することにな

る．このような，軌道混成から生ずるスピン間の結合を，p-d **交換相互作用**と呼ぶ．

同じ系を，配置間相互作用法を用いた多電子描像で見る．Mn^{2+} 化合物の多くは，電荷移動エネルギー Δ が原子内クーロン積分 $\bar{U}$ より小さい "電荷移動型" であるので（第 4.2.2 節参照），ドープされたホールは p 軌道に入り，図 4.31(b) に示すような，同じく電荷移動型の CuO_2 面にホールがドープされた状態（Zhang-Rice 1 重項：図 4.27）と似た多電子エネルギー準位となる．電荷移動型の Cu^{2+} 酸化物にドープされたホールが Zhang-Rice 1 重項を形成する（図 4.27）のと同様に，連続準位の下に離散準位が押し出されてくる．離散準位は，式 (4.110) と類似の積分方程式，

$$\int_{\varepsilon_p - W_p/2}^{\varepsilon_p + W_p/2} d\varepsilon \frac{3|t_{\varepsilon t_2}|^2}{E_5 - \varepsilon - E} = E_5 - \varepsilon_d'' - E \tag{4.111}$$

を（図解的には図 4.27 右に倣って）解いて得られる．ここで，左辺の被積分関数分母の係数 3 は，$\langle d^5 \underline{\varepsilon} | H | d^4 \rangle = \sqrt{3} t_{\varepsilon t_2}$ の係数 $\sqrt{3}$ に由来する．また，$E_5 \equiv E_0 + 5\varepsilon_d^0 + 10U' - 10J_{\rm H}$ である．

第5章

固体中の原子間の磁気的相互作用

5

物質の磁気的性質を決めているのは，原子内の磁気的相互作用（すなわち原子内交換相互作用）とともに，原子間の磁気的相互作用である．とくに，遷移金属原子や希土類原子など，磁気モーメントをもつ原子間の相互作用が重要である．強磁性，反強磁性などの長距離磁気秩序には，磁性原子間の相互作用が不可欠である．古典力学的に考えると，相対位置 $\mathbf{R}_{ab} = \mathbf{R}_b - \mathbf{R}_a$ にある原子 a，b の磁気モーメント $\mathbf{m}_a$，$\mathbf{m}_b$ 間には双極子-双極子相互作用

$$\frac{(\mathbf{m}_1 \cdot \mathbf{m}_2) - 3(\mathbf{m}_a \cdot \mathbf{R}_{ab})(\mathbf{m}_b \cdot \mathbf{R}_{ab})/|\mathbf{R}_{ab}|^2}{|\mathbf{R}_{ab}|^3}$$

が存在するが[1]，その大きさは非常に小さい．量子力学的な相互作用である交換相互作用は，原子 a，b の原子軌道を ϕ_a，ϕ_b とすると，原子間交換積分

$$J_{ab} \equiv \langle ab|v|ba \rangle$$

で与えられるが（式(3.10)），これは重なり積分の自乗 $\tilde{S}^2$ に比例した量で原子内交換積分の 10^{-3} 倍程度と，磁性体の磁性を説明するには小さすぎる．以下に述べる超交換相互作用，二重交換相互作用，p-d 交換相互作用，RKKY 相互作用は，eV オーダーの大きさをもつ移動積分や原子内交換積分を巻き込んだ磁気的相互作用であり，充分な大きさをもつために現実の物質の磁性をよく説明する．超交換相互作用が反強磁性的になるか強磁性的になるかは **Goodenough-金森則**（Goodenough-Kanamori rule）[2]として知られており，以下に示すように，どの原子軌道が関与するかによっている．

---

[1] 金森順次郎：磁性（培風館，1969 年）p.47.

[2] J. Kanamori: *J. Phys. Chem. Solids* **10**, 87 (1959). J. B. Goodenough: *Phys. Rev.* **115**, 564 (1955).

5.1 反強磁性的な超交換相互作用

多くの絶縁体遷移金属化合物，とくに遷移金属酸化物，ハロゲン化物は反強磁性磁気秩序を示すことが多い．図 5.1 に，実際の物質の代表的な反強磁性構造を示す．超交換相互作用機構は，これらの反強磁性秩序を説明するために提唱された．多くの遷移金属化合物では，遷移金属イオン同士は隣接せずに非金属陰イオンを間に介している．したがって，非金属陰イオン p 軌道を媒介にして遷移金属イオン d 軌道間で電荷がわずかに移動する．この電荷移動によって遷移金属の局在磁気モーメントが相互作用するのが，超交換相互作用である．

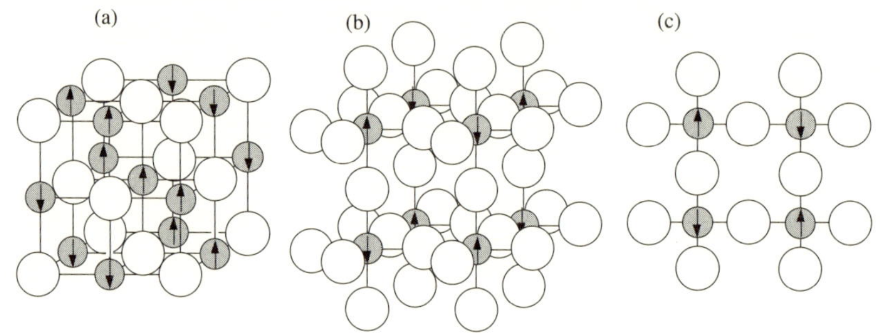

図 5.1: 代表的な反強磁性秩序．(a) NaCl 型．(b) ペロブスカイト型．(c) 層状銅酸化物に見られる CuO_2 面．灰色の丸は遷移金属原子，白丸は酸素，ハロゲン，カルコゲン等の原子，矢印はスピンの向きを表す．ペロブスカイト型の希土類原子，アルカリ土類原子は省略．

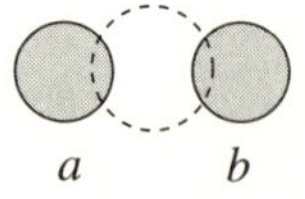

図 5.2: 金属原子 2 個からなるモデル．破線は省略された中間の非金属陰イオン．

まず，中間の非金属陰イオンを省略し，2 個の同じ遷移金属イオン a, b からなる 2 原子分子モデル（図 5.2）を考える．陰イオン p 軌道の影響

としては，p-d 混成相互作用に起因する，d 軌道への p 軌道の混成を摂動的に扱う．第 4.2.2 節で述べたように，このモデルは Mott-Hubbard 型絶縁体の記述に適している．簡単のため，原子 a，b それぞれで 1 個の（同じ）d 軌道が電荷移動に関与しているとする．原子 a，b 上の "混成した d 軌道" $\phi_{a'}$，$\phi_{b'}$ を，純粋な d 軌道 ϕ_a，ϕ_b と中間位置の p 軌道 ϕ_p を用いて作り，それらの間の移動積分 $-t_{a',b'} \equiv \langle a'|h|b'\rangle$ を Slater-Koster パラメータ $(dd\mu)$，$(pd\mu)$（$\mu = \sigma$，π または δ，付録 G）を用いて書き表せるが，$|(pd\mu)| \gg |(dd\mu)|$ のため，$t_{a',b'}$ への $(dd\mu)$ の寄与は無視できる．$(pd\sigma) < 0$，$(pd\pi) > 0$ である．

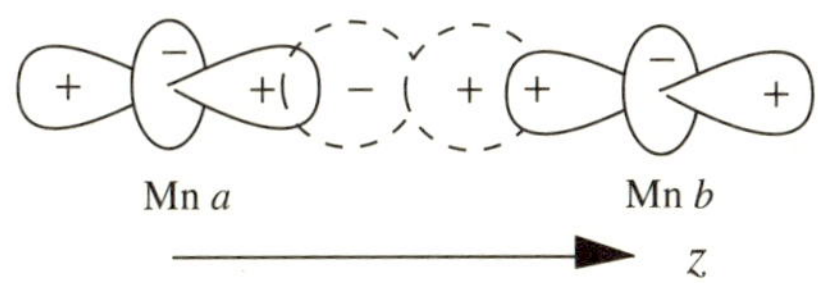

図 5.3: MnO に対応する Mn-Mn 2 原子分子モデルの $d_{3z^2-r^2}$ 原子軌道．破線は，中間の酸素の p_z 原子軌道．

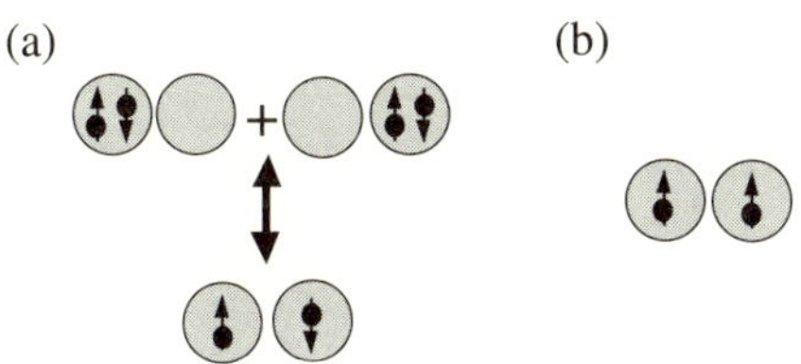

図 5.4: Mn-Mn 2 原子分子モデルにおけるスピンの向き（矢印）に依存した電荷移動の摂動．(a) 反強磁性的スピン配列．(b) 強磁性的スピン配列．水素分子モデルの超交換相互作用（図 3.6）と同じ．

具体例として，NaCl 型結晶構造をもつ反強磁性体 MnO を，図 5.3 に示す Mn-Mn 2 原子分子モデルで考える．MnO は，Mott-Hubbard 型と電荷移動型の境界領域に位置するが，Mott-Hubbard 型として議論を進める．Mn^{2+}（d^5）イオンの電子配置は $t^3_{2g\uparrow}e^2_{g\uparrow}$ で，すべての d 軌道を上向きスピンの電子が占有している．Mn-Mn 方向を z 軸とし，Mn 原子 a の $d_{3z^2-r^2}$ 軌道と中間の酸素原子の p_z 軌道が混成した軌道と，Mn 原子 b の

$d_{3z^2-r^2}$ 軌道

$$\phi_{a'} \simeq \frac{1}{\sqrt{1+\lambda^2}}\left[\phi_a + \frac{(pd\sigma)}{\Delta_{\rm eff}}\phi_{p_z}\right],$$
$$\phi_{b'} \equiv \phi_b \tag{5.1}$$

を考える．ここで，$\lambda \equiv -(pd\sigma)/\Delta_{\rm eff}$ (>0) は，$\lambda \ll 1$ である．$\phi_{b'}$ については，$\phi_{a'}$ と直交するように，p_z 軌道の混成を入れない．d^5 電子配置に対しては $\Delta_{\rm eff} = \varepsilon_d^0 - \varepsilon_p + U + 4U'$（第 4.2.3 節参照）である．これらの軌道の間の移動積分を $-t_{a',b'}$ とする：

$$t_{a',b'} \simeq -\frac{(pd\sigma)^2}{\sqrt{1+\lambda^2}\Delta_{\rm eff}}. \tag{5.2}$$

すると，第 3.1.4 節で述べた水素分子モデルでの超交換相互作用と全く同じ取り扱いができる．したがって，Mn-Mn 2 原子分子モデルは，ハミルトニアン

$$H = \varepsilon_d \sum_{\sigma=\uparrow,\downarrow}(n_{a'\sigma} + n_{b'\sigma}) - t_{a',b'}\sum_{\sigma=\uparrow,\downarrow}(c^\dagger_{a'\sigma}c_{b'\sigma} + c^\dagger_{b'\sigma}c_{a'\sigma})$$
$$+ U'_{\rm eff}(n_{a'\uparrow}n_{a'\downarrow} + n_{b'\uparrow}n_{b'\downarrow}) \tag{5.3}$$

で表される．ここで，ε_d（$= \varepsilon_d^0 + 4U' - 4J_{\rm H}$，第 2.2 節参照）は d^5 電子配置における $d_{3z^2-r^2}$ 電子の 1 電子（Hartree-Fock）エネルギー，$U'_{\rm eff}$ は，式 (2.67) で定義される d^5 電子配置の $U_{\rm eff} = U + 4J_{\rm H}$ に p-d 混成の効果を入れたもので，

$$U'_{\rm eff} \simeq \frac{1}{1+\lambda^2}U_{\rm eff} = \frac{1}{1+\lambda^2}(U + 4J_{\rm H})$$

で定義される．

$\phi_{a'}$ と $\phi_{b'}$ のスピンの向きが反対の状態

$$\Psi_2(a'_\uparrow b'_\downarrow) \equiv |\psi_{a'\uparrow}\psi_{b'\downarrow}|$$

に対して，電荷移動状態

$$(1/\sqrt{2})(|\psi_{a'\uparrow}\psi_{a'\downarrow}| + |\psi_{b'\uparrow}\psi_{b'\downarrow}|)$$

を摂動状態と考え（図 5.4(a)）[3]，$t_{a',b'}$ に関する 2 次摂動を行うと，

$$E(a'_\uparrow b'_\downarrow) \simeq 2\varepsilon_d - 2t^2_{a',b'}/U'_{\rm eff} \tag{5.4}$$

となる．$\phi_{a'}$ と $\phi_{b'}$ のスピンの向きが平行の状態は，電荷移動が禁止され摂動がない（図 5.4(b)）ので，エネルギーは $E(a'_\uparrow b'_\uparrow) = 2\varepsilon_d$ である．したがって，

$$E(a'_\uparrow b'_\downarrow) - E(a'_\uparrow b'_\uparrow) \simeq -2t^2_{a',b'}/U'_{\rm eff}. \tag{5.5}$$

一方，$d_{3z^2-r^2}$ 電子のスピン $\mathbf{s}_a$，$\mathbf{s}_b$ のハミルトニアン

$$H = J\mathbf{s}_a \cdot \mathbf{s}_b \tag{5.6}$$

から導かれるエネルギー差は

$$E_2(a'_\uparrow b'_\downarrow) - E_2(a'_\uparrow b'_\uparrow) = (1/2)(-1/2)J - (1/2)^2 J = -(1/2)J$$

であるから，

$$J \simeq \frac{4t^2_{a',b'}}{U'_{\rm eff}} \simeq \frac{4(pd\sigma)^4}{\Delta^2_{\rm eff} U_{\rm eff}} \tag{5.7}$$

が導かれる．Mn 原子の全スピンは $\mathbf{S}_a = n\mathbf{s}_a$，$\mathbf{S}_b = n\mathbf{s}_b$（$n = 5$）であるから，式 (5.6) は全スピンを用いて，

$$H = \frac{J}{n^2}\mathbf{S}_a \cdot \mathbf{S}_b \tag{5.8}$$

となる．Néel 温度 $T_{\rm N}$ は，スピン・ハミルトニアン (5.8) を格子に拡張したもの（式 (3.39) の形をもつ）に分子場近似を適用して，

$$T_{\rm N} = \frac{J}{n^2}\frac{ZS(S+1)}{3k_B}$$

（k_B: ボルツマン定数，Z: 金属イオンの回りの最近接金属イオン数，MnO の場合 $Z = 6$）で与えられる[4]．

[3] これと直交する $\frac{1}{\sqrt{2}}(|\psi_{a'\uparrow}\psi_{a'\downarrow}| - |\psi_{b'\uparrow}\psi_{b'\downarrow}|)$ は $\Psi_2(a'_\uparrow b'_\downarrow)$ と有限の移動積分をもたない．

[4] 金森順次郎：磁性（培風館，1969 年）p.70.

ここでは $d_{3z^2-r^2}$ 軌道以外の d 電子間の電荷移動を無視したが，d_{yz} 軌道と d_{zx} 軌道も，p_y 軌道，p_x 軌道を通して混成し，反強磁性的な超交換相互作用に寄与する．しかし，関与する Slater-Koster パラメータは $(pd\sigma)$ の代わりに $(pd\pi)$ であるので，式 (5.7) より，J への寄与は $[(pd\pi)/(pd\sigma)]^4 \approx (-1/2.2)^4 \sim 0.03$（付録 G）と 1 桁以上少なく，多くの場合無視できる．

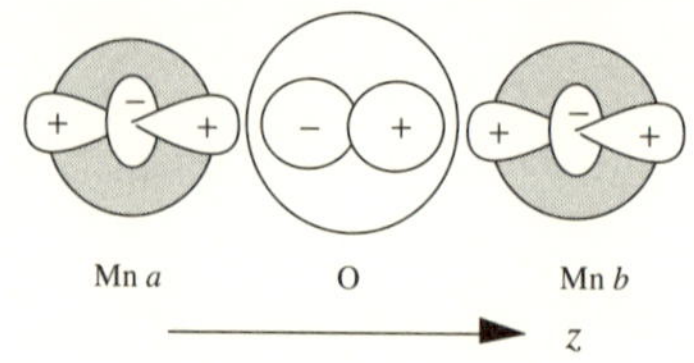

図 5.5: 直線状 Mn-O-Mn クラスター・モデルと Mn $d_{3z^2-r^2}$ 原子軌道，酸素 p_z 原子軌道．

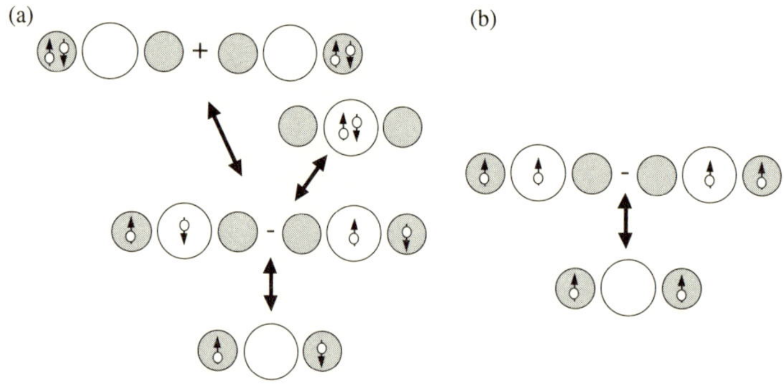

図 5.6: 直線状 Mn-O-Mn クラスター・モデルにおけるスピンの向き（矢印）に依存した電荷移動の摂動．(a) 反強磁性的スピン配列．(b) 強磁性的スピン配列．

電荷移動型絶縁体では d 軌道と p 軌道の混成は強く，d 軌道への p 軌道の混成を摂動的に扱うことはできない（第 4.2.2 節）．電荷移動型絶縁体における超交換相互作用を扱えるように，ふたたび MnO を例にとり，2 つの Mn に挟まれた酸素を取り入れた，図 5.5 に示した形状の Mn-O-Mn クラスター・モデル（$\mathrm{Mn_2^{2+}O^{2-}} = [\mathrm{Mn_2O}]^{2+}$ クラスター・モデル）を考える．Mn 原子 a および b の $d_{3z^2-r^2}$ と酸素 p_z の 3 個の軌道を合計 4 個の電子が占有しているので，ホール数は 2 個である．したがって，ホール描像で問題を考える方が便利である．モデルのホール描像でのハミルトニアンは，(4.33) より

$$
\begin{aligned}
H = {} & \Delta_{\text{eff}} \sum_{\sigma=\uparrow,\downarrow} \underline{n}_p + U_{\text{eff}}(\underline{n}_{a\uparrow}\underline{n}_{a\downarrow} + \underline{n}_{b\uparrow}\underline{n}_{b\downarrow}) \\
& - t_{p,a} \sum_{\sigma=\uparrow,\downarrow} (c^\dagger_{p\sigma}c_{a\sigma} + c^\dagger_{a\sigma}c_{p\sigma}) - t_{p,b} \sum_{\sigma=\uparrow,\downarrow} (c^\dagger_{p\sigma}c_{b\sigma} + c^\dagger_{b\sigma}c_{p\sigma})
\end{aligned}
\tag{5.9}
$$

で与えられる．ここで，$\Delta_{\text{eff}} = \varepsilon^0_d - \varepsilon_p + U + 4U'$ は多重項補正した電荷移動エネルギー（$d^5 \to d^6\underline{L}$ に要するエネルギー，第 4.2.3 参照），$U_{\text{eff}} = U + 4J_{\text{H}}$ は多重項補正したクーロン·エネルギー（$d^5 + d^5 \to d^6 + d^4$ に要するエネルギー），$\underline{n}_q \equiv c_q c^\dagger_q$ はホール数の演算子である．また，$-t_{p,a} = t_{p,b} = -(pd\sigma)$ である．

両 Mn 原子のスピンが平行な場合（図 5.6(b)），

$$
\Psi_2(\underline{a}_\uparrow \underline{b}_\uparrow) = |\underline{\psi}_{a\uparrow}\underline{\psi}_{b\uparrow}|
$$

に対して，エネルギー Δ_{eff} をもつ $p \to d$ 電荷移動（$d \to p$ ホール移動）状態

$$
(1/\sqrt{2})(|\underline{\psi}_{a\uparrow}\underline{\psi}_{p\uparrow}| - |\underline{\psi}_{p\uparrow}\underline{\psi}_{b\uparrow}|)
$$

を摂動状態と考える（図 5.6(a)）．これらを基底にした行列でハミルトニアンを表すと，

$$
\begin{pmatrix} 0 & \sqrt{2}(pd\sigma) \\ \sqrt{2}(pd\sigma) & \Delta_{\text{eff}} \end{pmatrix},
\tag{5.10}
$$

$\Psi_2(\underline{a}_\uparrow \underline{b}_\uparrow)$ を 0 次の波動関数として，$(pd\sigma)$ に関する 2 次摂動を行うと，エネルギー変化は，

$$
\Delta E(\underline{a}_\uparrow \underline{b}_\uparrow) \simeq -\frac{2(pd\sigma)^2}{\Delta_{\text{eff}}}
\tag{5.11}
$$

となる．2 個の Mn のスピンが反平行な場合（図 5.6(a)），

$$
\Psi_2(\underline{a}_\uparrow \underline{b}_\downarrow) = |\underline{\psi}_{a\uparrow}\underline{\psi}_{b\downarrow}|
$$

から出発して電荷移動で到達できるのは，$\Psi_2(\underline{a}_\uparrow\underline{b}_\downarrow)$ を基準として相対エネルギー $\Delta_{\rm eff}$ をもつ

$$(1/\sqrt{2})(|\underline{\psi}_{a\uparrow}\underline{\psi}_{p\downarrow}| - |\underline{\psi}_{p\uparrow}\underline{\psi}_{b\downarrow}|)$$

の他に，相対エネルギー $U_{\rm eff}$ をもつ

$$(1/\sqrt{2})(|\underline{\psi}_{a\uparrow}\underline{\psi}_{a\downarrow}| + |\underline{\psi}_{b\uparrow}\underline{\psi}_{b\downarrow}|)$$

とエネルギー $2\Delta_{\rm eff}$ をもつ

$$|\underline{\psi}_{p\uparrow}\underline{\psi}_{p\downarrow}|$$

がある．これらを基底にした行列でハミルトニアンを表すと，

$$\begin{pmatrix} 0 & \sqrt{2}(pd\sigma) & 0 & 0 \\ \sqrt{2}(pd\sigma) & \Delta_{\rm eff} & -(pd\sigma) & -\sqrt{2}(pd\sigma) \\ 0 & -(pd\sigma) & U_{\rm eff} & 0 \\ 0 & -\sqrt{2}(pd\sigma) & 0 & 2\Delta_{\rm eff} \end{pmatrix}, \qquad (5.12)$$

$\Psi_2(\underline{a}_\uparrow\underline{b}_\downarrow)$ を 0 次の波動関数とし，$(pd\sigma)$ に関する 4 次までの摂動を計算すると，スピンが反平行な場合のエネルギー変化は

$$\Delta E(\underline{a}_\uparrow\underline{b}_\downarrow) \simeq -\frac{2(pd\sigma)^2}{\Delta_{\rm eff}}\left[1 + \frac{(pd\sigma)^2}{\Delta_{\rm eff}^2} + \frac{(pd\sigma)^2}{U_{\rm eff}\Delta_{\rm eff}}\right] \qquad (5.13)$$

となる．したがって，スピンが反平行な場合の方がエネルギーが下がり，

$$\Delta E(\underline{a}_\uparrow\underline{b}_\downarrow) - \Delta E(\underline{a}_\uparrow\underline{b}_\uparrow) \simeq -\frac{2(pd\sigma)^4}{\Delta_{\rm eff}}\left[\frac{1}{\Delta_{\rm eff}^2} + \frac{1}{U_{\rm eff}\Delta_{\rm eff}}\right]$$

となる．したがって，ハイセンベルグ・モデル式 (5.8) に現れる交換相互作用定数 J は

$$J = \frac{4(pd\sigma)^4}{\Delta_{\rm eff}}\left[\frac{1}{\Delta_{\rm eff}^2} + \frac{1}{U_{\rm eff}\Delta_{\rm eff}}\right] \qquad (5.14)$$

となる．この J を

$$T_{\rm N} = \frac{J}{n^2}\frac{ZS(S+1)}{3k_B}$$

に入れて計算した NaCl 型酸化物 MO 系列の Néel 温度と実験値の比較を図 5.7 に示す．ここで，$(pd\sigma)$ は物質によらないとしている．式 (5.14) は

Mott-Hubbard 型（$\Delta_{\rm eff} > U_{\rm eff}$），電荷移動型（$\Delta_{\rm eff} < U_{\rm eff}$）ともに扱えるので，Mott-Hubbard 型の極限（$\Delta_{\rm eff} \gg U_{\rm eff}$）をとると，

$$J \simeq \frac{4(pd\sigma)^4}{U_{\rm eff}\Delta_{\rm eff}^2} \tag{5.15}$$

となり，式 (5.7) と同じ形をとる．

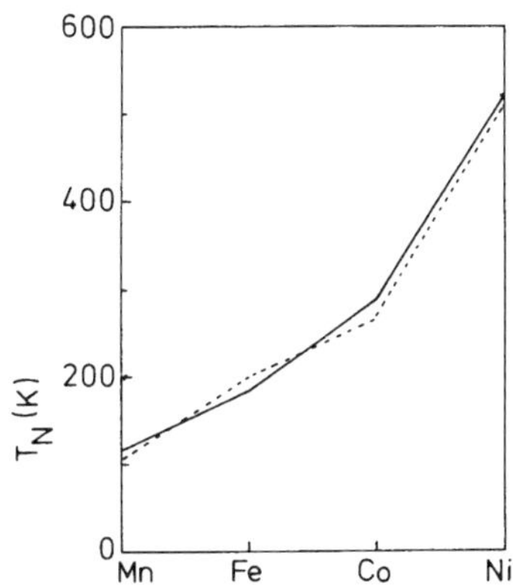

図 5.7: NaCl 型酸化物 MO 系列のネール温度の実験値（実線）と計算値（点線）の比較 [J. Zaanen and G. A. Sawatzky: *Can. J. Phys.* **62**, 1262 (1987)].

以上，超交換相互作用定数 J の表式 (5.14), (5.15) を求めるのに，高スピン d^5 電子配置（Mn^{2+}）を例にとった．しかし，d^5 電子配置以外でも，高スピン d^6, d^7, d^8 電子配置（それぞれ，Fe^{2+}，Co^{2+}，Ni^{2+}）のように，$e_{g\downarrow}$ 軌道に 2 個ホールが入っていれば，全く同じ J の表式を得ることができ，同様に $T_{\rm N}$ を計算できる．なぜならば，2 個の軌道 $d_{3z^2-r^2}$ と $d_{x^2-y^2}$ の線型結合（ユニタリ変換）でどのような M-X-M 方向（z' 方向とする）に伸びた $d_{3z'^2-r^2}$ 軌道でも作ることができ，これらにホールが入っていると考えられるからである[5].

[5] ユニタリ変換

$$\psi_{u'\downarrow} = \sum_{q=u,v} U_{u'q}\psi_{q\downarrow}, \quad \psi_{v'\downarrow} = \sum_{q=u,v} U_{v'q}\psi_{q\downarrow}$$

に対しては，Slater 行列式の性質から，

$$|\underline{\psi}_{u'\uparrow}\underline{\psi}_{v'\uparrow}| = |\underline{\psi}_{u\uparrow}\underline{\psi}_{v\uparrow}|$$

である．

Cu^{2+} イオン（d^9 電子配置）のように $e_{g\downarrow}$ 軌道に1個しかホールが入っていない場合は，ホールの入った d 軌道は一意的に決まり，任意の方向に軌道が伸びるようなユニタリ変換はできない．一意的に決まった d 軌道を用いて，超交換相互作用を考える．Cu^{2+} イオンが6個の配位子に囲まれたときは，Jahn-Teller 効果と呼ばれる格子変形が起こり，$\pm z$ 方向の配位子が遠ざかるか近付く．遠ざかった場合，図2.6のように d_{x^2-y2} 軌道が最

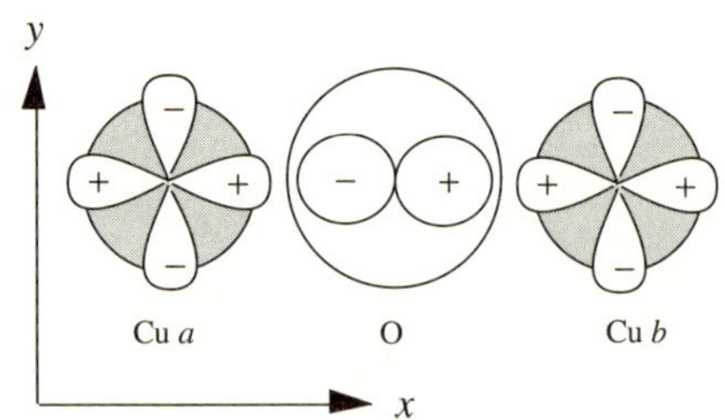

図 5.8: 直線状 Cu-O-Cu クラスター・モデルと Cu $d_{x^2-y^2}$ 原子軌道，酸素 p_x 原子軌道

もエネルギーが高くなり，ホールを収容する．図5.8は，この状況を表した Cu-O-Cu クラスター・モデル（$Cu_2^{2+}O^{2-}$=$[Cu_2O]^{2+}$ クラスター・モデル）である．ハミルトニアン (5.9) に現れる移動積分は，表G.1より，

$$-t_{p,a} = t_{p,b} = -(\sqrt{3}/2)(pd\sigma)$$

と求められ，式 (5.14) は，

$$J = \frac{9(pd\sigma)^4}{4\Delta_{\rm eff}}\left[\frac{1}{\Delta_{\rm eff}^2} + \frac{1}{U_{\rm eff}\Delta_{\rm eff}}\right] \tag{5.16}$$

となる．

d 電子数が少なく e_g 軌道に電子が全くない場合は，超交換相互作用は t_{2g} 軌道と，中間の陰イオンの M-X-M 軸に垂直な p_x, p_y 軌道（p_π 軌道）の間の電荷移動により起こる．したがって，p-d 間の移動積分は，$(pd\sigma)$ の代わりに $(pd\pi)$ が用いられる．例として，$t_{2g\uparrow}^3$ 電子配置をもつ Mn^{4+} イオンの間の超交換相互作用を考える．定数 J は，式 (5.14) に倣って，

$$J = \frac{8(pd\pi)^4}{\Delta_{\rm eff}}\left[\frac{1}{\Delta_{\rm eff}^2} + \frac{1}{U_{\rm eff}\Delta_{\rm eff}}\right] \tag{5.17}$$

となる．式 (5.14) に比べて係数が 2 倍になっているのは，ad_{yz}-p_y-bd_{yz} と ad_{zx}-p_x-bd_{zx} の 2 つの電荷移動の道筋があるからである．e_g 軌道と p_z 軌道（p_π 軌道）が主役の，高スピン d^6, d^7, d^8 電子配置間の超交換相互作用の場合でも，p_π 軌道を介した超交換相互作用は存在する．しかし，$[(pd\pi)/(pd\sigma)]^4 \sim 0.03$ であるので，t_{2g}^3 間の交換相互作用は無視できる．

スピン 1 重項の形成

隣合う磁性イオンの間に反強磁性的な相互作用があるとき，上で述べたように反強磁性長距離秩序が生じる場合が多いが，スピン 1 重項（$S = 0$ の状態）が基底状態となり，各イオンのもつスピンが平均的に消失することもある．例えば，スピン $S = 1/2$ をもつイオンが 2 個集まり **2 量体**（dimer）を形成すると，両イオン間の反強磁性的な相互作用のために基底状態の合成スピンが $S = 0$ となり，合成スピン $S = 1$ は励起状態となる．2 量体の例として，1 次元的な結晶において，結晶の周期を 2 倍にするように原子が交互に近付き遠ざかる格子変位が低温で起こり，近付いた 2 個のイオンが合成スピン $S = 0$ の状態をつくる**スピン Peierls 転移**がある．遷移金属化合物では，$GeCuO_3$ がスピン Peierls 転移を示す物質として知られている[6]．$GeCuO_3$ では，それぞれの Cu は Cu^{2+}（d^9）イオンとなりスピン $S = 1/2$ をもつが，わずかな格子変位により，スピンの消えたスピン Peierls 状態が出現する．

3 量体（trimer）では，各イオンのスピンが $S = 1/2$ であると $S = 0$ 状態を作ることはできないが，各イオンが $S = 1$ ならば，$S = 0$ 状態を形成することが可能である．V イオンが 3 角格子を形成する $LiVO_2$ では，それぞれの V^{2+}（d^2）イオンは Hund 則のために $S = 1$ 状態にあるが，低温では 3 個の V イオンが近寄り 3 量体を形成し，非磁性となっている．3 量体中で合成スピンが $S = 0$ となっているものと思われる[7]．有限個の磁性イオンが $S = 0$ 状態をつくるのではなく，結晶全体で $S = 0$ 状態をつ

---

[6] M. Hase, I. Terasaki and K. Uchinokura: *Phys. Rev. Lett.* **70**, 3651 (1993).

[7] H. F. Pen, J. van den Brink, D. I. Khomskii and G. A. Sawatzky: *Phys. Rev. Lett.* **78**, 1323 (1997).

くることも考えられる．この問題については，第 6.1.1 節で述べる．

5.2 強磁性的な超交換相互作用

5.2.1 90 度相互作用

NaCl 型結晶の最近接金属イオンを結ぶ直線上には非金属陰イオンが位置しないので，遷移金属イオン間の磁気的相互作用は，直線状ではなく 90 度の角度をなす M-X-M クラスターを考える必要がある．図 5.9 に，MnO を例にとったこのような Mn-O-Mn クラスター・モデル（$\mathrm{Mn}_2^{2+}\mathrm{O}^{2-} = [\mathrm{Mn}_2\mathrm{O}]^{2+}$ クラスター・モデル）と，関連する原子軌道を示す．原子 a の Mn $d_{3x^2-r^2}$ 軌道は酸素 p_x 軌道と，原子 b の Mn $d_{3z^2-r^2}$ 軌道は酸素 p_z 軌道と $(pd\sigma)$ を通じて混成するため，式 (5.1) に類似の，

$$
\begin{aligned}
\phi_{a'} &\simeq \frac{1}{\sqrt{1+\lambda^2}}\left[\phi_a - \frac{(pd\sigma)}{\Delta_{\mathrm{eff}}}\phi_{p_x}\right], \\
\phi_{b'} &\simeq \frac{1}{\sqrt{1+\lambda^2}}\left[\phi_b - \frac{(pd\sigma)}{\Delta_{\mathrm{eff}}}\phi_{p_z}\right]
\end{aligned}
\tag{5.18}
$$

を考える．原子内交換積分のみ有限とすると，これらの軌道の間の交換積分は，

$$
\langle a'b'|v|b'a'\rangle \simeq \left[\frac{(pd\sigma)}{\Delta_{\mathrm{eff}}}\right]^4 J_{p_z,p_x} \tag{5.19}
$$

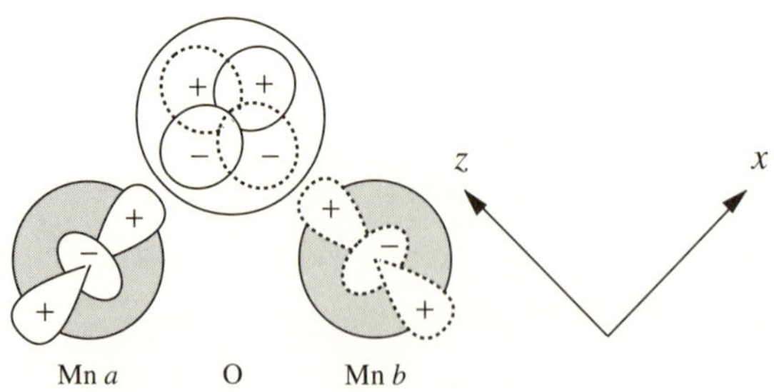

図 5.9: 90 度をなす Mn-O-Mn クラスター・モデルと Mn $d_{3z^2-r^2}$，$d_{3x^2-r^2}$ 原子軌道，酸素 p_z，p_x 原子軌道．

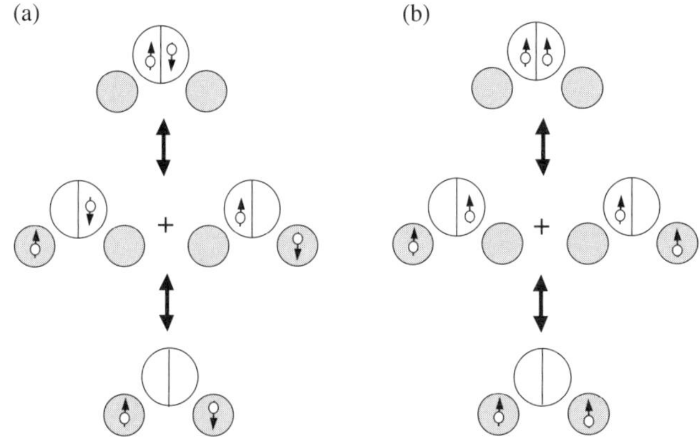

図 5.10: 90 度をなす Mn-O-Mn クラスター・モデルにおけるスピンの向き（矢印）に依存した電荷移動の摂動．半円の左側，右側はそれぞれ，p_x 軌道，p_y 軌道を表す．(a) 反強磁性的スピン配列．(b) 強磁性的スピン配列．

となる．ここで，$J_{p_z,p_x} \equiv \langle p_z p_x|v|p_x p_z\rangle$ である．したがって，原子 a の $d_{3x^2-r^2}$ 電子（ホール）のスピンと原子 b の $d_{3z^2-r^2}$ 電子（ホール）のスピン間の相互作用ハミルトニアン $H = J\mathbf{s}_a \cdot \mathbf{s}_b$ の係数は，$J = -[(pd\sigma)/\Delta_{\rm eff}]^4 J_{p_z,p_x}$ となり，弱い強磁性的な相互作用となる．

180 度 Mn-O-Mn クラスターの場合と同様に，90 度 Mn-O-Mn クラスターについて，電荷移動を摂動としてエネルギーの比較を行う．両 Mn 原子のスピンが平行な場合（図 5.10(b)），

$$\Psi_2(\underline{a}_\uparrow \underline{b}_\uparrow) = |\underline{\psi}_{a\uparrow}\underline{\psi}_{b\uparrow}|$$

を出発点として相対エネルギー $\Delta_{\rm eff}$ をもつ

$$(1/\sqrt{2})(|\underline{\psi}_{a\uparrow}\underline{\psi}_{p_x\downarrow}| + |\underline{\psi}_{p_z\uparrow}\underline{\psi}_{b\downarrow}|)$$

と，相対エネルギー $2\Delta_{\rm eff} - J_{p_z,p_x}$ をもつ

$$|\underline{\psi}_{p_z\uparrow}\underline{\psi}_{p_x\downarrow}|$$

が電荷移動で生じる．これらを基底にしたハミルトニアンの行列は，

$$\begin{pmatrix} 0 & -\sqrt{2}(pd\sigma) & 0 \\ -\sqrt{2}(pd\sigma) & \Delta_{\mathrm{eff}} & -\sqrt{2}(pd\sigma) \\ 0 & -\sqrt{2}(pd\sigma) & 2\Delta_{\mathrm{eff}} - J_{p_z,p_x} \end{pmatrix} \tag{5.20}$$

で，$(pd\sigma)$ に関する 4 次摂動のエネルギー変化を計算すると，

$$\Delta E(\underline{a}_\uparrow \underline{b}_\uparrow) \simeq -\frac{2(pd\sigma)^2}{\Delta_{\mathrm{eff}}}\left[1 + \frac{2(pd\sigma)^2}{\Delta_{\mathrm{eff}}(2\Delta_{\mathrm{eff}} - J_{p_z,p_x})}\right] \tag{5.21}$$

となる．両 Mn 原子のスピンが反平行な場合（図 5.10(a)），同様に，

$$\Delta E(\underline{a}_\uparrow \underline{b}_\downarrow) \simeq -\frac{2(pd\sigma)^2}{\Delta_{\mathrm{eff}}}\left[1 + \frac{(pd\sigma)^2}{\Delta_{\mathrm{eff}}^2}\right] \tag{5.22}$$

となる．したがって，スピンが平行な場合の方がエネルギーが下がり，$J_{p_z,p_x} \ll \Delta_{\mathrm{eff}}$ とすると，

$$\Delta E(\underline{a}_\uparrow \underline{b}_\downarrow) - \Delta E(\underline{a}_\uparrow \underline{b}_\uparrow) = -\frac{J}{2} \simeq \left[\frac{(pd\sigma)}{\Delta_{\mathrm{eff}}}\right]^4 J_{p_z,p_x}$$

となり，係数を除いて式 (5.19) と同じ結果が得られる．

図 5.1 に示した反強磁性秩序構造は，すべて 180 度方向の強い反強磁性相互作用で決まっているが，NaCl 型のみ 90 度方向の強磁性相互作用の存在に注意する必要がある．ただし，完全な立方晶では，90 度方向の遷移金属イオンのスピンの相対的なスピンの向きは，平行が 50%，反平行が 50%なので，強磁性的相互作用の期待値はゼロになる．

5.2.2 軌道が異なる場合

180 度方向でも，両遷移金属イオンの関与する d 軌道が異なると超交換相互作用は強磁性的になる．例として，図 5.11 に示すような直線状の Cu-F-Cu クラスター・モデル（$Cu_2^{2+}F^- = [Cu_2F]^{3+}$ クラスター・モデル）を考える．閉殻のフッ素イオン F^-（$2p^6$）を介した 2 つの Cu^{2+}（d^9）イオンにおいて，ホールは，それぞれ $d_{3z^2-r^2}$ 軌道と $d_{x^2-y^2}$ 軌道に入っているとする．$d_{3z^2-r^2}$ 軌道のホールは，p_z 軌道を介してもう一方の Cu 原

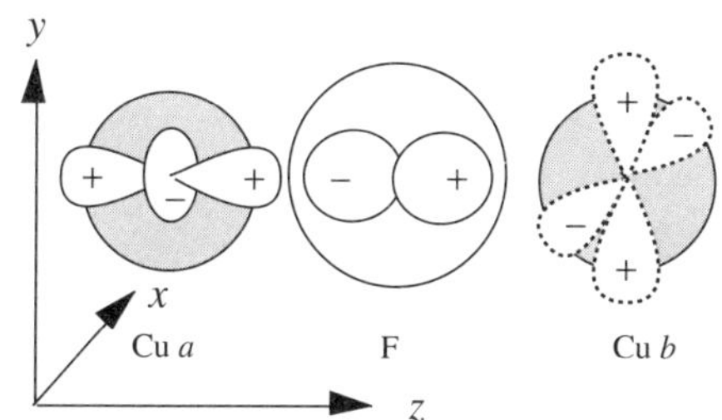

図 5.11: 直線状 Cu-F-Cu クラスター・モデルと Cu $d_{3z^2-r^2}$，$d_{x^2-y^2}$ 原子軌道，酸素 p_z，p_x 原子軌道．実線で描いた軌道同士，破線で描いた軌道同士が混成する．

子の $d_{3z^2-r^2}$ 軌道に移動できるが，$d_{x^2-y^2}$ は中間の F 原子の p 軌道とは混成できず，局在したままである．

両 Cu 原子のスピンが平行な場合，

$$\Psi_2(\underline{a}_\uparrow \underline{b}_\uparrow) = |\underline{\psi}_{au\uparrow}\underline{\psi}_{bv\uparrow}|$$

に対して，原子 a から F にホールが移動した，相対エネルギー Δ をもつ状態[8]

$$|\underline{\psi}_{p\uparrow}\underline{\psi}_{bv\uparrow}|$$

と，さらに F から原子 b の $d_{3z^2-r^2}$ 軌道にホールが移動した，相対的エネルギー $U'-J_{\mathrm{H}}$ をもつ

$$|\underline{\psi}_{bu\uparrow}\underline{\psi}_{bv\uparrow}|$$

を摂動状態と考える．これらを基底にしたハミルトニアン行列は，

$$\begin{pmatrix} 0 & -(pd\sigma) & 0 \\ -(pd\sigma) & \Delta & (pd\sigma) \\ 0 & (pd\sigma) & U'-J_{\mathrm{H}} \end{pmatrix}, \tag{5.23}$$

$(pd\sigma)$ に関する 4 次摂動によるエネルギー変化は，

$$\Delta E(\underline{a}_\uparrow \underline{b}_\uparrow) \simeq -\frac{(pd\sigma)^2}{\Delta}\left[1+\frac{(pd\sigma)^2}{\Delta(U'-J_{\mathrm{H}})}\right] \tag{5.24}$$

---

[8] Cu^{2+} の場合，d^9，$d^{10}\underline{L}$ 電子配置ともに多重項補正がゼロなので，$\Delta_{\mathrm{eff}}=\Delta$ である．

となる．2 個の Cu のスピンが反平行な場合，

$$\Psi_2(\underline{a}_\uparrow \underline{b}_\downarrow) = |\underline{\psi}_{au\uparrow} \underline{\psi}_{bv\downarrow}|$$

から出発して電荷移動で到達できるのは，相対エネルギー Δ をもつ

$$|\underline{\psi}_{p\uparrow} \underline{\psi}_{bv\downarrow}|$$

と，相対エネルギー U' をもつ

$$|\underline{\psi}_{ub\uparrow} \underline{\psi}_{vb\downarrow}|$$

であるので，これらを基底にしたハミルトニアン行列は，

$$\begin{pmatrix} 0 & -(pd\sigma) & 0 \\ -(pd\sigma) & \Delta & (pd\sigma) \\ 0 & (pd\sigma) & U' \end{pmatrix}, \tag{5.25}$$

$\Psi_2(\underline{a}_\uparrow \underline{b}_\downarrow)$ を 0 次の波動関数とし，$(pd\sigma)$ に関する 4 次までの摂動を計算すると，$(pd\sigma)$ に関する 4 次摂動によるエネルギー変化は，

$$\Delta E(\underline{a}_\uparrow \underline{b}_\downarrow) \simeq -\frac{(pd\sigma)^2}{\Delta}\left[1 + \frac{(pd\sigma)^2}{\Delta U'}\right] \tag{5.26}$$

となる．したがって，スピンが平行な場合の方がエネルギーが下がり，

$$\Delta E(\underline{a}_\uparrow \underline{b}_\downarrow) - \Delta E(\underline{a}_\uparrow \underline{b}_\uparrow) \simeq -\frac{(pd\sigma)^4}{\Delta^2}\left[\frac{1}{U' - J_{\mathrm{H}}} - \frac{1}{U'}\right] \simeq -\frac{(pd\sigma)^4}{\Delta^2 U'^2} J_{\mathrm{H}}$$

となる．したがって，ハイセンベルグ・モデル $H = J\mathbf{S}_1 \cdot \mathbf{S}_2$ の交換相互作用定数 J は

$$J \simeq -\frac{2(pd\sigma)^4}{\Delta^2 U'^2} J_{\mathrm{H}} \tag{5.27}$$

となり，両 Cu^{2+} イオンは強磁性的に結合する．

5.2.3　電子数が異なる場合

酸素を中間に挟む Mn^{3+}（d^4）イオンと Mn^{4+}（d^3）イオンを考える．それぞれ $t_{2g\uparrow}^3 e_{g\uparrow}$ 電子配置，$t_{2g\uparrow}^3$ 電子配置をもち，Mn^{3+} イオンの $e_{g\uparrow}$ 電

子（$d_{3z^2-r^2\uparrow}$ 電子）は酸素 p_z 軌道を介して Mn^{4+} イオンに電荷移動できる．Mn^{3+} イオンを a，Mn^{4+} イオンを b として，式 (5.1) に倣って，

$$\phi_{a'} \simeq \frac{1}{\sqrt{1+\lambda^2}}\left[\phi_{au} + \frac{(pd\sigma)}{\Delta_{\text{eff}}}\phi_{p_z}\right],$$
$$\phi_{b'} \equiv \phi_{bu}$$

とすると，

$$t_{a',b'} \simeq -\frac{1}{\sqrt{1+\lambda^2}}\frac{(pd\sigma)^2}{\Delta_{\text{eff}}} \tag{5.28}$$

である．Mn^{3+} イオンから Mn^{4+} イオンへの電荷移動エネルギーを $\Delta\varepsilon$ とすると，両 Mn 原子の $t_{2g\uparrow}^3$ のスピンが平行である場合，両 Mn 原子の $e_{g\uparrow}$ 軌道を基底としたハミルトニアン行列は，

$$\begin{pmatrix} -3J_{\text{H}} & -t_{a',b'} \\ -t_{a',b'} & \Delta\varepsilon - 3J_{\text{H}} \end{pmatrix}, \tag{5.29}$$

両 Mn 原子の $t_{2g\uparrow}^3$ のスピンが反平行である場合は，

$$\begin{pmatrix} -3J_{\text{H}} & -t_{a',b'} \\ -t_{a',b'} & \Delta\varepsilon \end{pmatrix} \tag{5.30}$$

となる．したがって，両 Mn 原子の $t_{2g\uparrow}^3$ スピンが平行の方がエネルギーが下がる．$|t_{a',b'}| \ll \Delta\varepsilon$ とすると，ハイセンベルグ・モデルに現れる交換相互作用定数 J は

$$J \simeq -3\left[\frac{t_{a',b'}}{\Delta\varepsilon}\right]^2 J_{\text{H}} \sim -\frac{3}{1+\lambda^2}\left[\frac{2}{\Delta\varepsilon}\right]^2\left[\frac{(pd\sigma)}{\Delta_{\text{eff}}}\right]^4 J_{\text{H}} \quad (<0) \tag{5.31}$$

となり，両 Mn イオンは強磁性的に結合する．

5.3　原子間のスピン・軌道結合

これまでは，両原子の軌道をそれぞれ特定のものに固定して，安定なスピン方向を探してきた．ここでは，どの軌道を電子が占めるかの自由度もあるとして，原子間の磁気的相互作用を考える．こう考えることによって，

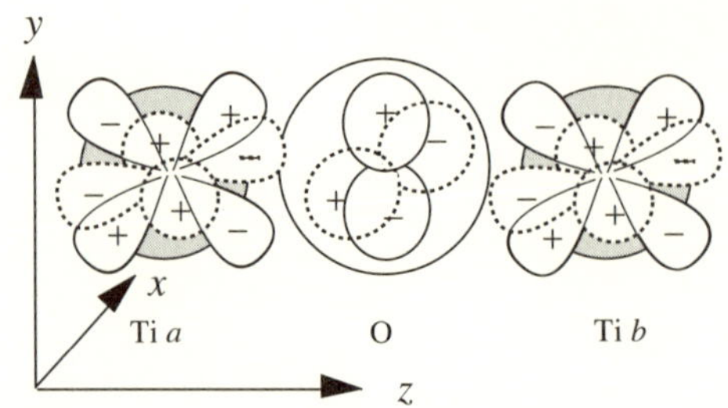

図 5.12: 直線状 Ti-O-Ti クラスター・モデルと Ti d_{zx}，d_{yz} 原子軌道，酸素 p_x，p_y 原子軌道．実線で描いた軌道同士，破線で描いた軌道同士が混成する．

スピン配列の秩序構造ばかりでなく，軌道配列の秩序構造，すなわち**軌道整列**（orbital ordering）の現象を議論できる．

スピン自由度に加えて軌道自由度をもつ簡単な系として，Ti-O-Ti クラスター・モデル（$\mathrm{Ti}_2^{3+}\mathrm{O}^{2-} = [\mathrm{Ti}_2\mathrm{O}]^{4+}$ クラスター・モデル）を考える．ただし，Ti 酸化物は Mott-Hubbard 型に属するので（図 4.28 参照），本章の最初で Mn-O-Mn クラスター・モデルの代わりに Mn-Mn モデルを考えたのと同様に，Ti-Ti モデルを考え，酸素 p 軌道が混成した Ti $3d$ 軌道（式 (5.1) の形の波動関数をもつ）を基底関数としたモデルを考える．Ti^{3+}（d^1）イオンの d 電子は，t_{2g} 軌道（$\xi \equiv d_{zx}$，$\eta \equiv d_{xy}$，$\zeta \equiv d_{yz}$）のうちどれか 1 つを占め $\uparrow$ あるいは $\downarrow$ のスピンをもつ．t_{2g} 軌道のうち，両 Ti 原子の ξ 軌道同士は酸素 p_x 軌道を介して，η 軌道同士は酸素 p_y 軌道を介して電荷移動が可能で，移動積分は等しく $t_{a',b'}$ とおける．ζ 軌道はこれと混成する対称性をもった酸素軌道がないので，移動積分は無視できるとする．したがって，それぞれの Ti 原子の ξ 軌道または η 軌道を，上向きまたは下向きスピンの電子が 1 個ずつ占めた状態を非摂動状態として，電荷移動の 2 次摂動によるエネルギーの低下を考える．すなわち，出発点の波動関数は，

$$\Psi_2(a\xi_\uparrow b\xi_\downarrow) = |\psi_{a\xi\uparrow}\psi_{b\xi\downarrow}|, \quad \Psi_2(a\xi_\uparrow b\eta_\downarrow) = |\psi_{a\xi\uparrow}\psi_{b\eta\downarrow}|,$$

$$\Psi_2(a\xi_\uparrow b\eta_\uparrow) = |\psi_{a\xi\uparrow}\psi_{b\eta\uparrow}|, \quad \Psi_2(a\xi_\uparrow b\xi_\uparrow) = |\psi_{a\xi\uparrow}\psi_{b\xi\uparrow}|$$

の 4 種類が考えられる．それぞれを出発点とした電荷移動による摂動を図 5.13(a)〜(d) に示す．（ξ 軌道同士，η 軌道同士の電荷移動だけが可能

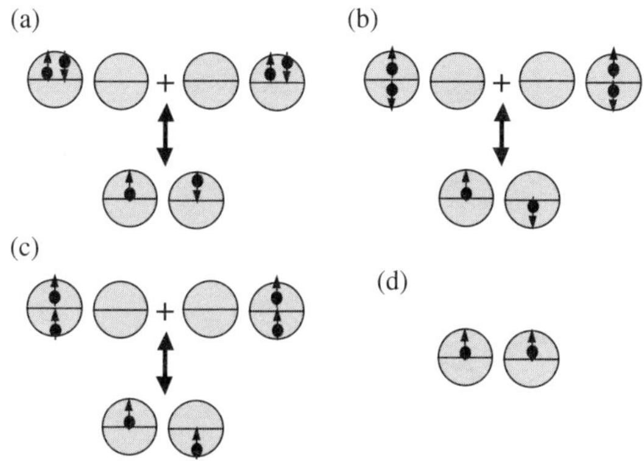

図 5.13: Ti-Ti 2 原子分子モデルにおけるスピンの向き（矢印）と軌道に依存した電荷移動の摂動．半円の上側，下側はそれぞれ，ξ 軌道，η 軌道を表す．(a) 反強磁性的スピン配列，強的軌道配列．(b) 強磁性的スピン配列，反強的軌道配列．(c) 強磁性的スピン配列，反強的軌道配列．(d) 強磁性的スピン配列，強的軌道配列．

なので，Pauli の原理により，(d) からの電荷移動は不可能である．）(a)～(d) それぞれの 2 次摂動エネルギーは次のようになる．

$$
\begin{aligned}
\Delta E(AF,F) &= -\frac{t_{a',b'}^2}{U}\,(\text{反強磁性的スピン配列，強的軌道配列}),\\
\Delta E(F,AF) &= -\frac{t_{a',b'}^2}{U'-J_{\mathrm{H}}}\,(\text{強磁性的スピン配列，反強的軌道配列}),\\
\Delta E(AF,AF) &= -\frac{t_{a',b'}^2}{U'}\,(\text{反強磁性的スピン配列，反強的軌道配列}),\\
\Delta E(F,F) &= 0\,(\text{強磁性的スピン配列，強的軌道配列}).
\end{aligned}
$$

ここで，**強的軌道配列**（ferro-orbital）とは両原子で同じ軌道を電子が占めている状態，**反強的軌道配列**（antiferro-orbital）とは両原子で異なる軌道を電子が占めている状態を表す．$U > U' > U' - J_{\mathrm{H}}$ であるので（付録 C），$\Delta E(F,F) > \Delta E(AF,F) > \Delta E(AF,AF) > \Delta E(F,AF)$ となり，スピンが強磁性的，軌道が反強的に揃うと一番エネルギーが低くなる．したがって，隣同士の Ti 原子のスピンは強磁性的に揃うことになる．例えば図 5.14 に示すように，隣り合う原子の軌道が d_{zx}，d_{yz} と異なる**反強軌道秩序**（ferro-orbtal ordering）を示し，スピンが強磁性秩序を形成するこ

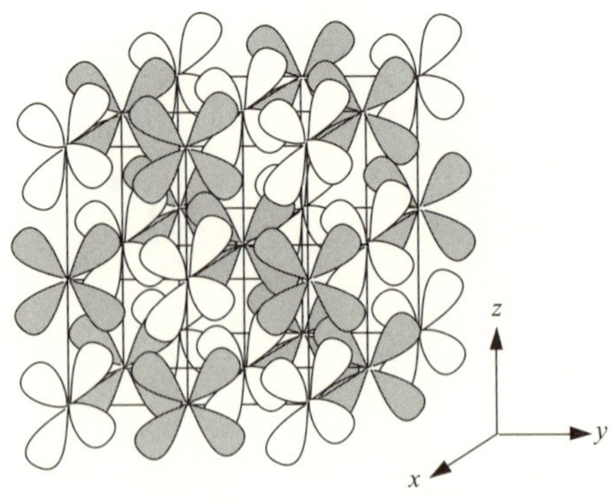

図 5.14: 反強軌道秩序の例．$\xi \equiv d_{yz}$ 軌道（灰色）と $\eta \equiv d_{zx}$ 軌道（白色）が交互に並んでいる．

とが可能である．実際，ペロブスカイト型構造の $YTiO_3$ 中の Ti^{3+} イオンの d 電子は，これに似た軌道秩序を示す（実際には d_{xy} も混在している）．

5.4　金属中の原子間の磁気的相互作用

本章でこれまで述べてきた原子間の磁気的相互作用は，絶縁体の場合に限られていた．本章の残りの部分では，金属的電気伝導を示す遷移金属化合物中の局在磁気モーメント間の相互作用について述べる．

5.4.1　2 重交換相互作用

遷移金属化合物において，d 電子が伝導も担っている場合，伝導電子あるいは伝導ホールが媒介となり，遷移金属イオンのスピン磁気モーメントを同じ向きに揃えようとする．これは **2 重交換相互作用**（double exchange）と呼ばれ，遷移金属イオンのスピンの大きさが大きい場合に有効に働く．2 重交換相互作用が強磁性をもたらすといわれている代表的な例として，Mn^{3+} と Mn^{4+} の中間原子価をもつ Mn 酸化物を表す Mn-O-Mn クラスター・モデル（$[Mn_2O]^{5+}$ クラスター・モデル）を考える．このモデルは，第 5.2.3 節で述べた Mn^{3+} イオンと Mn^{4+} イオンの磁気的相互作用を表すモデルとほぼ同じであるが，両 Mn イオンは完全に等価で，エネルギー差（式 (5.29)，(5.30) 中の $\Delta\varepsilon$）はゼロである．したがって，両 Mn イオンのスピンが平行ならば，Mn^{3+} イオン（$t_{2g\uparrow}^3 e_{g\uparrow}$ 電子配置）の e_g 電子を基底としたハミルトニアン行列は，

$$\begin{pmatrix} -3J_{\mathrm{H}} & -t_{a',b'} \\ -t_{a',b'} & -3J_{\mathrm{H}} \end{pmatrix} \tag{5.32}$$

となり，e_g 電子は Mn イオン間を飛び移ることによって運動エネルギーを得する．これによって，金属的電気伝導と強磁性が同時に出現することになる．

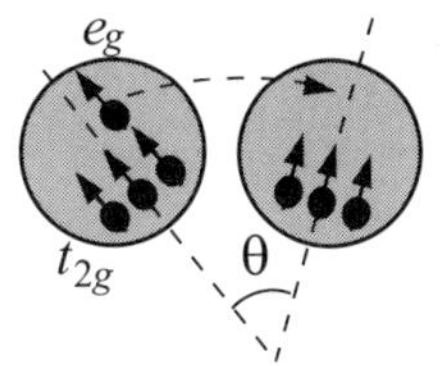

図 5.15: Mn-Mn 2 原子分子モデルにおける 2 重交換相互作用の模式図．局在した t_{2g}^3 電子配置と原子間を移動する e_g 電子を示す．矢印は電子のスピンの向き．

第 5.2.3 節と同様に酸素原子を省略した Mn-Mn 2 原子分子モデルを考え，両原子の t_{2g} 軌道間の移動積分は，e_g 軌道間の移動積分に比べて無視できるものとする．t_{2g} 電子は各 Mn 原子にスピン $S = 3/2$ をもつ t_{2g}^3 電子配置をつくって局在し，e_g 電子が両原子間を飛び移る．e_g 電子と t_{2g}^3 局在スピンの Hund 結合の大きさ $3J_{\mathrm{H}}$ が，式 (5.32) に現れる移動積分 $-t_{a',b'}$ の大きさより充分大きいと，e_g 電子のスピンと t_{2g}^3 局在スピンは，常に平行でなければならない．一方，電荷移動では e_g 電子のスピンの向きは保存する．したがって，両原子の t_{2g}^3 局在スピンを古典的スピンと見なし，これらのなす角度を θ とすると（図 5.15），式 (5.32) における移動積分は，一方の Mn 原子の t_{2g}^3 電子のスピン方向に量子化されたスピン関数と，もう一方の Mn 原子の t_{2g}^3 電子のスピン方向に量子化されたスピン関数の内

積 $\cos\frac{1}{2}\theta$ が移動積分に係数としてかかり[9]，ハミルトニアン行列は，

$$\begin{pmatrix} -3J_{\mathrm{H}} & -t_{a',b'}\cos\frac{1}{2}\theta \\ -t_{a',b'}\cos\frac{1}{2}\theta & -3J_{\mathrm{H}} \end{pmatrix}$$

となる．その結果，e_g 電子のエネルギーは $\varepsilon = -3J_{\mathrm{H}} - t_{a',b'}\cos\frac{1}{2}\theta$ となり，θ が小さいほど，すなわちスピンが平行に近くなるほど低くなる．Mn の平均価数が Mn^{4+} 近づくと，動き回ることのできる e_g 電子の数は減少し，t_{2g}^3 電子配置間の反強磁性的が最も強い相互作用として残る．ペロブスカイト型酸化物 $\mathrm{La}_{1-x}\mathrm{Ca}_x\mathrm{MnO}_3$ 中の Mn の原子価は $3+x$ 価で与えられるが，$0.2 < x < 0.45$ が強磁性金属で $x = 1$（CaMnO_3）が反強磁性絶縁体であることは，以上のようにして説明される．

同じ Mn-Mn 2 原子分子モデルは，スピン $S = 2$ の $t_{2g}^3 e_g$ 電子配置をもつ Mn^{3+} イオン間を e_g ホールが飛び移るモデルと見ることもできる．この場合，Hund 結合により e_g ホールのスピンは Mn^{3+} イオンの局在スピンと反平行となる．$t_{2g}^3 e_g$ 電子のスピンを古典スピンと見なしたときの e_g ホールのハミルトニアンは，

$$\begin{pmatrix} -5J_{\mathrm{H}} & t_{a',b'}\cos\frac{1}{2}\theta \\ t_{a',b'}\cos\frac{1}{2}\theta & -5J_{\mathrm{H}} \end{pmatrix}$$

となる（ここで，$-6J_{\mathrm{H}}$ は Mn^{4+} イオンの 6 個のホールと e_g ホールの Hund 結合）．したがって，e_g ホールのエネルギーは $\underline{\varepsilon} = -5J_{\mathrm{H}} - t_{a',b'}\cos\frac{1}{2}\theta$ となり，やはり両原子のスピンのなす角 θ が小さくなることによってエネルギーが低下する．Mn の平均価数が Mn^{3+} 近づくと，動き回れる e_g ホールの数は減少し，$x \to 0$ 極限の LaMnO_3 は反強磁性体となる．

---

[9] スピン関数 χ を x 軸の回りに θ 回転すると，

$$\begin{pmatrix} \chi(1) \\ \chi(2) \end{pmatrix} \to \begin{pmatrix} \cos\frac{1}{2}\theta & -\sin\frac{1}{2}\theta \\ \sin\frac{1}{2}\theta & \cos\frac{1}{2}\theta \end{pmatrix} \begin{pmatrix} \chi(1) \\ \chi(2) \end{pmatrix}$$

と変換されるので，Mn 原子 a の t_{2g}^3 電子のスピンの向きを z 軸とすると，Mn 原子 a，b の t_{2g}^3 電子のスピンの向きに量子化されたスピン関数は，それぞれ

$$\chi_a = \begin{pmatrix} 1 \\ 0 \end{pmatrix}, \qquad \chi_b = \begin{pmatrix} \cos\frac{1}{2}\theta \\ -\sin\frac{1}{2}\theta \end{pmatrix}$$

となる．

2 重交換相互作用系は，外部磁場のもとで局在スピンの向きが揃うと，移動積分が大きくなるので電気伝導度が上昇する．したがって，非常に大きな負の磁気抵抗が期待される[10]．このような効果は，ペロブスカイト型 Mn 酸化物や希薄磁性半導体（第 4.3.5 節参照）をはじめとする多くの物質で実際に観測されており，**巨大磁気抵抗**（giant magneto-resistance あるいは colossal magneto-reistance）と呼ばれている[11]．ただし，次に述べる p-d 交換相互作用系でも同様に，金属的電気伝導と同時に現れる強磁性や大きな負の磁気抵抗が予想されるので，実際の物質で 2 重交換相互作用と p-d 交換相互作用のどちらが支配的であるかを知るには，電子構造を正しく調べる必要がある．

5.4.2 p-d 交換相互作用

前節で取り上げた，Mn^{3+} と Mn^{4+} の中間原子価をもつ Mn 酸化物は，$LaMnO_3$ などの Mn^{3+} 酸化物にホールをドープした物質であるが，ドープされたホールが Mn の d 軌道に入らずに，酸素の p 軌道に入る可能性もある．第 4.2.2 節で述べたように，Mott-Hubbard 型絶縁体にドープされたホールは d 軌道に，電荷移動型絶縁体にドープされたホールは p 軌道に入るからである．電荷移動エネルギー Δ，原子内クーロン積分 $\bar{U}$ を与える式 (4.45) や，それらに多重項補正を加えた $\Delta_{\rm eff}$，$U_{\rm eff}$ を示す図 4.28 によれば，$LaMnO_3$ はむしろ電荷移動型絶縁体（$\Delta < \bar{U}$ あるいは $\Delta_{\rm eff} < U_{\rm eff}$）に属し，ドープされたホールは p 軌道に入ると考えた方が現実に近い．

酸素の p 軌道に入ったホールのスピンは，Mn の局在スピンと反強磁性的に結合する．反強磁性的に結合するメカニズムは，第 4.3.5 節に述べた，Mn^{2+} イオンと p バンドのホールとの反強磁性的結合の場合と同様で，p 軌道と d 軌道が混成する場合に共通である．図 5.16 に模式的に示すように，ホールが酸素原子間を移動すると，これと反強磁性的に結合した d 電子のスピンは強磁性的に揃えられ，ホールの運動エネルギーを得させる．

このような機構は，前節で述べた高スピン（$S = 2$）d^4 電子配置に d

---

[10] 磁気抵抗は，磁場による電気抵抗率の上昇 $[\rho(H) - \rho(H = 0)]/\rho(H = 0)$ で定義される．磁場により電気抵抗が減少する場合は，負の磁気抵抗と呼ぶ．

[11] 例えば，十倉好紀：強相関電子と酸化物（岩波書店，2002 年）．

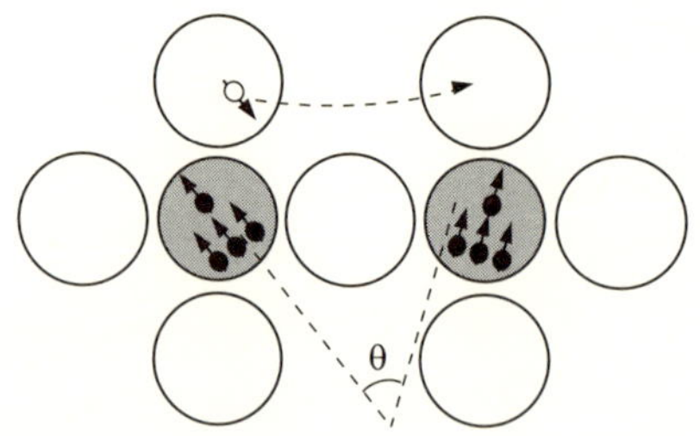

図 5.16: Mn 原子（網かけの丸）と酸素原子（白丸）からなるモデルにおける p-d 交換相互作用の模式図．Mn 原子に局在した $t_{2g}^3e_g$ 電子配置と酸素原子間を移動する p 電子．矢印は電子，ホールのスピンの向き．

ホールが入った場合と，スピンに関しては同じ状態にある．したがって，d 軌道のみが関与する 2 重交換相互作用と p-d 交換相互作用の物性は似ており，実験的に区別するのは難しい．しかし，実際の化合物では d 軌道と p 軌道は混成しており，2 重交換相互作用と p-d 交換相互作用の境界は連続的に移り替わっているので，両者の厳密な区別が必要ないことも多い．

5.4.3 RKKY 相互作用

遷移金属の d 電子が局在したまま p ホール数が多くなると，ホールの Fermi 面の存在に起因して空間的に強磁性と反強磁性の間を振動する局在スピン間の相互作用が現れる．この相互作用は，**Ruderman-Kittel-Kasuya-Yoshida（RKKY）相互作用**と呼ばれ，希土類金属の f 電子の長距離磁気秩序をよく説明する．希土類金属では，$4f$ 電子はよく局在しており，希土類 $5d$，$6s$ 軌道に由来する伝導電子は Fermi 面を形成している．原子 a と原子 b の距離を R_{ab} とすると，a，b 間の RKKY 相互作用のハミルトニアンは，

$$\begin{aligned} H &= J_{a,b}\mathbf{S}_a \cdot \mathbf{S}_b, \\ J_{a,b} &\propto N(\mu)\frac{2k_{\mathbf{F}}R_{ab}\cos 2k_{\mathbf{F}}R_{ab} - \sin 2k_{\mathbf{F}}R_{ab}}{(2k_{\mathbf{F}}R_{ab})^3} \end{aligned} \tag{5.33}$$

で与えられる．ここで，$N(\mu)$ は Fermi 準位での価電子・伝導帯の状態密度（第 6.4 節参照），$k_{\mathbf{F}}$ は Fermi 波数（第 6.5.1 節参照）である．式

からわかるように，$J_{a,b}$ はその符号が距離によって振動するが，近距離（$R_{a,b} \ll 1/k_{\mathbf{F}}$）では負になり，スピンは強磁性的に結合する．ただし，遷移金属や遷移金属化合物中の d 電子は f 電子ほど局在しておらず，価電子帯，伝導帯との軌道混成，d 軌道同士の軌道混成が重要な場合が多いので，RKKY 相互作用で磁性が説明できるケースは少ないと考えられる．

第6章 固体の電子状態

6

実際の遷移金属化合物・希土類化合物では，遷移金属イオン・希土類イオンは結晶格子を作っているので，電子状態・電子物性の正確な議論には，第4章，第5章での取り扱いを越えて，これらのイオンを不純物としてではなく結晶格子として扱う必要がある．電子が各遷移金属イオンに局在している場合には，第5章に述べたように，磁性イオン間の磁気的相互作用を考えて結晶全体の磁気秩序を議論できる．一方，電子が遍歴化している場合，とくに物質が金属の場合は，結晶全体に広がったBloch軌道を1電子状態の基底関数として用いるのが自然である．本章では，固体の電子状態について，局在電子からの取り扱いと，遍歴電子からの取り扱いの両面から述べる．

6.1 様々な格子モデル

固体，液体などの**凝縮系**（condensed matter）は巨視的な数の原子の集合体であるから，巨大な分子と考えてよい．したがって，電子の運動ばかりでなく原子の運動（格子振動）まで扱うならば，系はハミルトニアン(3.1)で記述され，電子の運動のみに注目するならばハミルトニアン：

$$H_N = \sum_{i=1}^{N} \left[\frac{\mathbf{p}_i^2}{2m} - \sum_{a=1}^{\mathcal{N}} v_{\mathrm{core}}^a(\mathbf{r} - \mathbf{R}_a) \right] + \sum_{i>j=1}^{N} \frac{e^2}{r_{ij}} \equiv \sum_{i=1}^{N} h_i + \sum_{i>j=1}^{N} v_{ij} \tag{6.1}$$

で記述される．ただし分子と異なり，全原子数$\mathcal{N}$，全電子数Nは巨視的な数（$\sim 10^{23}$）である．固体であれば，原子は周期的に配列して結晶格子を作る場合と，周期性のない非晶質（アモルファス）を作る場合がある．

本書では，周期性のある結晶格子を主に扱う．

第 2 量子化形式では，互いに直交する任意の 1 電子状態の生成・消滅演算子を用いてハミルトニアンを書き表すことができる（付録B）．各原子の原子軌道 $\psi_{aq}(\mathbf{x}) \equiv \psi_{anlm\sigma}(\mathbf{x}) \equiv \phi_{anlm}(\mathbf{r})\chi_\sigma(s) \equiv \phi_{nlm}(\mathbf{r}-\mathbf{R}_a)\chi_\sigma(s) \equiv \phi_{a\gamma}(\mathbf{r})\chi_\sigma(s)$（$\mathbf{r}$：位置座標，$s$：スピン座標，$\mathbf{x} \equiv (\mathbf{r}, s)$，$a$：原子位置）を 1 電子状態として用い，ハミルトニアンを

$$H = \sum_{a,b,q,q'} \langle aq|h|bq'\rangle c^\dagger_{aq} c_{bq'} + \frac{1}{2} \sum_{a,b,a',b',q,q',q'',q'''} \langle aq, bq'|v|a'q'', b'q'''\rangle c^\dagger_{bq'} c^\dagger_{aq} c_{a'q''} c_{b'q'''} \tag{6.2}$$

と表す．ここで，a, b, a', b' は原子位置，

$$\langle aq|h|bq'\rangle \equiv \langle \psi_{aq}(\mathbf{x})|h|\psi_{bq'}(\mathbf{x})\rangle \equiv \int d\mathbf{x}\psi^*_{aq}(\mathbf{x})h\psi_{bq'}(\mathbf{x})$$
$$\equiv \sum_{s=1}^{2} \chi^*_\sigma(s)\chi_{\sigma'}(s) \int d\mathbf{r}\phi^*_{a\gamma}(\mathbf{r})h_1\phi_{b\gamma'}(\mathbf{r}),$$

$$\langle aq, bq'|v|a'q'', b'q'''\rangle \equiv \langle \psi_{aq}(\mathbf{x}_1)\psi_{bq'}(\mathbf{x}_2)|v_{12}|\psi_{a'q''}(\mathbf{x}_1)\psi_{b'q'''}(\mathbf{x}_2)\rangle$$
$$\equiv \int\int d\mathbf{x}_1 d\mathbf{x}_2 \frac{e^2}{r_{12}} \psi^*_{aq}(\mathbf{x}_1)\psi^*_{bq'}(\mathbf{x}_2)\psi_{a''q''}(\mathbf{x}_1)\psi_{b''q'''}(\mathbf{x}_2)$$
$$\equiv \sum_{s_1=1}^{2} \chi^*_\sigma(s_1)\chi_{\sigma''}(s_1) \sum_{s_1=1}^{2} \chi^*_{\sigma'}(s_2)\chi_{\sigma'''}(s_2)$$
$$\times \int d\mathbf{r}_1 \int d\mathbf{r}_2 \frac{e^2}{r_{12}} \phi^*_{a\gamma}(\mathbf{r}_1)\phi^*_{b\gamma'}(\mathbf{r}_2)\phi_{a'\gamma''}(\mathbf{r}_1)\phi_{b'\gamma'''}(\mathbf{r}_2)$$

である．ただし，異なる原子間の原子軌道の重なり積分（$\tilde{S}$）は無視できると近似している．

6.1.1 Hubbard モデル

格子モデル (6.2) の最も簡単な場合として，まず水素原子の作る仮想的な結晶を考える．原子軌道は 1s 軌道のみなので，“1 バンド・モデル” と

なり，ハミルトニアンは

$$H = \sum_{a,b,\sigma} \langle a|h|b\rangle c^\dagger_{a\sigma} c_{b\sigma} + \frac{1}{2} \sum_{a,b,a',b',\sigma,\sigma'} \langle a_\sigma b_{\sigma'}|v|a'_\sigma b'_{\sigma'}\rangle c^\dagger_{b\sigma'} c^\dagger_{a\sigma} c_{a'\sigma} c_{b'\sigma'} \tag{6.3}$$

となる．さらにモデル (6.3) を簡略化して，移動積分 $\langle a|h|b\rangle$（$a \neq b$）は最近接原子同士のみ有限（$-t \equiv \langle a|h|b\rangle < 0$；$\varepsilon_{1s} \equiv 0$ をエネルギーの原点にとる），クーロン·交換積分 $\langle a_\sigma b_{\sigma'}|v|a'_\sigma b'_{\sigma'}\rangle$ は同一原子内（$a = b = a' = b'$）でのみ有限とすると，$U \equiv U_{aa} = \langle a_\uparrow a_\downarrow|v|a_\uparrow a_\downarrow\rangle$ のみ残り，式 (6.3) は

$$H = -t \sum_{\langle a,b\rangle,\sigma} c^\dagger_{a\sigma} c_{b\sigma} + U \sum_a \bar{n}_{a\uparrow} \bar{n}_{a\downarrow} \tag{6.4}$$

となる．ここで，$\bar{n}_{a\sigma} \equiv c^\dagger_{a\sigma} c_{a\sigma}$ は電子数の演算子，$\langle a,b\rangle$ は最近接原子間でのみ和をとることを表す．また，エネルギーの原点を $\langle a|h|a\rangle = \tilde{\varepsilon}_{1s}$ とした．式 (6.4) あるいはそれを拡張したモデル（最も一般的には (6.2)）は **Hubbard モデル**と呼ばれ，原子間の電荷移動と電子間相互作用を同時に取り入れて電子状態を取り扱うことができるモデルとなっている[1]．縮退のない $1s$ 原子軌道の代わりに，縮退した d 軌道，f 軌道を考えれば，遷移金属，希土類金属およびそれらの化合物のモデルとして用いることができる．

以下では簡単のために，1 バンド Hubbard モデル（式 (6.4)）に基づいて，水素原子の作る仮想的な結晶についてさらに詳しく考える．すべての"水素原子"が中性で，電子数 N は原子数 $\mathcal{N}$ に等しいとする．

局在電子系

分子の電子状態（第 3 章）からの類推により，$U \gg t$ の場合は，電子は原子間を動くことが難しく，ほとんど各原子位置にほぼ局在すると考えられる．わずかな電荷移動の確率は，波動関数 (3.34) からわかるように

[1] J. Kanamori: *Prog. Theor. Phys.* **30**, 275 (1963). J. Hubbard: *Proc. R. Soc. London*, Ser. *A* **276**, 238 (1963).

$(t/U)^2$ に比例し，交換結合定数 $J = \frac{4t^2}{U}$ (>0)（式 (3.36)）で表される局在スピンの間の超交換相互作用をもたらす．系は電気的に絶縁体で，有限温度で熱励起された電子やホールでのみ電気伝導が可能になる．磁気的性質は，第 3.1.4 節で示したように，スピン・ハミルトニアン (3.39)

$$H = J \sum_{\langle a,b \rangle} \mathbf{S}_a \cdot \mathbf{S}_b$$

で表されるが，その性質は結晶の空間的次元性や具体的な結晶構造に大きく依存する．3 次元の単純立方格子では，図 6.1(a) に示すような，最近接原子同士が逆向きのスピンをもった**反強磁性磁気秩序**状態の実現が考えられる．反強磁性状態でのハミルトニアン (3.39) の期待値は，各原子が 6 個の最近接原子をもつので，

$$\langle H \rangle = 6 \times \frac{1}{2} NJ \langle \mathbf{S}_a \cdot \mathbf{S}_b \rangle = 3NJ \langle S_{az} S_{bz} \rangle = -\frac{3}{4} NJ = -0.75NJ$$

となる．2 次元正方格子では，図 6.1(b) に示すような反強磁性磁気秩序状態が考えられ，同じハミルトニアン (3.39) の期待値は，

$$\langle H \rangle = 4 \times \frac{1}{2} NJ \langle \mathbf{S}_a \cdot \mathbf{S}_b \rangle = -\frac{1}{2} NJ = -0.5NJ$$

1 次元鎖では，図 6.1(c) に示すような反強磁性磁気秩序状態に対して，

$$\langle H \rangle = 2 \times \frac{1}{2} NJ \langle \mathbf{S}_a \cdot \mathbf{S}_b \rangle = -\frac{1}{4} NJ = -0.25NJ$$

となる．一般に，最近接原子数を Z とすると，エネルギー期待値は

$$\langle H \rangle = -\frac{Z}{8} NJ$$

で与えられる．したがって，格子の次元数が低下すると，反強磁性状態のエネルギーが上昇し不安定化する傾向にある．

一方，最近接原子が Heitler-London 状態を作ると，第 3.1.4 節で述べたように，その原子ペアが $\langle \mathbf{S}_a \cdot \mathbf{S}_b \rangle = -\frac{3}{4} J$ のエネルギーを得する．すべての原子が隣同士でペアを作ると $N/2$ 個のペアができるので，次元性や結晶構造によらず，

$$\langle H \rangle = \frac{N}{2} J \langle \mathbf{S}_a \cdot \mathbf{S}_b \rangle = -\frac{3}{8} NJ = -0.375NJ$$

となる．したがって，原子が2個ずつ Heitler-London 状態を形成した状態は，2次元，3次元では反強磁性状態よりエネルギーが高いが，1次元ではエネルギーが低い．しかし，1次元反強磁性状態は量子ゆらぎによりエネルギーが上記の値よりも低下し，Heitler-London 状態も共鳴によりさらにエネルギーが低下するので，低次元系における反強磁性状態と Heitler-London 状態のエネルギーの比較は微妙である．より精度の高い近似を用いた注意深い検討が必要である．隣接原子がすべて Heitler-London 状態をつくり共鳴した状態は，第3.1.2節でベンゼン C_6H_6 分子を例に述べた**共鳴原子価状態（RVB 状態）**（resonating valence bond state）が結晶全体に広がったものである[2]．

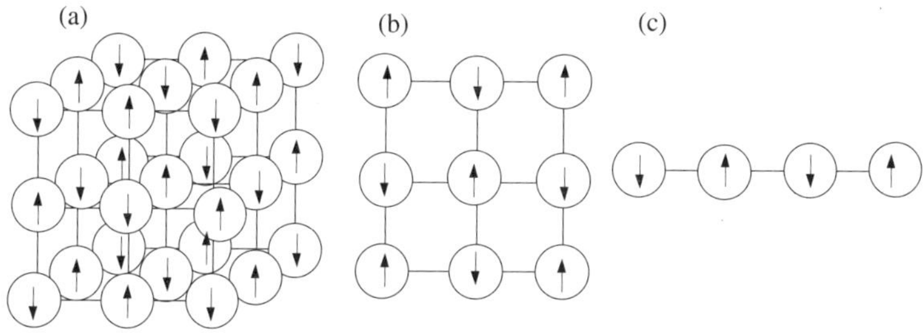

図 6.1: 簡単な結晶構造における反強磁性秩序．(a) 3次元単純立方格子．(b) 2次元正方格子．(c) 1次元鎖．

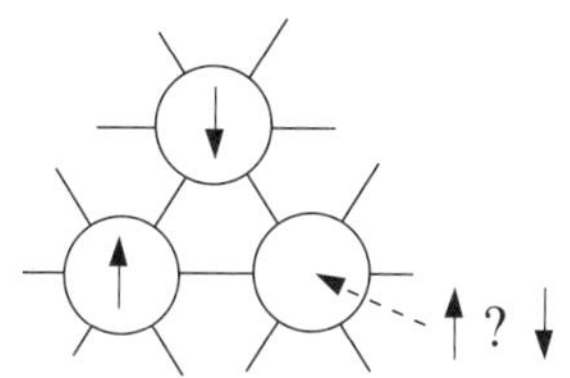

図 6.2: 原子間に反強磁性的相互作用の働く三角格子の磁気的フラストレーション．隣り合う2個の原子のスピンの向き（矢印）が逆の場合，第3の原子3のスピンの向きは一意的には決まらない．

[2] 2次元正方格子でも RVB 状態の方が反強磁性状態より安定であるという提案が，銅酸化物高温超伝導体に関連して，Anderson によってなされた [P. W. Anderson: *Science* **235**, 1196 (1987)].

水素分子について第 3.2.4 節で述べたように，$U \gg t$ の場合，非制限 Hartree-Fock 近似はスピン分極した解を与える．2 原子分子にスピン・ハミルトニアンを適用すると，第 3.1.4 節で示したように，スピン分極した解（エネルギー $-J/4$）よりもスピン 1 重項の解（エネルギー $-3J/4$）の方が安定になるが，3 次元結晶格子については反強磁性秩序が安定である．したがって，実際に磁気秩序が起こる 3 次元結晶については非制限 Hartree-Fock 近似は現実的な解を与えることになる．

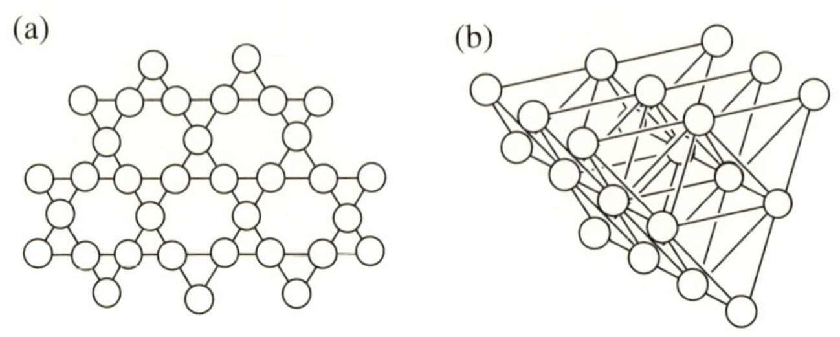

図 6.3: 磁気的フラストレーションを示す結晶格子．(a) 2 次元カゴメ格子．(b) 3 次元パイロクロア格子．

ここで，反強磁性秩序はどのような形状の格子でも可能なわけではないことについて述べる．2 次元三角格子では，図 6.2 に示すような**磁気的なフラストレーション**のため，反強磁性磁気秩序状態を作ることができない．そこで，隣り合う 2 原子の間で $S = 0$ の Heitler-London 状態を作り，それが共鳴した RVB 状態ができ，結晶全体で $S = 0$ 状態をつくることが考えられる．

磁気的なフラストレーションを示す結晶格子は，三角格子の他に，カゴメ格子（図 6.3(a)），3 次元ではパイロクロア格子（図 6.3(b)）がある．また，2 次元正方格子など，通常は磁気的なフラストレーションを示さない格子でも，離れた原子間の超交換相互作用が最近接原子間の超交換相互作用を上回っている場合には，磁気的フラストレーションを示す．

6.1.2 Anderson 格子モデル

Hubbard モデルよりも一般的な格子モデル (6.2) の例として，Hubbard モデルを拡張し遷移金属原子と非金属原子を顕に取り扱ったモデルを考える．これは，第 4.2 節の遷移金属イオンを 1 個もつクラスター・モデルを，遷移金属イオンが結晶格子状に並んだものに拡張したモデルと考えてもよい．クラスター・モデルのハミルトニアン (4.27) を格子に拡張した

$$\begin{aligned} H &= H_d + H_p + H_{p-d} \\ H_d &= \sum_{a:M}\left[\sum_{q}\varepsilon^0_{dq}n_{aq} + \frac{1}{2}\sum_{q,q',q'',q'''}\langle qq'|v|q''q'''\rangle c^\dagger_{aq'}c^\dagger_{aq}c_{aq''}c_{aq'''}\right], \\ H_p &= \sum_{a:X}\sum_{q}\varepsilon_p n_{aq} - \sum_{a,b:X}\sum_{q,q'}(t_{aq,bq'}c^\dagger_{aq}c_{bq'} + t^*_{bq',aq}c^\dagger_{bq'}c_{aq}), \\ H_{p-d} &= -\sum_{a:M,b:X}\sum_{q,q'}(t_{aq,bq'}c^\dagger_{aq}c_{bq'} + t^*_{bq',aq}c^\dagger_{bq'}c_{aq}) \end{aligned} \tag{6.5}$$

を考える．ここで，H_{p-d} 中の添え字 b は金属原子 M の位置を，添え字 a は非金属原子 X の位置を表す．式 (6.5) は，**Anderson 格子モデル**（Anderson-lattice model）と呼ばれ，遷移金属化合物，希土類化合物を扱うために用いられる（式 (6.5) では，金属原子間の移動積分は小さいとして無視しているが，これを取り入れてもよい）．遷移金属化合物の場合，1 電子軌道の基底関数が遷移金属の d 軌道と非金属 p 軌道からなるので，**p-d モデル**とも呼ばれる．

式 (6.5) は，縮退した d 軌道，p 軌道をすべて取り込んだ一般的な表式で，複雑である．実際の物質を扱うときには，Fermi 準位に近い重要な軌道のみを考え，他の軌道は省略することが多い．代表的な例は，銅酸化物高温超伝導体を取り扱うための p-d モデルである．すべての銅酸化物高温超伝導体が共通してもつ CuO_2 面（図 4.19）を考え，銅の $d_{x^2-y^2}$（$\equiv v$）軌道と，それと混成できる酸素の p_x，p_y 軌道のみを考える．常に電子が詰まっている他の d 軌道はモデルに顕に含めない “3 バンド・モデル”：

$$\begin{aligned} H &= H_d + H_p + H_{p-d}, \\ H_d &= \varepsilon_d \sum_{a:\mathrm{Cu},\sigma} n_{a\sigma} + U\sum_{a:\mathrm{Cu}} n_{a\uparrow}n_{a\downarrow}, \end{aligned}$$

$$
\begin{aligned}
H_p &= \varepsilon_p \sum_{a:\mathrm{O}} \sum_{q=p_x,p_y} n_{aq} \\
&\quad - \sum_{a,b:\mathrm{O}} \sum_{q,q'=p_x,p_y} (t_{aq,bq'} c^\dagger_{aq} c_{bq'} + t^*_{bq',aq} c^\dagger_{bq'} c_{aq}), \\
H_{p-d} &= - \sum_{a:\mathrm{Cu},b:\mathrm{O}} \sum_{q,q'=p_x,p_y} (t_{a,bq'} c^\dagger_a c_{bq'} + t^*_{bq',a} c^\dagger_{bq'} c_a) \qquad (6.6)
\end{aligned}
$$

を採用する．ここで，$\varepsilon_d \equiv \varepsilon_d^0 + 8U' - 4J_{\mathrm{H}}$ である．

Anderson 格子モデルや p-d モデルは，重要な原子軌道をほとんどすべて取り入れているので，現実的なモデルであるが，理論的取り扱いは大きな労力を要する．簡略化されたモデルである Hubbard モデル，次に述べる t-J モデルも，必要に応じて使い分ける必要がある．

6.1.3 t-J モデル

Hubbard モデル（式 (6.4)）において U/t が大きくなると，2 個の電子が同じ原子位置にくる「2 重占有」の確率が小さくなる．U/t が非常に大きいとして，Hubbard モデルから 2 重占有を排除したハミルトニアン

$$
H = -t \sum_{\langle a,b \rangle,\sigma} (1-n_a) c^\dagger_{a\sigma} c_{b\sigma} (1-n_b) + J \sum_{\langle a,b \rangle} \mathbf{S}_a \cdot \mathbf{S}_b \qquad (6.7)
$$

を扱おう．ここで，原子位置 a に電子がきたときのスピン演算子 $\mathbf{S}_a$ は，Pauli 行列 $\mathcal{S}$ を用いて[3]，

$$
\mathbf{S}_a \equiv \frac{1}{2} \sum_{\sigma,\sigma'} c^\dagger_{a\sigma} \mathcal{S}_{\sigma,\sigma'} c_{a\sigma'}
$$

で定義される．式 (6.7) 右辺第 1 項の $(1-n_a)$ は原子 a の軌道が占有されているときにゼロとなり，電子の移動の際に 2 重占有を排除する働きをする．第 2 項は，隣り合う原子を電子が占めるときに起こる超交換相互

[3] パウリ行列は

$$
\mathcal{S}_x = \begin{pmatrix} 0 & 1 \\ 1 & 0 \end{pmatrix}, \quad \mathcal{S}_y = \begin{pmatrix} 0 & -i \\ i & 0 \end{pmatrix}, \quad \mathcal{S}_z = \begin{pmatrix} 1 & 0 \\ 0 & -1 \end{pmatrix}
$$

で定義される．

作用で，Heisenberg モデル（式 (3.39)）と同様の形をもち，$J = 4t^2/U$（式 (3.36)）で与えられる．このモデルは t-J **モデル**と呼ばれ，対応する Hubbard モデルに比べて基底関数の数が少なくなり，計算量が大きく減少する．したがって，Hubbard モデルの数値計算では扱えないような大きな系を，t-J モデルでは扱える．

t-J モデルは Habbard モデルを簡略化したモデルであるばかりでなく，前節で述べた CuO_2 面の p-d モデル（式 (6.6)）を簡略したモデルでもある．CuO_2 面をモデル化した CuO_4 クラスター・モデル（第 4.2.5 節）あるいは Anderson 不純物モデル（第 4.3.3 節）を用いた解析により，反強磁性絶縁体状態にある $Cu^{2+}O_2^{2-}$ 面にドープされたホールは，電子配置 $d^9\underline{L}$ あるいは $d^9\underline{\varepsilon}$ で表されるスピン 1 重項（$S = 0$）状態 “Zhang-Rice 1 重項” を形成することが示されている[4]．Zhang-Rice 1 重項を，1 バンド Hubbard モデルで電子に占有されていない原子（これも $S = 0$）に対応させる．ホールが入っていない銅原子は d^9 電子配置にあって $S = 1/2$ の局在スピンをもち，電子 1 個に占有された原子に対応する．余分な電子の入った銅原子は d^{10} 電子配置（$S = 0$）となり，1 バンド Hubbard モデルでは 2 重占有された原子に対応する．したがって，CuO_2 面の 3 バンド p-d モデルは，1 バンド Hubbard モデルと 1 対 1 に対応する電子状態をもつ．ホールがドープされた CuO_2 面は，Zhang-Rice 1 重項と d^9 電子配置が重要であると考えられるので，d^{10} 電子配置を無視すると，系は t-J モデルで記述できる．この場合，超交換相互作用は $J = 4t^2/U$ ではなく，電荷移動エネルギー Δ も含んだ式 (5.13) で与えられる．

6.1.4 近藤格子モデル

複雑な Anderson 格子モデル，p-d モデルを，関与するバンドの数を減らして Hubbard モデルや t-J モデルで近似する他に，d 電子，f 電子を完全な局在スピンとして近似する方法がある．局在した d 電子とバンドを形

---

[4] スピン 3 重項（$S = 1$）の $d^9\underline{L}$ 電子配置もあるが，他の銅 d 軌道（$d_{3z^2-r^2} \equiv u$ 軌道など），他の酸素 p 軌道（CuO_2 面から外れた “頂点酸素” の p_z 軌道など）にホールが入るためにエネルギーが高くなり，物性の議論には無視できる．

成する p 電子が交換相互作用 J_K で磁気的に結合したモデルが

$$
\begin{aligned}
H &= H_d + H_p + H_K, \\
H_d &= \sum_a \left[\sum_q \varepsilon^0_{dq} n_{aq} + \frac{1}{2} \sum_{q,q',q'',q'''} \langle qq'|v|q''q'''\rangle c^\dagger_{aq'} c^\dagger_{aq} c_{aq''} c_{aq'''} \right], \\
H_p &= \sum_a \sum_q \varepsilon_p n_{aq} - \sum_{a,b} \sum_{q,q'} (t_{aq,bq'} c^\dagger_{aq} c_{bq'} + t^*_{bq',aq} c^\dagger_{bq'} c_{aq}), \\
H_K &= \sum_{a:M,b:X} J^{ab}_K \mathbf{s}_b \cdot \mathbf{S}_a
\end{aligned}
\tag{6.8}
$$

で表されるとする．J^{ab}_K は，金属原子 a のスピン $\mathbf{S}_a$ と，それに再近接の非金属原子 b 上の p 電子のスピン $\mathbf{s}_b$ との交換相互作用で，銅酸化物超伝導体の Cu^{2+} イオン（$S = 1/2$）とドープされた酸素 p バンドのホールの場合（第 4.3.3 節），半導体中にドープされた Mn^{2+} イオン（$S = 5/2$）と p バンドのホールの場合（第 4.3.5 節）は共に反強磁性的（$J^{ab}_K > 0$）である．近藤効果を示す希土類化合物を表すモデルも式 (6.8) と同じ形をしているので[5]，このモデルを**近藤格子モデル**（Kondo-lattice model）と呼ぶ．

近藤格子モデルは，局在電子数の量子力学的ゆらぎをあらわに考えない近似である．銅酸化物にドープされたホールの場合，$d^9\underline{L}$ 電子配置のみを考え，d^8，$d^{10}\underline{L}^2$ 電子配置へのゆらぎの効果はあらわに考えず，ゆらぎの結果生じた J_K を用いて物性を議論する．これは，電荷移動エネルギー Δ，クーロン積分 U が p-d 間の移動積分に比べて充分大きいとき，よい近似である．Mn をドープした半導体の場合は，$d^5\underline{\varepsilon}$ 電子配置のみ考え，d^4，$d^6\underline{\varepsilon}^2$ 電子配置への電荷ゆらぎはあらわに考えない．近藤格子モデルの範囲内でも，Cu^{2+} イオンの場合はスピンは量子力学的に振る舞い，Mn^{2+} イオンの場合は古典的なスピンとして振る舞うなど，スピン状態やスピンゆらぎは正しく記述される．

Ce 化合物の場合は，第 4.3.4 節で述べた不純物と同様，$\mu - \varepsilon_f$，$\varepsilon_f + U - \mu$ が f 軌道-価電子帯間の移動積分に比べて充分大きいとき，Ce 化合物中の各 Ce 原子は基底状態でほぼ純粋に $f^1\underline{\varepsilon}$ 電子配置となり，系は電荷ゆらぎのない近藤格子モデルでよく記述できる．

5　希土類化合物の場合は，f 電子が局在スピンを形成する．伝導電子は s，p または d 電子．

6.2 金属-絶縁体転移

6.2.1 バンド幅制御とフィリング制御

Mott 絶縁体では，強い電子間相互作用のために，電子が各原子位置に局在し絶縁体となっている．すべての遷移金属原子が結晶学的に等価な Mott 絶縁体では，各原子位置に局在する電子数は等しいから，遷移金属原子当たりの占有電子数は整数でなければならない．Mott 絶縁体を金属化するには，バンド幅を大きくするか，占有電子数を整数からずらす必要がある．すなわち，物質のバンド幅を変化させる（バンドギャップを閉じさせる）かバンド・フィリングを変化させる（キャリアをドープする）必要がある（第 4.2.2 節参照）．前者は**バンド幅制御**（bandwidht control），後者は**フィリング制御**（filling control）とも呼ばれ，強相関電子系の物性制御に用いられる．

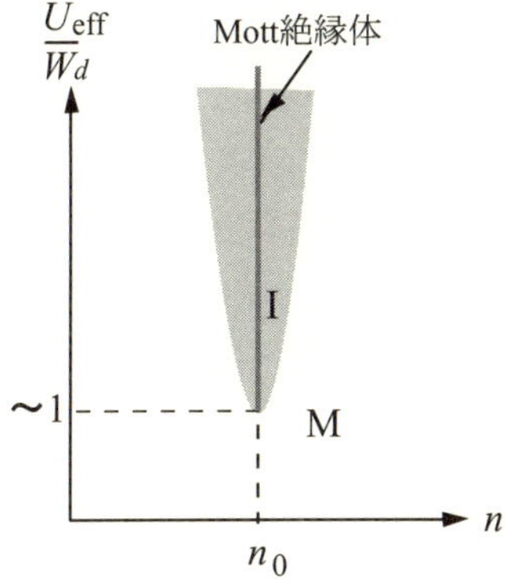

図 6.4: バンド幅制御（垂直方向）とフィリング制御（水平方向）による Mott-Hubbard 型化合物の電子相図の模式図．遷移金属原子当たりの占有電子数が整数 ($n = n_0$) の線上で $U_{\text{eff}}/W_d > 1$ の部分は Mott 絶縁体．M：金属相．I：絶縁体相．

Mott-Hubbard 型絶縁体，電荷移動型絶縁体のバンドギャップは，第 4.2.2 では式 (4.44) で与えられているが，より正確には，これに多重項効果（第

4.2.3 節）も取り入れて，

$$
\begin{aligned}
E_g &\simeq U_{\text{eff}} - W_d \quad \text{(Mott–Hubbard 型絶縁体)}, \\
E_g &\simeq \Delta_{\text{eff}} - \frac{1}{2}(W_d + W_p) \quad \text{(電荷移動型絶縁体)}
\end{aligned} \tag{6.9}
$$

で与えられる．ここで，W_d は d バンド幅，W_p は p バンド幅である．したがって，Mott-Hubbard 型の場合は $U_{\text{eff}} < W_d$ あるいは $U_{\text{eff}}/W_d < 1$ で，電荷移動型の場合は $\Delta_{\text{eff}} < \frac{1}{2}(W_d + W_p)$ あるいは $\Delta_{\text{eff}}/\frac{1}{2}(W_d + W_p) < 1$ でバンドギャップは閉じ，系は金属となる．また，Mott-Hubbard 型，電荷移動型ともに，占有電子数 n が整数 n_0 からずれると金属となる．したがって，Mott-Hubbard 型化合物の場合には図 6.4 に示すような電子相図，電荷移動型の場合には図 6.4 の縦軸を $\Delta_{\text{eff}}/\frac{1}{2}(W_d + W_p)$ に変えた電子相図となる．結晶の周期が完全な電子系では，$n = n_0$ から少しでもずれると，過剰電子あるいは過剰ホールは遍歴的になり固体中に広がるので（**Bloch の定理**），系は金属となる．しかし，実際の結晶では格子欠陥や不純物によるポテンシャルの乱れのために，n が整数からある程度ずれないと過剰電子，過剰ホールはトラップされ，系は絶縁体に留まる[6]．また，電子-格子相互作用のために，電子，ホールが格子歪みを誘発し束縛される（自己束縛状態を形成する）ために金属とならないことも考えられる．図 6.4 において，$n = n_0$ の周辺の有限な範囲で絶縁体相が現れているのはこのためである．したがって，$U_{\text{eff}}/W_d > 1$，$n = n_0$ の半直線上が厳密な意味での Mott 絶縁体であり，その周辺の絶縁体は，ポテンシャルの乱れにより電子が **Anderson 局在**（Anderson localization）を起こした絶縁体すなわち **Anderson 絶縁体**（Anderson insulator）と考えられる．

バンド幅制御，フィリング制御の両方を行える実際の物質として，AMO_3 の組成をもつペロブスカイト型酸化物（結晶構造は図 4.8）の電子相図を図 6.5 に示す．相図の左端（$n = 0$ の直線）は，p バンドが電子で完全に埋まり，d バンドが空の状態である．ここでは，電子間相互作用が弱くても，

[6] 電子，ホールをドープするために原子置換をする多くの遷移金属酸化物（巨大磁気抵抗を示すペロブスカイト型酸化物 $La_{1-x}Sr_xMnO_3$，高温超伝導銅酸化物 $La_{2-x}Sr_xCuO_4$ など）は，とくにポテンシャルの乱れが電子の局在に対して重要な役割を果たしている．

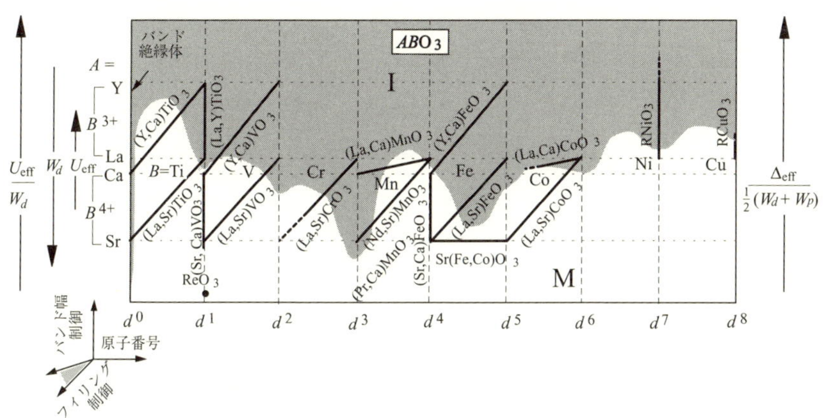

図 6.5: バンド幅制御（垂直方向）とフィリング制御（水平方向）によるペロブスカイト型遷移金属酸化物の電子相図．M：金属相．I：絶縁体相．

d バンドと p バンドが離れていさえすれば絶縁体になり，普通のバンド理論で説明できる（第 3.3.4 節で述べた閉殻原子からなる分子，第 6.3.1 節で述べる閉殻原子からなる結晶と同様である）．このような絶縁体を**バンド絶縁体**（band insulator）と呼んで，電子間相互作用で絶縁体となっている Mott 絶縁体（$n = 1, 2, 3, \ldots$ ）と区別する．また，Mott 絶縁体のうち遷移金属の原子番号が小さいものは Mott-Hubbard 型絶縁体，大きいものは電荷移動型絶縁体である[7]．図 6.5 の縦軸は，パラメータ U_{eff}/W_d や $\Delta_{\mathrm{eff}}/\frac{1}{2}(W_d + W_p)$ ではなく，これらのパラメータに影響を与える遷移金属イオン M の価数（M^{3+}，M^{4+}）および結晶格子の立方晶からの歪みの大きさである．$\bar{U}$，Δ の物質依存性は式 (4.45) で与えられるので，U_{eff}，Δ_{eff} も M の価数 v の増加により減少する．

d バンド幅 W_d は，酸素 p 軌道を介した d 軌道間の移動積分によって決まる．結晶が歪みのない立方晶ペロブスカイトでは，M-O-M のなす角度は 180° で，移動積分は最大になる．歪み（とくに，MO_6 八面体の協力的

[7] $n \neq 0$ でも，n が偶数で d 電子が磁気モーメントをもたない（$S = 0$）絶縁体（例えば，$LaCoO_3$）は，電子間相互作用によらず絶縁体になっているバンド絶縁体とも考えられる．

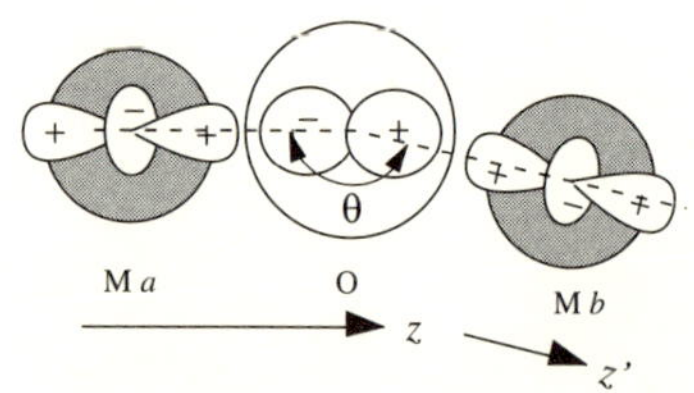

図 6.6: 直線からずれた M-O-M 原子列の M 原子 $d_{3z^2-r^2}$ 原子軌道と酸素 p_z 軌道.

な回転による斜方晶[8]の歪み）は，図 6.6 に示すように M-O-M のなす角度 θ を 180° から減少させ（典型的には 150〜160°），d 軌道間の移動積分を小さくする．A 原子のイオン半径が小さくなると，MO_6 八面体は大きく回転し斜方晶歪みが大きくなり，d 軌道間の移動積分は減少する．例として，図 6.6 に示す $d_{3z^2-r^2}$ 軌道間の酸素 p_z 軌道を介した移動積分を考える．式 (5.1) に倣って，M 原子 a の $d_{3z^2-r^2}$ 軌道が酸素 p_z 軌道と混成した軌道を $\phi_{a'}$，M 原子 b の $d_{3z'^2-r'^2}$ 軌道（z' 軸が z 軸に対して $180° - \theta$ だけ傾いていることに注意）を $\phi_{b'}$ として，$\phi_{a'}$ と $\phi_{b'}$ の間の移動積分を求めると，

$$t_{a',b'} \simeq -\frac{(pd\sigma)^2 \cos\theta}{\sqrt{1+\lambda^2}\Delta_{\mathrm{eff}}} \tag{6.10}$$

となり，$\theta = 180°$ の場合（式 (5.2)）より因子 $\cos\theta$ だけ小さくなっている．

6.2.2 長距離クーロン力と金属-絶縁体転移

フィリング制御による金属-絶縁体転移では，キャリアをドーピングするに従ってキャリア密度 $\bar{n}$（単位体積当たりのキャリア数）は，絶縁体における $\bar{n} = 0$ から（少なくとも電子相図 6.4 の絶縁体領域（I 相）では）徐々に増加し，最後に金属化すると考えられる．金属相（M 相）は，通常の金属であればキャリア密度は原子当たり 1 個（多価金属では数個）であ

[8] 結晶の単位胞が直方体で，格子定数 a_o，b_o，c_o が $a \neq b \neq c$ であるとき，斜方晶という．ペロブスカイト型酸化物（図 4.8 参照）の場合は，立方晶の格子定数（A-O 原子間距離の 2 倍）を a_c とすると，$a_o \simeq \sqrt{2}a_c$，$b_o \simeq \sqrt{2}a_c$，$c_o \simeq 2a_c$ である．

るが，絶縁体相から金属相にかけてキャリア密度が不連続的に増加するかどうかは明らかでない．

金属-絶縁体転移においてキャリア密度が不連続的に変化する状況は，今まで述べたモデル（Hubbard モデル，Anderson 格子モデル，t-J モデルなど）には含まれていない長距離クーロン相互作用を考えると，自然に導かれる[9]．“キャリア” とは結晶中を動き回れる電子またはホールであるが，キャリアが生成されると，同時に生成される逆符号のキャリアあるいはイオンとの間に引力型クーロン相互作用ポテンシャル $-e^2/\kappa r$（κ：比誘電率）が働く．このポテンシャルは他のキャリアによって遮蔽され，湯川型ポテンシャル $-e^2 e^{-qr}/\kappa r$ となる．ここで，$q^{-1} \equiv (\kappa\hbar^2/4me^2\bar{n}^{1/3})^{1/2}$ は **Thomas-Fermi の遮蔽長**（Thomas-Fermi screening length）である．ポテンシャル $-e^2 e^{-qr}/\kappa r$ が束縛状態を作る条件は，$q < me^2/\hbar^2\kappa$ であることがわかっているので，固体中の水素原子様不純物の “Bohr 半径” $a'_B = \hbar^2\kappa/me^2$ を用いて，束縛状態ができる条件は，

$$\bar{n}^{1/3} a'_B < 0.25 \tag{6.11}$$

で与えられる．したがって，$\bar{n}^{1/3} a'_B < 0.25$ の場合は原子からキャリアを放出しようとしても，キャリアは逆符号の電荷と束縛状態を作ってしまい，系は絶縁体に留まる．すなわち，系が金属に転移するには，キャリア密度が $\bar{n}^{1/3} a'_B > 0.25$ を満たさなければならず，絶縁体から金属への転移に際して，キャリア密度が $\bar{n} = 0$ から少なくとも $\bar{n} = (0.25/a_B)^3$ まで不連続的に増加しなければならないことが結論される．

図 6.7 は，式 (6.11) で予言されるキャリアの臨界密度 $\bar{n}$ と固体中の Bohr 半径 a'_B の関係が，半導体から酸化物まで多くの不純物をドープした系についてよく成り立っていることを示している．ここでは，式 (6.11) に従う物質が強相関系に限らないこと，ランダム系でもよいことに注意されたい．

---

[9] N. F. Mott: *Proc. Roy. Soc. London* **62**, 416 (1949).

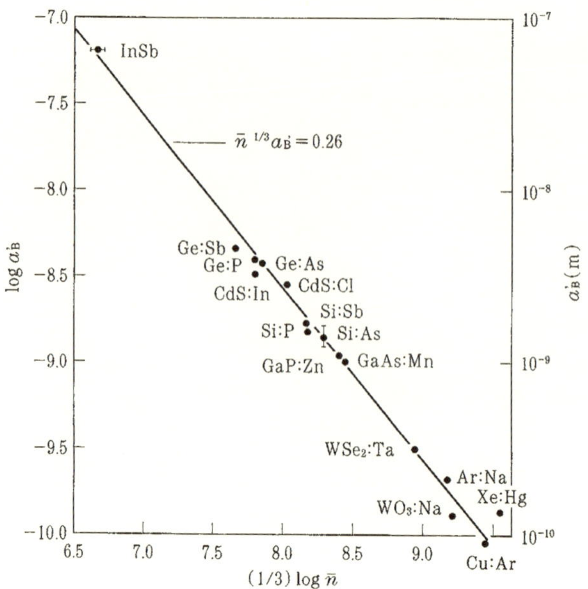

図 6.7: ドナーあるいはアクセプタ不純物をドープした系で金属-絶縁体転移の起こるキャリア密度 $\bar{n}$ と不純物軌道の “Bohr 半径” $a_B^{\prime}$ の関係．Ar:Na，Xe:Hg は，低温で希ガスと金属を同時に蒸着したもの [P. P. Edwards and M. J. Sienko: *Phys. Rev. B* **17**, 2574 (1975)].

6.3　バンド理論

分子軌道法（3.2 節）との類推で，結晶全体を動き回る電子を Hartree-Fock 近似で扱うのが**バンド理論**である[10]．分子の分子軌道に対応する，結晶全体に広がった軌道が **Bloch 軌道** $\phi_{\mathbf{k}}(\mathbf{r})$ で，電子の結晶運動量を $\mathbf{p}=\hbar\mathbf{k}$（$\mathbf{k}$：波数ベクトル），結晶の任意の並進ベクトルを $\mathbf{R}$ として，条件

$$\phi_{\mathbf{k}}(\mathbf{r}+\mathbf{R})=e^{i\mathbf{k}\cdot\mathbf{R}}\phi_{\mathbf{k}}(\mathbf{r}) \tag{6.12}$$

[10] 小口多美夫：バンド理論（内田老鶴圃，1999 年）．A. Nussbaum: *Solid State Physics*, Vol.18 (Academic Press, New York, 1966).

を満たす軌道として定義される．規格化は $\langle \mathbf{k}\lambda|\mathbf{k}'\lambda'\rangle = \delta_{\lambda,\lambda'}\delta_{\mathbf{k},\mathbf{k}'}$ とする[11]．スピン部分も含めたBloch軌道の1電子波動関数を $\psi_{\mathbf{k}\lambda}(\mathbf{x})$（$\lambda$：スピン状態も区別するバンド指標）として，結晶中の多電子系のHartree-Fock近似波動関数（式(2.29)の形のSlater行列式 $|\psi_{q'}\psi_{q''}....\psi_{q^{(N)}}|$）を

$$\Psi_N^{\mathrm{HF}}(\mathbf{x}_1,\mathbf{x}_2,...,\mathbf{x}_N) = \left|\prod_{\mathbf{k},\lambda}^{N}\psi_{\mathbf{k}\lambda}\right| \tag{6.13}$$

と書く．

原子軌道 $\psi_{aq}(\mathbf{x}) \equiv \phi_\gamma(\mathbf{r}-\mathbf{R}_a)\chi_\sigma(s)$（$q\equiv\gamma\sigma$）から基底関数のBloch軌道

$$\psi_{\mathbf{k}q}(\mathbf{x}) \equiv \frac{1}{\sqrt{\mathcal{N}}}\sum_a e^{i\mathbf{k}\cdot\mathbf{R}_a}\psi_{aq}(\mathbf{x}) \tag{6.14}$$

をつくり，その線型結合

$$\psi_{\mathbf{k}\lambda}(\mathbf{x}) \equiv \sum_q c_{\mathbf{k}\lambda q}\psi_{\mathbf{k}q}(\mathbf{x}) \tag{6.15}$$

で，1電子固有状態のBloch軌道をつくることができる．ここで係数 $c_{\mathbf{k}\lambda q}$ は，Hartree-Fock方程式

$$h^{\mathrm{HF}}\psi_{\mathbf{k}\lambda}(\mathbf{x}) = \varepsilon_{\mathbf{k}\lambda}\psi_{\mathbf{k}\lambda}(\mathbf{x}) \tag{6.16}$$

---

[11] アンダーソン不純物モデル（第4.3節）で用いたバンド電子 $\psi_{\varepsilon q}$ とBloch軌道 $\psi_{\mathbf{k}\lambda}$ は，

$$\psi_{\varepsilon q} \equiv -\frac{1}{|t_{\varepsilon q}|}\sum_{\mathbf{k}\lambda} t_{\mathbf{k}\lambda,q}\delta(\varepsilon_{\mathbf{k}\lambda}-\varepsilon)\psi_{\mathbf{k}\lambda}$$

の関係で結ばれる．Anderson不純物モデルのハミルトニアン(4.80)のバンド電子部分 H_p と混成を表す部分 H_{p-d} は，Bloch軌道 $\psi_{\mathbf{k}\lambda}$ を基底にとって，

$$H_p = \sum_{\mathbf{k}\lambda}\varepsilon_{\mathbf{k}\lambda}n_{\mathbf{k}\lambda},\quad H_{p-d} = -\sum_{q=1}^{10}\sum_{\mathbf{k}\lambda}(t_{\mathbf{k}\lambda,q}c^\dagger_{\mathbf{k}\lambda}c_q + t^*_{\mathbf{k}\lambda,q}c^\dagger_q c_{\mathbf{k}\lambda})$$

と表される．ここで，$t_{\mathbf{k}\lambda,q} \equiv -\langle\mathbf{k}\lambda|h|q\rangle$ は，Anderson不純物モデルの $t_{\varepsilon q}$（式(4.80)）と

$$\sum_{\mathbf{k}\lambda} t_{\mathbf{k}\lambda,q}t^*_{\mathbf{k}\lambda,q'}\delta(\varepsilon-\varepsilon_{\mathbf{k}\lambda,q}) = |t_{\varepsilon q}|^2\delta_{q,q'}$$

の関係にある．

を解いて求めるものである．これは，第 3.2.2 節で述べた，分子軌道を求めるときの LCAO 近似に当たるもので，固体のバンド理論では**タイト・バインディング**（tight-binding）近似と呼ばれる．

6.3.1 常磁性金属

分子においては，$U \ll t$ であればスピンは偏極せず，制限 Hartree-Fock 近似がよい出発点となることを第 3 章で述べた．分子からの類推で，大きな分子の極限である結晶でも，$U \ll t$ であれば，強磁性・反強磁性などの磁気秩序は起こらないと考えられる．制限 Hartree-Fock 近似で求めた分子軌道に対応して，上向きスピン状態と下向きスピン状態の軌道部分波動関数が等しい Bloch 軌道を考える．

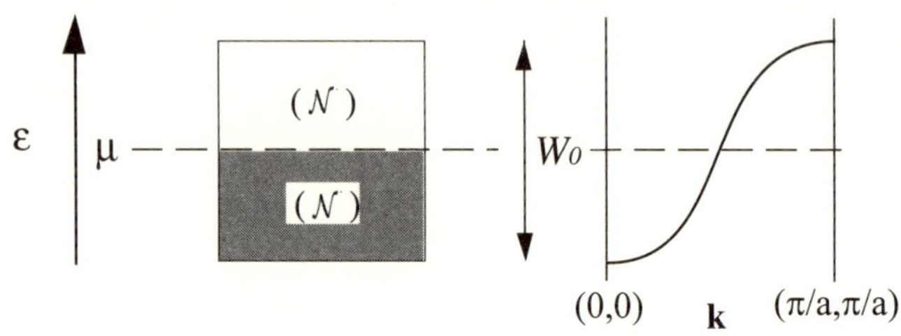

図 6.8: 常磁性金属状態にある 1 バンド Hubbard モデルの 1 電子エネルギー準位図．占有電子数が 1 個／原子の場合．（ ）内は状態数．右は，Brillouin 域（図 6.9 参照）内のバンド分散（1 次元の場合は $k = 0 - \pi/a$ 線上，2 次元の場合は $\mathbf{k} = (0,0) - (\pi/a, \pi/a)$ 線上）．μ：電子の化学ポテンシャル（Fermi 準位）．W_0：1 電子バンド幅．

占有電子数が原子当たり 1 個の Hubbard モデル (6.4) で表される "水素原子" のつくる結晶を考えると，$U \ll t$ の場合は，Pauli 常磁性を示す単純金属（1 価金属）のモデルになっていると考えられる．スピンの向きによらない Bloch 軌道の軌道部分は，タイト・バインディング近似で，

$$\phi_{\mathbf{k}}(\mathbf{r}) = \frac{1}{\sqrt{\mathcal{N}}} \sum_{a}^{\mathcal{N}} \mathrm{e}^{i\mathbf{k}\cdot\mathbf{R}_a} \phi_a(\mathbf{r}) \qquad (6.17)$$

となり，Bloch 軌道 $\phi_{\mathbf{k}}$ のエネルギー固有値は，あるエネルギー範囲（**エ**

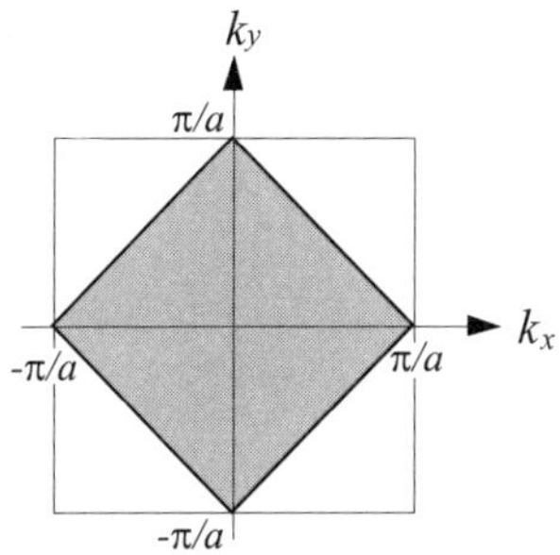

図 6.9: 2次元正方格子上の1バンド Hubbard モデルの Brillouin 域（細線）と占有電子数が1個／原子のときの Fermi 面（太線）．灰色は占有部分．

ネルギー・バンド）内に連続的に分布する．$U = 0$ の場合のエネルギー固有値の運動量（波数 $\mathbf{k}$）依存性（**バンド分散**）は，Hubbard モデル・ハミルトニアン (6.4) から，

$$\varepsilon = \varepsilon^0_{\mathbf{k}} \equiv -t \sum_{\mathbf{a}:\text{最近接原子}} \mathrm{e}^{i\mathbf{k}\cdot\mathbf{a}} \tag{6.18}$$

で与えられる．ここで，$\mathbf{a}$ は，原点の原子から測った最近接原子の位置ベクトルである．具体的には，

$$\begin{aligned}
&1\text{次元鎖：}\ \varepsilon = \varepsilon^0_k = -2t\cos ka,\\
&2\text{次元正方格子：}\ \varepsilon = \varepsilon^0_{\mathbf{k}} = -2t(\cos k_x a + \cos k_y a),\\
&3\text{次元立方格子：}\ \varepsilon = \varepsilon^0_{\mathbf{k}} = -2t(\cos k_x a + \cos k_y a + \cos k_z a)
\end{aligned} \tag{6.19}$$

となる．ここで，a は，1次元鎖，2次元正方格子，あるいは3次元立方格子の格子定数である．エネルギー (6.19) は，

$$\begin{aligned}
&1\text{次元鎖：}\ k = 0\ \text{で}\ \ \varepsilon = -2t,\\
&2\text{次元正方格子：}\ \mathbf{k} = (0,0)\ \text{で}\ \ \varepsilon = -4t,\\
&3\text{次元立方格子：}\ \mathbf{k} = (0,0,0)\ \text{で}\ \ \varepsilon = -6t
\end{aligned} \tag{6.20}$$

の極小値をとり，

$$1\text{次元鎖：}\ k = \pi/a\ \text{で}\ \ \varepsilon = 2t,$$

$$
\begin{aligned}
&2\text{次元正方格子：}\ \mathbf{k}=(\pi/a,\pi/a)\text{で}\ \ \varepsilon=4t,\\
&3\text{次元立方格子：}\ \mathbf{k}=(\pi/a,\pi/a,\pi/a)\text{で}\ \ \varepsilon=6t
\end{aligned}
\tag{6.21}
$$

の極大値をとる．したがって，エネルギー・バンドの全幅 W_0 は，1次元鎖：$W_0=4t$，2次元正方格子：$W_0=8t$，3次元立方格子：$W_0=12t$ となる．一般に，最近接原子間のみで有限な移動積分 $-t$ をもつ場合，バンド幅は，最近接原子数を z を用いて $W_0=2zt$ で与えられる．Bloch 軌道の量子数 $\mathbf{k}$ は，図 6.9 に示す逆格子 $\mathbf{k}$ 空間[12]の **Brillouin 域**（Brillouin zone，1次元：$-\frac{\pi}{a}<k\le\frac{\pi}{a}$，2次元正方格子：$-\frac{\pi}{a}<k_x,k_y\le\frac{\pi}{a}$，3次元立方格子：$-\frac{\pi}{a}<k_x,k_y,k_z\le\frac{\pi}{a}$）に均一に分布する $\mathcal{N}$ 個のベクトル $\mathbf{k}$ で指定される．したがって，軌道縮退のない原子軌道からは $\mathcal{N}$ 個の Bloch 軌道が形成され，バンドは $\sigma=\uparrow,\downarrow$ 併せて最大 $2\mathcal{N}$ 個の電子を収容できる．一方，各原子（水素原子）は電子を1個しかもたないので，電子は $\mathcal{N}$ 個しかなく，図 6.8 に示すように，エネルギー・バンドの半分が電子に占有される．占有・非占有を分けるのは**電子の化学ポテンシャル** μ（**Fermi 準位**（Fermi level）と呼ばれる）である．無限小のエネルギーで電子を μ 直下の占有状態から μ 直上の非占有状態へ励起することが可能であり，絶対零度で直流電流を流すことができる．すなわち，系は金属となる．

$\varepsilon^0_{\mathbf{k}}=\mu$ で与えられる $\mathbf{k}$ 空間の曲面（1次元では点，2次元では曲線）は **Fermi 面**（Fermi surface）と呼ばれ，Brillouin 域を占有状態と非占有状態に分けている．図 6.9 に，原子当たりの占有電子数が1個のときの2次元 Hubbard モデルの Fermi 面を示す．ここに示した Fermi 面は完全な正方形であるが，これは最近接原子間の移動積分 $-t$ のみを Hubbard モデルに取り入れたためである．次再近接原子間の移動積分 $-t'$ を取り入れると，エネルギー固有値（バンド分散）は，

$$
\varepsilon^{0\prime}_{\mathbf{k}}\equiv -t'\sum_{\mathbf{a}:\text{次最近接原子}}\mathrm{e}^{i\mathbf{k}\cdot\mathbf{a}}
\tag{6.22}
$$

を用いて，$\varepsilon=\varepsilon^0_{\mathbf{k}}+\varepsilon^{0\prime}_{\mathbf{k}}$ で与えられ，Fermi 面は正方形からずれる．

---

12 結晶の単位ベクトル $\mathbf{a}_1$，$\mathbf{a}_2$，$\mathbf{a}_3$ に対して，$\mathbf{a}_i\cdot\mathbf{b}_j=2\pi\delta_{ij}$ を満たす逆格子ベクトル $\mathbf{b}_1$，$\mathbf{b}_2$，$\mathbf{b}_3$ の張る空間を逆格子空間と呼ぶ．詳しくは固体物理学の教科書を参照．例えば，イバッハ，リュート：固体物理学（シュプリンガー・フェアラーク東京，1998 年）p.40.

閉殻原子からなる結晶

希ガス固体，LiF，NaCl など，遷移金属原子・希土類原子を含まないイオン結晶は閉殻原子のみからなり，大部分がバンドギャップの大きい絶縁体である．このことは，原子のエネルギー準位に基づいて説明される（第 2.4 節）．1 バンド Hubbard モデルにおいて原子当たりの占有電子数を 2 個（$N = 2\mathcal{N}$）とすると，希ガス固体のモデルとして用いることができる．スピン偏極がないので，バンド理論で取り扱うには "制限 Hartree-Fock 近似" でよい．Bloch 軌道は，常磁性金属と全く同じ式 (6.17) で与えられるが，図 6.8 に示すバンドはすべて電子で占有され，その上の大きなバンドギャップのために系は絶縁体となる．

閉殻原子からなる分子では，分子軌道法と Heitler-London 法が等価であることを述べたが（第 3.3.4 節），同様な理由で，固体ではバンド理論と局在電子モデルが等価となる．すなわち，希ガス固体では，バンド理論による基底状態，

$$\Psi_{2\mathcal{N}}^{\mathrm{RHF}}(\mathbf{x}_1, \mathbf{x}_2, ..., \mathbf{x}_{2\mathcal{N}}) = \left| \prod_{\mathbf{k}}^{\mathcal{N}} \psi_{\mathbf{k}\uparrow}\psi_{\mathbf{k}\downarrow} \right| \tag{6.23}$$

と，局在電子モデルによる基底状態

$$\Psi_{2\mathcal{N}}(\mathbf{x}_1, \mathbf{x}_2, ..., \mathbf{x}_{2\mathcal{N}}) = \left| \prod_{a}^{\mathcal{N}} \psi_{a\uparrow}\psi_{a\downarrow} \right| \tag{6.24}$$

は，Slater 行列式の性質を用いて等価であることが示される．

6.3.2 反強磁性

バンド理論において，電子間相互作用の期待値を非制限 Hartree-Fock 近似で評価すると，原子内クーロン積分，交換積分が大きい場合，電子系はスピン分極する．最も簡単な 1 バンド Hubbard モデル (6.4) で原子当たりの占有電子数が 1 の場合（"水素原子" のつくる仮想的な結晶の場合），水素分子の非制限 Hartree-Fock 近似（第 3.2.4 節）との類推から，$U/t \gg 1$

のときは，隣り合った原子のスピン分極が逆向きの反強磁性状態になると考えられる．図 6.10 のように，上向きにスピン分極した原子のつくる格

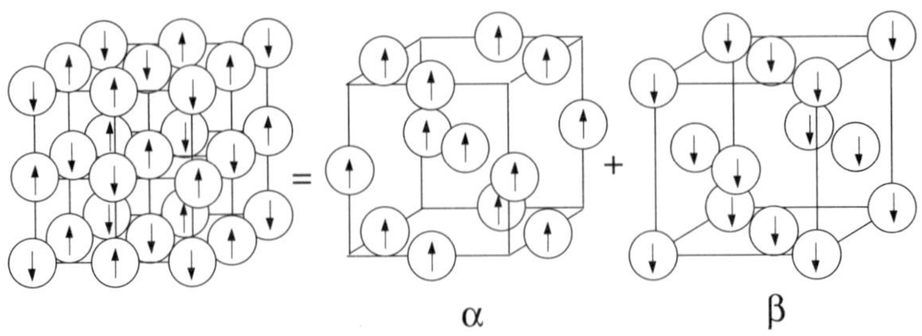

図 6.10: 反強磁性体の副格子（α 副格子および β 副格子）.

子を α 副格子，下向きにスピン分極した原子が作る格子を β 副格子と呼ぼう．α 副格子あるいは β 副格子上のスピン σ の Bloch 関数を，

$$
\psi_{\mathbf{k}\alpha\sigma}(\mathbf{x}) \equiv \sqrt{\frac{2}{\mathcal{N}}} \sum_{a:\alpha\text{副格子}}^{\mathcal{N}/2} \mathrm{e}^{i\mathbf{k}\cdot\mathbf{R}_a} \psi_{a\sigma}(\mathbf{x}),
$$

$$
\psi_{\mathbf{k}\beta\sigma}(\mathbf{x}) \equiv \sqrt{\frac{2}{\mathcal{N}}} \sum_{a:\beta\text{副格子}}^{\mathcal{N}/2} \mathrm{e}^{i\mathbf{k}\cdot\mathbf{R}_a} \psi_{a\sigma}(\mathbf{x}) \tag{6.25}
$$

で定義する．ここで，$\mathbf{R}_a$ は原子軌道 $\phi_a(\mathbf{r})\chi_\sigma(s)$ がある原子位置，$\mathbf{p} = \hbar\mathbf{k}$ は電子の**結晶運動量**である．また，反強磁性秩序のために結晶の単位胞の大きさが 2 倍となり，Brillouin 域の体積は半分となる（2 次元正方格子の場合は，図 6.9 に描かれた Fermi 面の内側がちょうど Brillouin 域となる）．主に α 副格子上に広がった上向きスピンの Bloch 軌道，

$$
\psi_{\mathbf{k}B+\uparrow}(\mathbf{x}) \equiv c_{\mathbf{k}}\psi_{\mathbf{k}\alpha\uparrow}(\mathbf{x}) + d_{\mathbf{k}}\psi_{\mathbf{k}\beta\uparrow}(\mathbf{x}) \tag{6.26}
$$

（ここで，$c_{\mathbf{k}}^2 + d_{\mathbf{k}}^2 = 1$，$c_{\mathbf{k}} > d_{\mathbf{k}} > 0$ とする）と，主に β 副格子上に広がった下向きスピンの Bloch 軌道，

$$
\psi_{\mathbf{k}B-\downarrow}(\mathbf{x}) \equiv d_{\mathbf{k}}\psi_{\mathbf{k}\alpha\downarrow}(\mathbf{x}) + c_{\mathbf{k}}\psi_{\mathbf{k}\beta\downarrow}(\mathbf{x}) \tag{6.27}
$$

がすべて占有されているとする．これらと直交する，主に α 副格子上に広がった下向きスピンの Bloch 軌道

$$\psi_{\mathbf{k}A+\downarrow}(\mathbf{x}) \equiv c_{\mathbf{k}}\psi_{\mathbf{k}\alpha\downarrow}(\mathbf{x}) - d_{\mathbf{k}}\psi_{\mathbf{k}\beta\downarrow}(\mathbf{x}) \tag{6.28}$$

と，主に β 副格子上に広がった上向きスピンの Bloch 軌道

$$\psi_{\mathbf{k}A-\uparrow}(\mathbf{x}) \equiv -d_{\mathbf{k}}\psi_{\mathbf{k}\alpha\uparrow}(\mathbf{x}) + c_{\mathbf{k}}\psi_{\mathbf{k}\beta\uparrow}(\mathbf{x}) \tag{6.29}$$

は非占有である．

占有 Bloch 軌道 $\psi_{\mathbf{k}B+\uparrow}$（式 (6.26)）が満たす Hartree-Fock 方程式，

$$[h^{\mathrm{HF}} - \varepsilon][c_{\mathbf{k}}\psi_{\mathbf{k}\alpha\uparrow}(\mathbf{x}) + d_{\mathbf{k}}\psi_{\mathbf{k}\beta\uparrow}(\mathbf{x})] = 0$$

に $\psi_{\mathbf{k}\alpha\uparrow}(\mathbf{x})^*$ または $\psi_{\mathbf{k}\beta\uparrow}(\mathbf{x})^*$ をかけて積分すると，

$$\begin{pmatrix} \langle \mathbf{k}\alpha_\uparrow | h^{\mathrm{HF}} | \mathbf{k}\alpha_\uparrow \rangle - \varepsilon & \langle \mathbf{k}\alpha_\uparrow | h^{\mathrm{HF}} | \mathbf{k}\beta_\uparrow \rangle \\ \langle \mathbf{k}\beta_\uparrow | h^{\mathrm{HF}} | \mathbf{k}\alpha_\uparrow \rangle & \langle \mathbf{k}\beta_\uparrow | h^{\mathrm{HF}} | \mathbf{k}\beta_\uparrow \rangle - \varepsilon \end{pmatrix} \begin{pmatrix} c_{\mathbf{k}} \\ d_{\mathbf{k}} \end{pmatrix} = 0 \tag{6.30}$$

が得られる．1 バンド Hubbard モデルでは，

$$\begin{aligned}
\langle \mathbf{k}\alpha_\uparrow | h^{\mathrm{HF}} | \mathbf{k}\alpha_\uparrow \rangle &= \sum_{\mathbf{k}'} U_{\mathbf{k}\alpha\uparrow,\mathbf{k}'B-\downarrow} = \sum_{\mathbf{k}'} d_{\mathbf{k}'}^2 U_{\mathbf{k}\alpha\uparrow,\mathbf{k}'\alpha\downarrow} \equiv \Delta_{d\mathbf{k}} \quad (>0), \\
\langle \mathbf{k}\beta_\uparrow | h^{\mathrm{HF}} | \mathbf{k}\beta_\uparrow \rangle &= \sum_{\mathbf{k}'} U_{\mathbf{k}\beta\uparrow,\mathbf{k}'B-\downarrow} = \sum_{\mathbf{k}'} c_{\mathbf{k}'}^2 U_{\mathbf{k}\beta\uparrow,\mathbf{k}'\beta\downarrow} \equiv \Delta_{c\mathbf{k}} \quad (>0), \\
\langle \mathbf{k}\alpha_\uparrow | h^{\mathrm{HF}} | \mathbf{k}\beta_\uparrow \rangle &= -t \sum_{\mathbf{a}:\text{最近接原子}} \mathrm{e}^{i\mathbf{k}\cdot\mathbf{a}} = \varepsilon_{\mathbf{k}}^0
\end{aligned} \tag{6.31}$$

となるので，Hartree-Fock 方程式 (6.30) は，

$$\begin{pmatrix} \Delta_{c\mathbf{k}} - \varepsilon & \varepsilon_{\mathbf{k}}^0 \\ \varepsilon_{\mathbf{k}}^0 & \Delta_{d\mathbf{k}} - \varepsilon \end{pmatrix} \begin{pmatrix} c_{\mathbf{k}} \\ d_{\mathbf{k}} \end{pmatrix} = 0 \tag{6.32}$$

となる．$2\bar{\Delta}_{\mathbf{k}} \equiv \Delta_{\mathbf{k}c} - \Delta_{\mathbf{k}d} \ \ (>0)$ と置いてこれを解くと，占有状態の固有値は，

$$\varepsilon = \varepsilon_{\mathbf{k}B+\uparrow} (= \varepsilon_{\mathbf{k}B-\downarrow}) = \frac{1}{2}(\Delta_{c\mathbf{k}} + \Delta_{d\mathbf{k}}) - \sqrt{\bar{\Delta}_{\mathbf{k}}^2 + \varepsilon_{\mathbf{k}}^{0\ 2}}, \tag{6.33}$$

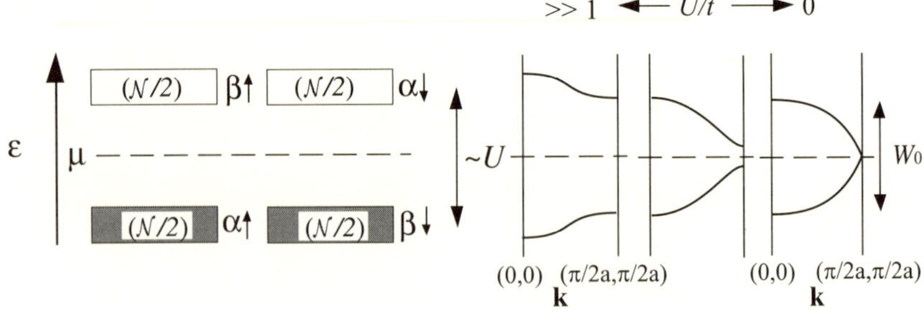

図 6.11: 反強磁性体絶縁体状態にある 1 バンド Hubbard モデルの 1 電子エネルギー準位．占有電子数が 1 個／原子の場合．(　) 内は状態数．右は，いろいろな U/t の値に対する Brillouin 域の対角線上（2 次元正方格子の場合は，$\mathbf{k}=(0,0)$ $-(\pi/2a,\pi/2a)$ 線上）のバンド分散．左は，$U/t \gg 1$ の場合．μ：電子の化学ポテンシャル（Fermi 準位）．U：d 軌道の原子内クーロン積分．W_0：1 電子バンド幅．

対応する非占有状態の固有値は，

$$\varepsilon = \varepsilon_{\mathbf{k}A-\uparrow}(= \varepsilon_{\mathbf{k}A+\downarrow}) = \frac{1}{2}(\Delta_{c\mathbf{k}} + \Delta_{d\mathbf{k}}) + \sqrt{\bar{\Delta}_{\mathbf{k}}^2 + \varepsilon_{\mathbf{k}}^{0\ 2}} \tag{6.34}$$

となる．したがって，少しでもスピン偏極があれば $\bar{\Delta}_{\mathbf{k}} > 0$ は有限になるので，**Fermi 面全面にわたって大きさ $2\bar{\Delta}_{\mathbf{k}}$ のギャップが開く**．$U \ll t$ の場合，図 6.11 の右に示したように，$\bar{\Delta}_{\mathbf{k}}$ は小さく，Fermi 面に小さなギャップが開く以外は，常磁性金属のバンド構造と変わるところはない[13]．

$U \gg t$ の場合，$\bar{\Delta} \sim U \gg |\varepsilon_{\mathbf{k}}^0|$ $(\propto t)$ であるので，エネルギー固有値 (6.33)，(6.34) は，

$$\begin{aligned}\varepsilon = \varepsilon_{\mathbf{k}B+\uparrow} = \varepsilon_{\mathbf{k}B-\downarrow} &\simeq \frac{1}{2}(\Delta_{c\mathbf{k}} + \Delta_{d\mathbf{k}}) - \frac{1}{2}\bar{\Delta}_{\mathbf{k}} - \frac{\varepsilon_{\mathbf{k}}^{0\ 2}}{\bar{\Delta}_{\mathbf{k}}} \sim -\frac{\varepsilon_{\mathbf{k}}^{0\ 2}}{U}, \\ \varepsilon = \varepsilon_{\mathbf{k}A-\uparrow} = \varepsilon_{\mathbf{k}A+\downarrow} &\simeq \frac{1}{2}(\Delta_{c\mathbf{k}} + \Delta_{d\mathbf{k}}) + \frac{1}{2}\bar{\Delta}_{\mathbf{k}} + \frac{\varepsilon_{\mathbf{k}}^{0\ 2}}{\bar{\Delta}_{\mathbf{k}}} \sim U + \frac{\varepsilon_{\mathbf{k}}^{0\ 2}}{U}\end{aligned} \tag{6.35}$$

---

[13] 最近接原子以外の原子間に有限の移動積分が存在すれば，Hartree-Fock 方程式 (6.32) は，

$$\begin{pmatrix} \Delta_{c\mathbf{k}} + \varepsilon_{\mathbf{k}}^{0\prime} - \varepsilon & \varepsilon_{\mathbf{k}}^0 \\ \varepsilon_{\mathbf{k}}^0 & \Delta_{d\mathbf{k}} + \varepsilon_{\mathbf{k}}^{0\prime} - \varepsilon \end{pmatrix} \begin{pmatrix} c_{\mathbf{k}} \\ d_{\mathbf{k}} \end{pmatrix} = 0$$

（ここで，$\varepsilon_{\mathbf{k}}^{0\prime}$ は式 (6.22) で与えられる）となり，Fermi 面全面でギャップが開くためには，$\bar{\Delta}_{\mathbf{k}}$ がある程度以上大きくなる必要がある．

となる．したがって，図 6.11 左に示したように，占有バンドと非占有バンドの分散は共に Z^2t^2/U（Z：最近接原子数）程度と弱くなり，それらの中心が U だけ離れる．占有バンドと非占有バンドの間に $U - W_d$ 程度のバンドギャップが開き，Mott-Hubbard 型絶縁体が非制限 Hartree-Fock 近似で正しく表されていることがわかる．固有 Bloch 関数は，$c_{\mathbf{k}} \gg d_{\mathbf{k}}$ のために，占有状態は $\psi_{\mathbf{k}B+\uparrow}(\mathbf{x}) \sim \psi_{\mathbf{k}\alpha\uparrow}(\mathbf{x})$，$\psi_{\mathbf{k}B-\downarrow}(\mathbf{x}) \sim \psi_{\mathbf{k}\beta\downarrow}(\mathbf{x})$，非占有状態は $\psi_{\mathbf{k}A-\uparrow}(\mathbf{x}) \sim \psi_{\mathbf{k}\beta\uparrow}(\mathbf{x})$，$\psi_{\mathbf{k}A+\downarrow}(\mathbf{x}) \sim \psi_{\mathbf{k}\alpha\downarrow}(\mathbf{x})$ となる．これらを用いて基底状態の波動関数を書き直すと，

$$\begin{aligned}\Psi_{\mathcal{N}}^{\mathrm{HF}}(\mathbf{x}_1, \mathbf{x}_2, ..., \mathbf{x}_{\mathcal{N}}) &= \left| \prod_{\mathbf{k}}^{\mathcal{N}/2} \psi_{\mathbf{k}B+\uparrow}\psi_{\mathbf{k}B-\downarrow} \right| \sim \left| \prod_{\mathbf{k}}^{\mathcal{N}/2} \psi_{\mathbf{k}\alpha\uparrow}\psi_{\mathbf{k}\beta\downarrow} \right| \\ &= \left| \prod_{a:\alpha\text{副格子}}^{\mathcal{N}/2} \psi_{a\uparrow} \prod_{a:\beta\text{副格子}}^{\mathcal{N}/2} \psi_{a\downarrow} \right| \end{aligned} \tag{6.36}$$

となる．これは，$U \gg t$ の極限では，**バンド理論と局在電子モデルがほぼ等価**になることを示している．閉殻原子からなる固体については，バンド理論と局在電子モデルが厳密に等価であることが第 6.3.1 節で示したが，不完全殻をもつ場合でも，占有原子軌道と非占有原子軌道の混成が充分弱く，磁気秩序が保たれていれば，同様のことが言えることがわかる．

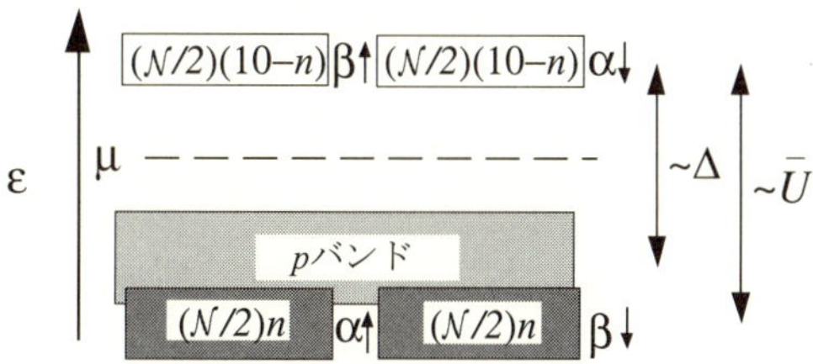

図 6.12: 遷移金属化合物反強磁性体絶縁体の 1 電子エネルギー準位．原子当たりの電子数が整数で，$\bar{U} \gg t_{p,d}$ の場合．d バンドの状態数を示す．μ：電子の化学ポテンシャル（Fermi 準位）．$\bar{U}$：d 軌道の原子内クーロン積分．Δ：電荷移動エネルギー．n：d バンドの遷移金属原子当たりの占有電子数．

p-d モデルを非制限 Hartree-Fock 近似で扱うには，原子軌道 q（q：遷移金属 d 軌道および非金属 p 軌道）からなる Bloch 軌道 $\psi_{\mathbf{k}q}$ を基底関数として，Hartree-Fock 演算子 h^{HF} を対角化し，線型結合の係数 $c_{\mathbf{k}\lambda q}$（式 6.15）

とエネルギー固有値を求める．p-d モデルは1バンド Hubbard モデルに比べ複雑なために，詳細は省略するが[14]，1電子エネルギー準位を図6.12に示す．1バンド Hubbard モデルの場合（図6.11）に比べて，d バンドの縮退度10と占有電子数 n のために，占有状態，非占有状態の数が異なっている．非金属原子の p バンドが，Mott-Hubbard 分裂した上下 Hubbard バンドの間に位置する場合（$\Delta < \bar{U}$）は，系は電荷移動型絶縁体でバンドギャップの大きさは $\Delta - \frac{1}{2}(W_d + W_p)$，下部 Hubbard バンドより下に位置する場合（$\Delta > \bar{U}$）は，系は Mott-Hubbard 型絶縁体でバンドギャップは $\bar{U} - W_d$ となる（第4.2.2節参照）．

以上のように，Mott 絶縁体の基底状態やバンドギャップは，非制限 Hartree-Fock 近似でよく記述される．また，非制限 Hartree-Fock 法で得られるスピン配列も，磁性原子間に超交換相互作用が働くとして予言されるもの（第5.1節）と一致している．

6.3.3　強磁性

最も単純な，1バンド Hubbard モデルで表現されるような縮退のない軌道を原子当たり1個の電子が占有している場合は，特殊な結晶構造を考えない限り強磁性は現れない．実際の物質で強磁性が実現しているのは，占有電子数の1からのずれ，d 電子の軌道縮退などが原因となっている（その他にも，強磁性の原因として，第5.4.2節，第5.4.3節で述べた p-d 交換相互作用，RKKY 相互作用などがある）．

1バンド Hubbard モデルにおいて，$U \gg t$ の極限で占有電子数が1よりわずかにずれると強磁性が出現することを示そう．電子数にずれのない場合（$N = \mathcal{N}$）の強磁性状態の波動関数は，

$$\Psi_{\mathcal{N}}(\mathbf{x}_1, \mathbf{x}_2, ..., \mathbf{x}_{\mathcal{N}}) = \left| \prod_{\mathbf{k}}^{\mathcal{N}} \psi_{\mathbf{k}\uparrow} \right| \tag{6.37}$$

で与えられる．$U \gg t$ のために，反強磁性結合 $J = 4t^2/U$（式(3.36)）がゼロに近くなっているが，強磁性状態は反強磁性状態に比べてごくわず

[14] 詳細は，T. Mizokawa and A. Fujimori: *Phys. Rev. B* **54**, 5368 (1996) を参照のこと．

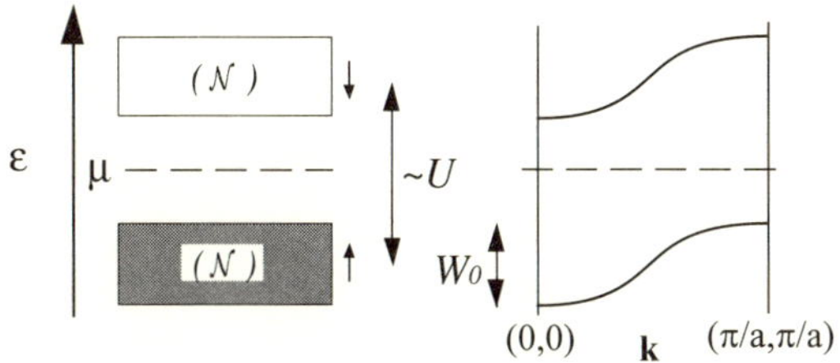

図 6.13: 強磁性体絶縁体状態にある 1 バンド Hubbard モデルの 1 電子エネルギー準位．占有電子数が 1 個／原子の場合．（ ）内は状態数．右は，Brillouin 域の対角線上（2 次元正方格子の場合は，$\mathbf{k} = (0,0) - (\pi/a, \pi/a)$ 線上）のバンド分散．μ：電子の化学ポテンシャル（Fermi 準位）．W_0：1 電子バンド幅．

かに（$J\times$[結合の数]）エネルギーが高い．図 6.13 に示すように，占有バンドと非占有バンドのエネルギー差は反強磁性の場合と同じく $\sim U$ であるが，バンド幅は常磁性金属の場合と同じく $2Zt$ で，反強磁性絶縁体の $\sim Z^2t^2/U$ に比べて大きい．したがって，電子数の 1 からのわずかのずれのため生じた過剰電子または過剰ホールが結晶中を動き回ると，強磁性状態では $2Zt\times$[過剰キャリア数] 程度の運動エネルギーの利得を得て，系のエネルギーは強磁性の方が下がる．このようにして現れる強磁性は**長岡の強磁性**（Nagaoka's ferromagnetism）と呼ばれる．

軌道縮退も，Hund 則を通じて強磁性を助ける．簡単のため非金属原子の p 軌道を無視し，縮退した d 軌道からできた上向きスピンの Bloch 軌道 $\psi_{\mathbf{k}\lambda} \equiv \sum_\gamma c_{\mathbf{k}\lambda\gamma\uparrow}\psi_{\mathbf{k}\gamma\uparrow}$（式 (6.15)；$\sum_\gamma$ は d 軌道に対する和）の満たす Hartree-Fock 方程式,

$$[h^{\mathrm{HF}} - \varepsilon] \sum_\gamma c_{\mathbf{k}\lambda\gamma\uparrow}\psi_{\mathbf{k}\gamma\uparrow}(\mathbf{x}) = 0$$

に $\psi_{\mathbf{k}\gamma'\uparrow}(\mathbf{x})^*$ をかけて積分すると,

$$\sum_\gamma [\langle \mathbf{k}\gamma'_\uparrow | h^{\mathrm{HF}} | \mathbf{k}\gamma_\uparrow \rangle - \varepsilon \delta_{\gamma',\gamma}] c_{\mathbf{k}\lambda\gamma\uparrow} = 0$$

となる．この式の中で，Hartree-Fock 演算子 h^{HF} の対角成分は,

$$\langle \mathbf{k}\gamma_\uparrow | h^{\mathrm{HF}} | \mathbf{k}\gamma_\uparrow \rangle = \sum_{\mathbf{k}'} \left(\sum_{\gamma'} U_{\mathbf{k}\gamma\uparrow,\mathbf{k}'\gamma'\downarrow} + \sum_{\gamma'(\neq\gamma)} [U_{\mathbf{k}\gamma\uparrow,\mathbf{k}'\gamma'\uparrow} - J_{\mathbf{k}\gamma\uparrow,\mathbf{k}'\gamma'\uparrow}] \right) \tag{6.38}$$

となる．1バンド Hubbard モデルの場合（式 (6.31)）は，式 (6.38) の右辺第1項しか存在せず，上向きスピンの電子と下向きスピンの電子が反発する効果しかなかったが，ここでは原子内交換相互作用（Hund 結合）$-J_{\mathbf{k}\gamma\uparrow,\mathbf{k}'\gamma'\uparrow}$ のために，原子内でスピンが同じ向きに揃う力が働く．揃ったスピンが，移動積分によって隣接する原子にも飛び移れば，結晶全体でスピンが揃い強磁性が発現する．

6.3.4　軌道整列

原子軌道 $\psi_{\gamma\sigma}(\mathbf{x})$ は，スピンの自由度 σ の他に軌道の自由度 γ をもつ．このために，不完全殻をもつ原子は，スピン自由度と軌道自由度をもつ（ただし軌道自由度は，不完全殻でも結晶場分裂のために残らないことがある）．すべての原子のスピンの向きが同じに揃う強磁性秩序に類似の**強的軌道秩序**（ferro-orbital ordering），上向きスピンと下向きスピンが交互に並ぶ反強磁性秩序に類似の**反強的軌道秩序**（antiferro-orbital odering）が考えられる．ただし，隣り合う原子の間のスピンの関係と軌道の関係は互いに独立ではなく，第 5.3 節で述べたように，「スピンが反強磁性的ならば軌道は強的」，「スピンが強磁性的ならば軌道は反強的」というように，スピン自由度と軌道自由度が結合している．

軌道秩序は，第 5 章で述べたような，局在軌道から出発して電荷移動を摂動として扱う方法のほかに，非制限 Hartree-Fock 近似のバンド理論で調べる方法がある．反強磁性絶縁体では，$U \gg t$ のとき，第 6.3.2 節で示したように，Bloch 軌道がスピンの向きによって，それぞれの副格子に偏在した $\psi_{\mathbf{k}\alpha\uparrow}(\mathbf{x})$ と $\psi_{\mathbf{k}\beta\downarrow}(\mathbf{x})$ になり，バンド理論と局在電子モデルがほぼ等価になった．軌道自由度があるときは，スピンの向きに加えて，軌道の種類も区別した副格子を考え，特定のスピンと軌道の原子軌道が特定の副格子に偏在する Bloch 状態 $\psi_{\mathbf{k}\gamma\sigma}(\mathbf{x})$ を考えればよい．図 5.14 に示した軌道秩序状態は，図 6.10 と同じ副格子 α，β に偏在した Bloch 軌道 $\sim\psi_{\mathbf{k}\alpha\xi\uparrow}(\mathbf{x})$，$\sim\psi_{\mathbf{k}\beta\eta\uparrow}(\mathbf{x})$ を電子が占有していると見ることができる．

6.4 バンド電子に対する電子相関効果

6.4.1 1 粒子 Green 関数

物理学における Green 関数（Green's function）$G(\mathbf{r}-\mathbf{r}';t)$ は，時刻 $t=0$ で位置 $\mathbf{r}'$ に外場（例えば，電場，磁場）$\delta(t)\delta(\mathbf{r}-\mathbf{r}')$ を与えたときの物理量（例えば，誘電率，帯磁率）の時間・空間発展を表す関数として定義される．したがって，時間的・空間的に変動する外場 $F(\mathbf{r},t)$ に対する物理量 $P(\mathbf{r},t)$ は，線型応答の範囲内で，

$$P(\mathbf{r},t)=\int_{-\infty}^{t}dt'\int d\mathbf{r}'G(\mathbf{r}-\mathbf{r}';t-t')F(\mathbf{r}',t') \tag{6.39}$$

で与えられる．角周波数 ω，波数 $\mathbf{k}$ で振動する外場に対する線型応答は，$F(\mathbf{r},t)$，$P(\mathbf{r},t)$ の Fourier 変換 $F(\mathbf{k},\omega)$ と，$G(\mathbf{r}-\mathbf{r}';t)$ の Fourier 変換 $G(\mathbf{k},\omega)$，$P(\mathbf{k},\omega)$ を用いて，$P(\mathbf{k},\omega)=G(\mathbf{k},\omega)F(\mathbf{k},\omega)$ で与えられる．線型応答関数は因果律を満たさなければならないので，$G(\mathbf{k},\omega)$ の実部と虚部は **Kramers-Kronig 関係式**

$$\begin{aligned}\mathrm{Re}G(\mathbf{k},\omega)&=\frac{1}{\pi}\mathcal{P}\int_{-\infty}^{\infty}d\omega'\frac{\mathrm{Im}G(\mathbf{k},\omega')}{\omega'-\omega},\\ \mathrm{Im}G(\mathbf{k},\omega)&=-\frac{1}{\pi}\mathcal{P}\int_{-\infty}^{\infty}d\omega'\frac{\mathrm{Re}G(\mathbf{k},\omega')}{\omega'-\omega}\end{aligned} \tag{6.40}$$

を満たす．ここで，$\mathcal{P}$ は主値積分を表す．$\mathrm{Im}G(\mathbf{k},\omega)$ はエネルギー散逸を表し，振動外場のエネルギーの吸収確率（吸収スペクトル）を与える[15]．

ここで，電子系に話をもどす．ある時刻，ある位置に付加した電子やホールがどのように時間・空間発展をするかを表すのが，**1 粒子 Green 関数**である．外場として，N 電子系の基底状態（$|\Psi_{N,g}\rangle$）に，時刻 $t=0$ で座標（位置座標およびスピン座標）$\mathbf{x}'\equiv(\mathbf{r}',s')$ に電子を生成する**場の演算子** $\hat{\psi}^{\dagger}(\mathbf{x}',0)$ と，ホールを生成する場の演算子 $\hat{\psi}(\mathbf{x}',0)$ を考える．外場に応答する物理量として，時刻 t (>0) において，座標 $\mathbf{x}$ に電子を

[15] 線型応答，因果律については F. Wooten: *Optical Properties of Solids* (Academic Press, 1972) に詳しい．

見いだす確率振幅 $\theta(t)\langle\Psi_{N,g}|\hat{\psi}(\mathbf{x},t)\hat{\psi}^\dagger(\mathbf{x}',0)|\Psi_{N,g}\rangle$ （$\theta(t)$：階段関数）と，ホールを見いだす確率振幅の複素共役 $\theta(t)\langle\Psi_{N,g}|\hat{\psi}^\dagger(\mathbf{x},t)\hat{\psi}(\mathbf{x}',0)|\Psi_{N,g}\rangle^*$ $(=\theta(t)\langle\Psi_{N,g}|\hat{\psi}^\dagger(\mathbf{x}',0)\hat{\psi}(\mathbf{x},t)|\Psi_{N,g}\rangle)$ の重ね合わせとして，**遅延 Green 関数**（retarded Green's function）

$$G^R(\mathbf{x},\mathbf{x}';t) = -\frac{i}{\hbar}\theta(t)\langle\Psi_{N,g}|\{\hat{\psi}(\mathbf{x},t),\hat{\psi}^\dagger(\mathbf{x}',0)\}|\Psi_{N,g}\rangle \tag{6.41}$$

を定義する[16]．ここで，$\{A,B\}\equiv AB+BA$，$A(t)\equiv e^{iHt/\hbar}A(0)e^{-iHt/\hbar}=e^{iHt/\hbar}Ae^{-iHt/\hbar}$．有限温度の場合は，式 (6.41) の基底状態 $\Psi_{N,g}$ での期待値を熱平均に置き換える．

結晶では，$\hat{\psi}^\dagger(\mathbf{x},0)$ の代わりに，$t=0$ に Bloch 軌道 $\psi_{\mathbf{k}\lambda}(\mathbf{x})$ （$\mathbf{k}$ は第 1 Brillouin 域内，λ はスピン状態も含むバンド指標）に電子を生成させる演算子 $c^\dagger_{\mathbf{k}\lambda}(0)$ と共役な消滅演算子 $c_{\mathbf{k}\lambda}(0)$ を用いて，式 (6.41) の Fourier 変換（$\mathbf{r}\to\mathbf{k}$，$t\to\varepsilon$）に相当する

$$G^R_{\lambda\lambda'}(\mathbf{k},\varepsilon) = -\frac{i}{\hbar}\int_0^\infty dt e^{i\varepsilon t/\hbar-0^+t}\langle\Psi_{N,g}|\{c_{\mathbf{k}\lambda}(t),c^\dagger_{\mathbf{k}\lambda'}(0)\}|\Psi_{N,g}\rangle \tag{6.42}$$

を定義する[17]．ここで，0^+ は，積分範囲 $0<t<\infty$ での収束を保障する無限小の数である．式 (6.42) の積分を実行して，

$$G^R_{\lambda\lambda'}(\mathbf{k},\varepsilon) = \langle\Psi_{N,g}|c_{\mathbf{k}\lambda}\frac{1}{\varepsilon+i0^+-H+E_{N,g}}c^\dagger_{\mathbf{k}\lambda'}|\Psi_{N,g}\rangle$$

---

16 この他に，先進 Green 関数（advanced Green's function）

$$G^A(\mathbf{x},\mathbf{x}';t) = -\frac{i}{\hbar}\theta(-t)\langle\Psi_{N,g}|\{\hat{\psi}(\mathbf{x},t),\hat{\psi}^\dagger(\mathbf{x}',0)\}|\Psi_{N,g}\rangle,$$

時間整列演算子 T を用いた時間整列 Green 関数（time-ordered Green's function）

$$\begin{aligned} G^T(\mathbf{x},\mathbf{x}';t) &= -\frac{i}{\hbar}\langle\Psi_{N,g}|T[\hat{\psi}(\mathbf{x},t)\hat{\psi}^\dagger(\mathbf{x}',0)]|\Psi_{N,g}\rangle \\ &= \begin{cases} -\frac{i}{\hbar}\langle\Psi_{N,g}|\hat{\psi}(\mathbf{x},t)\hat{\psi}^\dagger(\mathbf{x}',0)|\Psi_{N,g}\rangle & (t>0) \\ \frac{i}{\hbar}\langle\Psi_{N,g}|\hat{\psi}^\dagger(\mathbf{x}',0)\hat{\psi}(\mathbf{x},t)|\Psi_{N,g}\rangle & (t<0) \end{cases} \end{aligned}$$

が用いられることもある．Green 関数の詳細については，例えば，西山敏之：多体問題入門（共立出版，1975 年）を参照．

17 $\hat{\psi}^\dagger(\mathbf{x})$，$\hat{\psi}(\mathbf{x})$ と，規格直交系をなす任意の 1 電子状態の生成・消滅演算子 $c^\dagger_k$，c_k は，

$$\hat{\psi}^\dagger(\mathbf{x})\equiv\sum_k\psi^*_k(\mathbf{x})c^\dagger_k,\quad \hat{\psi}(\mathbf{x})\equiv\sum_k\psi_k(\mathbf{x})c_k$$

なる関係にある．

$$
\begin{aligned}
&+\langle\Psi_{N,g}|c^\dagger_{\mathbf{k}\lambda'}\frac{1}{\varepsilon+i0^++H-E_{N,g}}c_{\mathbf{k}\lambda}|\Psi_{N,g}\rangle \\
&=\sum_i\langle\Psi_{N,g}|c_{\mathbf{k}\lambda}|\Psi_{N+1,i}\rangle\langle\Psi_{N+1,i}|c^\dagger_{\mathbf{k}\lambda'}|\Psi_{N,g}\rangle \\
&\quad\times\left[\frac{\mathcal{P}}{\varepsilon-E_{N+1,i}+E_{N,g}}-i\pi\delta(\varepsilon-E_{N+1,i}+E_{N,g})\right] \\
&+\sum_i\langle\Psi_{N,g}|c^\dagger_{\mathbf{k}\lambda'}|\Psi_{N-1,i}\rangle\langle\Psi_{N-1,i}|c_{\mathbf{k}\lambda}|\Psi_{N,g}\rangle \\
&\quad\times\left[\frac{\mathcal{P}}{\varepsilon+E_{N-1,i}-E_{N,g}}-i\pi\delta(\varepsilon+E_{N-1,i}-E_{N,g})\right]
\end{aligned}
\tag{6.43}
$$

となる．ここで，$\mathcal{P}$ は主値積分を表す．公式 $1/(x+i0^+)=\mathcal{P}/x-i\pi\delta(x)$ と完全系 $|\Psi_{N',i}\rangle$（N' 電子系の状態 i；基底状態 $i=g$ も含む）の満たす関係式 $\sum_{N',i}|\Psi_{N',i}\rangle\langle\Psi_{N',i}|=1$ を用いた．ここで，i は多電子状態を表す指標で，$i=g$ は基底状態である．これより，$G^R_{\lambda\lambda'}(\mathbf{k},\varepsilon)$ の実部と虚部は，一般の線型応答関数と同様，Kramers-Kronig 関係式 (6.40) を満たすことがわかる．

線型応答を表す Green 関数 $G(\mathbf{k},\varepsilon)$ の虚部が吸収スペクトルを表すことに対応して，１粒子 Green 関数 $G^R_{\lambda\lambda'}(\mathbf{k},\varepsilon)$ の虚部

$$
\begin{aligned}
A(\mathbf{k},\varepsilon)&\equiv-\frac{1}{\pi}\sum_\lambda\mathrm{Im}G^R_{\lambda\lambda}(\mathbf{k},\varepsilon) \\
&=\sum_{i,\lambda}|\langle\Psi_{N+1,i}|c^\dagger_{\mathbf{k}\lambda}|\Psi_{N,g}\rangle|^2\delta(\varepsilon-E_{N+1,i}+E_{N,g}) \\
&+\sum_{i,\lambda}|\langle\Psi_{N-1,i}|c_{\mathbf{k}\lambda}|\Psi_{N,g}\rangle|^2\delta(\varepsilon+E_{N-1,i}-E_{N,g})
\end{aligned}
\tag{6.44}
$$

は**１粒子スペクトル関数**（single-particle spectral function）で（第 2.2.3 節，式 (2.49) 参照），エネルギー ε，運動量 $\hbar\mathbf{k}$ の Bloch 軌道に電子またはホールを１個付加するときの遷移確率（１粒子励起のスペクトル）を表す．式 (6.44) は，Bloch 軌道に付加された電子またはホールが散乱され，系が様々な状態（$\Psi_{N+1,i}$ または $\Psi_{N-1,i}$）に，確率 $|\langle\Psi_{N+1,i}|c^\dagger_{\mathbf{k}\lambda}|\Psi_{N,g}\rangle|^2$ または $|\langle\Psi_{N-1,i}|c_{\mathbf{k}\lambda}|\Psi_{N,g}\rangle|^2$ で遷移することを表している．式 (6.44) の右

辺第1項，第2項はそれぞれ，

$$\begin{aligned}\varepsilon &= E_{N+1,i} - E_{N,g} = E_{N+1,i} - E_{N+1,g} + \mu_{N+1} \quad (> \mu), \\ \varepsilon &= -E_{N-1,i} + E_{N,g} = -(E_{N-1,i} - E_{N-1,g}) + \mu_N \quad (< \mu)\end{aligned} \tag{6.45}$$

にスペクトル強度を与える．ここで，$\mu_{N+1} \equiv E_{N+1,g} - E_{N,g}$ は系の電子親和準位，$\mu_N \equiv E_{N,g} - E_{N-1,g}$ はイオン化準位で，$E_g \equiv \mu_{N+1} - \mu_N$ はバンドギャップである．金属ではバンドギャップがゼロ（$\mu_{N+1} = \mu_N$）となり，μ_{N+1}，$= \mu_N$ ともに電子の化学ポテンシャル μ（Fermi 準位）に等しい．

$A(\mathbf{k}, \varepsilon)$（式 (6.44)）の右辺第1項は電子付加の，第2項はホール付加のスペクトルを表し，それぞれ，逆光電子分光法，光電子分光法（付録 D）により測定される．また，式 (6.44) では，全てのバンド λ について和をとっているが，λ を分離した1粒子スペクトル関数 $A_\lambda(\mathbf{k}, \varepsilon)$ も定義できる．例えば強磁性体の場合，$\lambda =\uparrow, \downarrow$ として，スピンを分けたスペクトル $A_\uparrow(\mathbf{k}, \varepsilon)$, $A_\downarrow(\mathbf{k}, \varepsilon)$ を，スピン分解光電子分光，スピン分解逆光電子分光により測定できる．

1粒子スペクトル関数 $A(\mathbf{k}, \varepsilon)$ を運動量 $\mathbf{k}$ に関して積分したもの

$$N(\varepsilon) \equiv \int \frac{d\mathbf{k}}{(2\pi)^3} A(\mathbf{k}, \varepsilon) \tag{6.46}$$

を**（1粒子）状態密度**（(single-particle) density of states）と呼ぶ．また，$A(\mathbf{k}, \varepsilon)$ を占有状態（$\varepsilon < \mu$）でエネルギーに関して積分したもの

$$n(\mathbf{k}) \equiv \int_{-\infty}^{\mu} d\varepsilon A(\mathbf{k}, \varepsilon)$$

は**運動量分布関数**（momentum distribution function）である．

電子相関がなく Hartree-Fock 近似が成り立つとき，エネルギー $\varepsilon = \varepsilon_{\mathbf{k}\lambda}$，運動量 $\hbar\mathbf{k}$ の Bloch 状態に付加された電子またはホールは，散乱されずに同じエネルギー・運動量にとどまる．Koopmans の定理 (2.46), (2.48) より，

$$\begin{aligned}\varepsilon &= E_{N+1,i} - E_{N,g} = \varepsilon_{\mathbf{k}\lambda} \, (\mathbf{k}\lambda \text{は非占有状態：} \varepsilon_{\mathbf{k}\lambda} > \mu), \\ \varepsilon &= E_{N-1,i} - E_{N,g} = -\varepsilon_{\mathbf{k}\lambda} \, (\mathbf{k}\lambda \text{は占有状態：} \varepsilon_{\mathbf{k}\lambda} < \mu)\end{aligned} \tag{6.47}$$

に，重み $|\langle\Psi_{N,g}|c_{\mathbf{k}\lambda}|\Psi_{N+1,i}\rangle|^2 = |\langle\Psi_{N+1,i}|c^\dagger_{\mathbf{k}\lambda'}|\Psi_{N,g}\rangle|^2 = 1$ のピークを与える：

$$A_b(\mathbf{k},\varepsilon) = \sum_\lambda \delta(\varepsilon - \varepsilon_{\mathbf{k}\lambda}) \tag{6.48}$$

（第 2.2.3 節，式 (2.49) 参照）．Green 関数は，

$$G^R_{\lambda\lambda'0}(\mathbf{k},\varepsilon) = \frac{1}{\varepsilon - \varepsilon_{\mathbf{k}\lambda} + i0}\delta_{\lambda,\lambda'} \tag{6.49}$$

となる．したがって，状態密度 $N(\varepsilon)$ はバンドの状態密度

$$N_b(\varepsilon) \equiv \sum_\lambda \int \frac{d\mathbf{k}}{(2\pi)^3}\delta(\varepsilon - \varepsilon_{\mathbf{k}\lambda}) \tag{6.50}$$

に等しくなり，運動量分布関数 $n(\mathbf{k})$ は階段関数

$$n_b(\mathbf{k}) \equiv \sum_\lambda \theta(\mu - \varepsilon_{\mathbf{k}\lambda}) \tag{6.51}$$

となる．$\varepsilon_{\mathbf{k}\lambda} = \mu$ で与えられる曲面が **Fermi 面**である．$\mathbf{k}$-空間のうち，Fermi 面に囲まれた $\varepsilon_{\mathbf{k}\lambda} < \mu$ の部分が電子によって占有されている．Fermi 面が囲む体積（を $(2\pi)^3$ で割ったもの）は，式 (6.50) を用いて，

$$\int \frac{d\mathbf{k}}{(2\pi)^3} n_b(\mathbf{k}) = \sum_\lambda \int \frac{d\mathbf{k}}{(2\pi)^3}\theta(\mu - \varepsilon_{\mathbf{k}\lambda}) = \int_{-\infty}^{\mu} d\varepsilon N_b(\varepsilon) = \bar{n}$$

となり，電子密度 $\bar{n} \equiv N/V$（V は系の体積）に等しいことがわかる．

6.4.2 自己エネルギー

電子相関により，1 粒子スペクトル関数のピークはシフトし，寿命幅をもつ．これを，複素数である**自己エネルギー**（self-energy）$\Sigma(\mathbf{k},\varepsilon)$ を用いて，

$$G^R_{\lambda\lambda'}(\mathbf{k},\varepsilon) = \left[\frac{1}{\varepsilon - \varepsilon_{\mathbf{k}\lambda} - \Sigma(\mathbf{k},\varepsilon)}\right]_{\lambda,\lambda'} \tag{6.52}$$

と表したのが **Dyson 方程式**（Dyson's equation）である[18]．$\Sigma(\mathbf{k},\varepsilon)$ は ε に依存する複素数で，実部と虚部は Kramers-Kronig 関係式を満たす．簡

[18] Dyson 方程式の導出は，L. Hedin and S. Lundqvist: *Solid State Physics*, Vol.23 (Academic Press, New York, 1969) p.34.

単のため，バンドが1本（$\lambda = 1$）のみとすると，

$$G^R(\mathbf{k}, \varepsilon) = \frac{1}{\varepsilon - \varepsilon_{\mathbf{k}\lambda} - \Sigma(\mathbf{k}, \varepsilon)} \tag{6.53}$$

となるので，1粒子スペクトル関数は，

$$\begin{aligned} A(\mathbf{k}, \varepsilon) &= -\frac{1}{\pi}\mathrm{Im}G^R(\mathbf{k}, \varepsilon) \\ &= -\frac{1}{\pi}\frac{\mathrm{Im}\Sigma(\mathbf{k}, \varepsilon)}{(\varepsilon - \varepsilon_{\mathbf{k}} - \mathrm{Re}\Sigma(\mathbf{k}, \varepsilon))^2 + \mathrm{Im}\Sigma(\mathbf{k}, \varepsilon)^2} \end{aligned} \tag{6.54}$$

と，ローレンツ型関数に似た形になる．したがって，$A(\mathbf{k}, \varepsilon)$ のピークのエネルギーは，電子相関のないときの $\varepsilon = \varepsilon_{\mathbf{k}}$ のピークに比べて $\mathrm{Re}\Sigma(\mathbf{k}, \varepsilon)$ だけエネルギーがシフトし，$2\mathrm{Im}\Sigma(\mathbf{k}, \varepsilon)$ に比例する寿命幅をもつ．式(6.54)のピークは，分母が極小となる

$$\varepsilon - \varepsilon_{\mathbf{k}} = \mathrm{Re}\Sigma(\mathbf{k}, \varepsilon) \tag{6.55}$$

で与えられる．

式(6.55)の解は，図6.14に示すように左辺の直線 $\varepsilon - \varepsilon_{\mathbf{k}}$ と右辺 $\mathrm{Re}\Sigma(\mathbf{k}, \varepsilon)$ の交点 $\varepsilon = \varepsilon^*_{\mathbf{k}}$ で与えられ，Fermi準位 μ 近くの $A(\mathbf{k}, \varepsilon)$ の鋭いピーク（**準粒子ピーク**：quasi-particle peak）を与える．ピーク位置はバンド構造 $\varepsilon = \varepsilon_{\mathbf{k}}$ を反映して $\mathbf{k}$ 依存性（運動量分散）を示し，**準粒子バンド構造**（quasi-particle band structure）を与える．

$A(\mathbf{k}, \varepsilon)$ は，準粒子ピーク以外にも，Fermi準位から離れたところに**サテライト**と呼ばれる幅広いピークを示す．サテライトは，Fermi準位から離れたところで $\mathrm{Im}\Sigma(\mathbf{k}, \varepsilon)$ が比較的小さく $\varepsilon \simeq \varepsilon_{\mathbf{k}} + \mathrm{Re}\Sigma(\mathbf{k}, \varepsilon)$ が満たされる場合に生じる．1粒子スペクトル関数にサテライトが出現することは，電子相関が重要であることの証拠となる．準粒子ピークは1粒子スペクトル関数の**コヒーレント部分**（coherent part），サテライトを含む残りの部分は**非コヒーレント部分**（incoherent part）と呼ばれる．「コヒーレント」とは，電子状態の空間的なコヒーレンスを指し，1粒子スペクトル関数のピークのエネルギーが $\mathbf{k}$ とともに明確に移動する（バンド分散を示す）ことを指している．

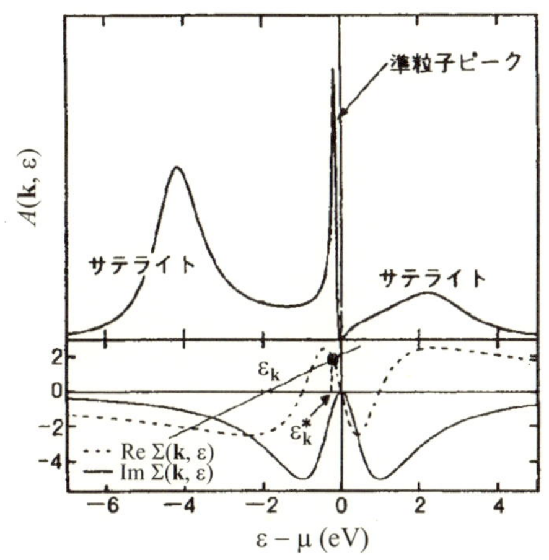

図 6.14: 自己エネルギーと 1 粒子スペクトル関数 $A(\mathbf{k},\varepsilon)$．自己エネルギー $\Sigma(\mathbf{k},\varepsilon)=-i10(\varepsilon-\mu)/(\varepsilon-\mu+i)^2$，1 電子近似バンドエネルギー $\varepsilon_{\mathbf{k}}-\mu=-2$ eV に対して，式 (6.55) を解いて得られた準粒子エネルギー $\varepsilon=\varepsilon_{\mathbf{k}}^{*}$ とスペクトル関数 $A(\mathbf{k},\varepsilon)$ を示す [伊達宗行監修：大学院物性物理 2 強相関電子系（講談社, 1996 年)].

6.5 Fermi 液体

磁気秩序も超伝導も示さない「普通の金属」であっても，電子相関を完全に無視することはできない．一方，どんなに電子相関が強くしていっても，相転移が起こらない限り，その金属の性質は，定性的に相互作用のない場合と同じである．このような「定性的に普通の金属と同じ状態」を **Fermi 液体**と呼ぶ．相互作用のないときは電子の励起自体が**素励起**であったが，Fermi 液体では，相互作用の衣を着た準粒子の励起が素励起である．相互作用の影響は，準粒子の質量と寿命に繰り込まれ，自己エネルギーによって表される．

6.5.1 1 粒子励起スペクトル

まず，簡単のために $\Sigma(\mathbf{k},\mu)=0$ とする．この場合，Fermi 面の体積ばかりでなくその形状も相互作用のない場合と同じである．Fermi 面のわずかに外側（内側）に付け加えられた電子（ホール）は，電子-電子散乱により電子-ホール対を励起してエネルギーを失う（図 6.15）．励起できる電

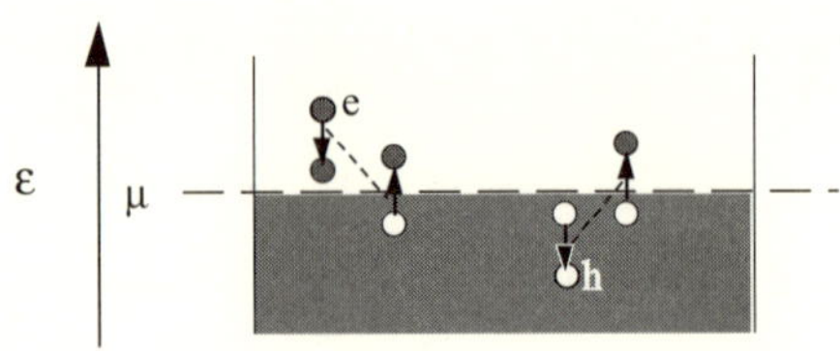

図 6.15: Fermi 準位 μ 近傍の電子（e）の寿命を決める電子-電子散乱（左）と，ホール（h）の寿命を決める電子-電子散乱（右）．

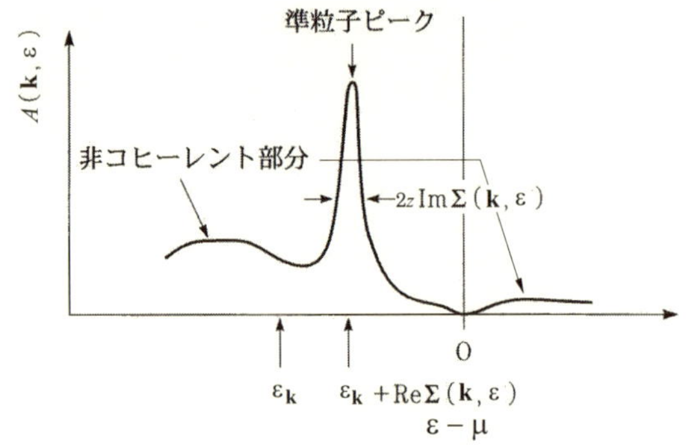

図 6.16: Fermi 液体の 1 粒子スペクトル関数 [津田惟雄，那須圭一郎，藤森淳，白鳥紀一：電気伝導性酸化物（改訂版）（裳華房，1993 年）]．

子-ホール対の状態数は $(\varepsilon-\mu)^2$ に比例するので，Fermi 準位 μ 近傍の準粒子の寿命は $(\varepsilon-\mu)^{-2}$ に比例する．したがって，$\mathrm{Im}\Sigma(\mathbf{k},\varepsilon)$ は $(\varepsilon-\mu)^2$ に比例し，Kramers-Kronig 関係から，$\mathrm{Re}\Sigma(\mathbf{k},\varepsilon)$ は μ 近傍で $\varepsilon-\mu$ に比例し負の傾きをもつ：

$$\Sigma(\mathbf{k},\varepsilon) \simeq -\alpha(\varepsilon-\mu) - i\beta(\varepsilon-\mu)^2 \tag{6.56}$$

ここで，α，β は正の定数で，一般には $\mathbf{k}$ に依存する[19]．これを 1 粒子スペクトル関数 (6.54) に代入すると，$z \equiv 1/(1+\alpha)$ (<1) として，

$$
\begin{aligned}
A(\mathbf{k},\varepsilon) &\simeq \frac{1}{\pi}\frac{\beta(\varepsilon-\mu)^2}{[\varepsilon-\varepsilon_{\mathbf{k}}+\alpha(\varepsilon-\mu)]^2+\beta^2(\varepsilon-\mu)^4} \\
&= \frac{z}{\pi}\frac{z\beta(\varepsilon-\mu)^2}{[\varepsilon-\mu-z(\varepsilon_{\mathbf{k}}-\mu)]^2+[z\beta(\varepsilon-\mu)^2]^2}
\end{aligned}
\tag{6.57}
$$

が得られる．したがって，1 粒子スペクトル関数 (6.57) は図 6.16 に示すように，$\varepsilon=\varepsilon^*_{\mathbf{k}}=z(\varepsilon_{\mathbf{k}}-\mu)+\mu$ にピークをもち，その近傍では Lorentz 型関数で近似される．ただし，全体に 1 より小さい係数 z が掛かっており，準粒子ピークの積分強度は 1 から減少している．残りのスペクトル強度 $1-z$ は，非コヒーレント部分として，Fermi 準位から離れたエネルギー領域まで幅広く分布する．$\varepsilon\sim\mu$ では $A(\mathbf{k},\varepsilon)\propto(\varepsilon-\mu)^2$ と振る舞う．

図 6.17 に，$\varepsilon=\varepsilon^*_{\mathbf{k}}=z(\varepsilon_{\mathbf{k}}-\mu)+\mu$ が与える準粒子バンドの分散を示す．この準粒子バンドは，電子相関のない場合のバンド $\varepsilon=\varepsilon_{\mathbf{k}}$ に比べて，

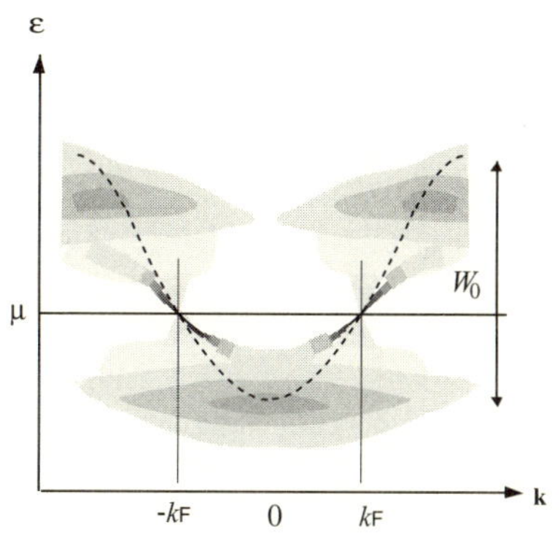

図 6.17: Fermi 液体の 1 粒子スペクトル関数 $A(\mathbf{k},\varepsilon)$ の強度分布（濃淡で表現）．準粒子バンド $\varepsilon=\varepsilon^*_{\mathbf{k}}$ が Fermi 波数 k_{F} で Fermi 準位 μ を，傾き $\hbar v_{\mathrm{F}}$ をもって過ぎっている．破線は電子相関のない場合のバンド（1 粒子スペクトル関数は，破線上にデルタ関数状のピークをもつ $A_b(\mathbf{k},\varepsilon)$：式 (6.48)）で，$W_0$ はその幅．

[19] 自己エネルギー (6.56) は，実は広いエネルギー範囲では Kramers-Kronig 関係式を満たしていない．図 6.14 に用いた $\Sigma(\mathbf{k},\varepsilon)=g(\varepsilon-\mu)/(\varepsilon-\mu+i\gamma)^2$ は，全エネルギー領域で Kramers-Kroning の関係を満たす．式 (6.56) は，この $\varepsilon=\mu$ 近傍でのテーラー展開と考えられる．

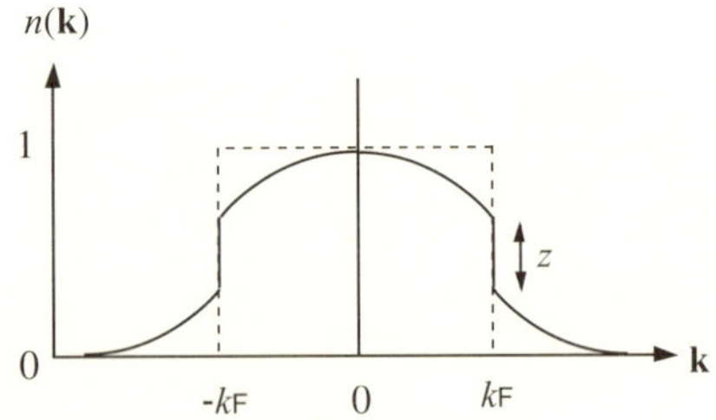

図 6.18: Fermi 液体の運動量分布関数 $n(\mathbf{k})$．破線は $n_b(\mathbf{k})$（式 (6.51)）で与えられる電子相関のない場合の運動量分布関数．

μ を中心にバンドの分散幅が z（<1）倍に狭くなっている．すなわち，準粒子の質量 m^* が，電子相関のない場合の m_b に比べて，z^{-1}（>1）倍に増大している．あるいは，準粒子バンドが Fermi 準位を横切るときの速度 $v_\mathrm{F} \equiv (1/\hbar)d\varepsilon^*_\mathbf{k}/dk$（**Fermi 速度**（Fermi velocity）と呼ばれる）が，z 倍に減少している．これは，電子が互いに避けあって運動する電子相関効果のためと考えられる．z は**繰り込み因子**（renormalization factor）と呼ばれる．一般の自己エネルギーに対して z は，

$$z \equiv \left[1 - \frac{\partial \mathrm{Re}\Sigma(\mathbf{k},\varepsilon)}{\partial \varepsilon}\right]^{-1}\Bigg|_{\mathbf{k}=\mathbf{k}_\mathrm{F},\varepsilon=\mu}$$

で与えられる．Fermi 面上の電子の生成・消滅演算子 $c_\mathbf{k}$，$c^\dagger_\mathbf{k}$ に対して，$z \equiv \langle \Psi_{N-1,g}|a_\mathbf{k}|\Psi_{N,g}\rangle = \langle \Psi_{N+1,g}|a^\dagger_\mathbf{k}|\Psi_{N,g}\rangle$ であり，z が小さいほど，電子またはホールの付加により他の電子が追従して変化する電子相関の効果が強いことを示す．運動量分布関数 $n(\mathbf{k})$ は，図 6.18 に示すように，準粒子ピークが Fermi 準位を横切る $\mathbf{k}$（Fermi 面）で不連続にとぶ．とびの量は，準粒子ピークの重み z (<1) に等しい．

自己エネルギーが $\mathbf{k}$ に依存しない場合（$\Sigma(\varepsilon) \equiv \Sigma(\mathbf{k},\varepsilon)$ と書ける場合），z は $\mathbf{k}$ に依存せず，電子相関効果の増大（z の減少）に伴い，準粒子の状態密度（単位エネルギー当たりの $\mathbf{k}$ 点の数で与えられる）の増大（z^{-1} 倍）と準粒子ピークの重みの減少（z 倍）が厳密に打ち消し合って，Fermi 準位での状態密度 $N(\mu)$ は相互作用のない場合の $N_b(\mu)$ と変わらない．理論的には，空間次元が無限次元のモデル（無限次元 Hubbard モデルなど）

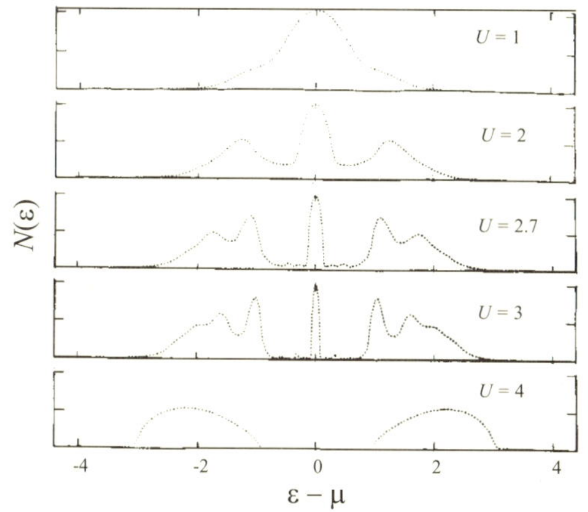

図 6.19: 無限次元 Hubbard モデルで計算された状態密度 $N(\varepsilon)$ [X. Y. Zhang, M. J. Rozenberg and G. Kotliar: *Phys. Rev. Lett.* **70**, 1666 (1993)]. U は原子内クーロン・エネルギー．エネルギー単位は $U = 0$ のときのバンド幅.

の自己エネルギーは $\mathbf{k}$ に依存しないことが知られている．図 6.19 に示す，無限次元 Hubbard モデルを用いた理論計算は，この状況を示している．相互作用 U/t の増大とともに，電子相関効果が増大（すなわち，z が減少）しているが，Fermi 準位上での状態密度は不変のまま，コヒーレント部分（準粒子バンド）のバンド幅が減少している．

6.5.2 熱力学的性質

多電子系の外場に対する応答は，準粒子励起，スピン励起，電荷励起が主なものである．ここでは，静的で一様な外場に対する Fermi 液体の応答，すなわち熱力学的性質のいくつかについて述べる．

電子比熱

金属の低温比熱は $c = \gamma T + \beta T^3 + ...$ で与えられるが，このうち γT 項が Fermi 準位近傍の電子-ホール対励起による比熱である．その比例

係数 γ が**電子比熱係数**で，電子相関がない場合は $\gamma_b = \frac{\pi k_B^2}{3} N_b(\mu)$（$k_B$: Boltzmann 定数）で与えられる．電子相関のある場合の電子比熱係数は，Fermi 準位での準粒子状態密度 $N^*(\mu)$ を用いて，$\gamma = \frac{\pi k_B^2}{3} N^*(\mu)$ となる．z の $\mathbf{k}$ 依存性を無視すれば，Fermi 準位での状態密度 $N(\mu)$ と $N^*(\mu)$ の間，$N(\mu) = zN^*(\mu)$ の関係が成り立つので，$\gamma = \frac{\pi k_B^2}{3} N(\mu) z^{-1}$ となる．

電荷・スピンの感受率

多電子系の一様な電荷応答は，電子の化学ポテンシャル μ の変化に対する電子密度 $\bar{n}$ の応答である**電荷感受率**（charge susceptibility）$\chi_c \equiv \partial\bar{n}/\partial\mu$ で与えられ，スピンの一様な応答は，外部磁場 H の変化に対するスピン磁化 M_s の変化である**スピン磁化率**（spin susceptibility）$\chi_s \equiv \partial M_s/\partial H$ で与えられる．上向きスピン，下向きスピンの電子密度をそれぞれ $\bar{n}_\uparrow$，$\bar{n}_\downarrow$ とすると，電荷感受率は $\chi_c \equiv \partial(\bar{n}_\uparrow + \bar{n}_\downarrow)/\partial\mu$，スピン帯磁率は $\chi_s \equiv \mu_B \partial(\bar{n}_\downarrow - \bar{n}_\uparrow)/\partial H$（$\mu_B$：Bohr 磁子，$g$ 因子：$g = 2.0$）である．

電子間相互作用のない場合の電荷感受率は $\chi_{cb} = N_b(\mu)$ であるが，(i) 電子相関により準粒子状態密度 $N^*(\mu)$ が $N_b(\mu)$ に比べて増強される効果と，(ii) 準粒子間の反発のために，電子密度の増加に対する μ の上昇が促進される効果を考慮する必要がある．**Landau の Fermi 液体論**[20]で用いられる，スピンの向きについて平均した準粒子間の反発を表すパラメータ F_0^s（> 0）を用いて，電荷感受率は $\chi_c = N^*(\mu)/(1 + F_0^s)$ で与えられる．

一方，電子間相互作用のない場合のスピン帯磁率は $\chi_{sb} = \mu_B^2 N_b(\mu)$ であるが，交換相互作用により $\chi_s = \mu_B^2 N_b(\mu) S$ に増強される．ここで，S（≥ 1）は交換相互作用による増強因子で，**Stoner 因子**（Stoner factor）と呼ばれる．$S \to \infty$ となると，系は強磁性に転移する．さらに電子相関がある場合は，$N_b(\mu)$ の代わりに準粒子状態密度 $N^*(\mu)$ を用い，準粒子間の相互作用のうちスピンに依存する部分を表す Fermi 液体パラメータ F_0^a を用いて，$\chi_s = 2\mu_B^2 N^*(\mu)/(1 + F_0^a)$ と表す．

Pauli 帯磁率 χ_s と電子比熱係数 γ の比 $R_W \equiv (\pi k_B^2/3\mu_B^2)(\chi_s/\gamma) = 1/(1 + F_0^a)$ は **Wilson 比**（Wilson ratio）と呼ばれる．電子相関の弱い極

[20] 詳しくは，山田耕作：電子相関（岩波書店，1993 年）．

限では $R_W = 1$ であるが，電子相関の強い極限では，$R_W = 2$ になることが経験的に知られている．$R_W \gg 1$ は，強磁性不安定性を内在していることを示している．

付録 A

混成軌道の導出

A

同じ形状をし，異なった方向を向いた混成軌道の組は，化学結合を考えるのに便利である．群論を用いると，原子軌道から混成軌道を系統的に作ることができ，かなり複雑な混成軌道を作ることも可能である．

まず，群論の基礎的な事項をごく簡単に述べる[1]．

- **群**とは，演算子の集合であり，次の性質を満たすものである：演算子 A，B が群 G に属するとき，その積 $C \equiv AB$ も群 G に属する．

- 群の**表現**とは，ある基底 ϕ_1，ϕ_2，ϕ_3，....，ϕ_n を用いて，

$$A\phi_i = \sum_{i=1}^{n} D_{ij}(A)\phi_j$$

  （$A \in G$）としたときの行列 $D_{ij}(A)$ の集まりを指す．

- 表現行列 $D_{ij}(A)$ は一般に，基底をユニタリ変換することによって，小さな行列にブロック対角化することができる．これ以上ブロック対角化できない表現を**既約表現**と呼ぶ．ユニタリ変換は対角和を変えないので，対角和を見て，一般の表現を規約表現に分解するようにブロック対角化できる．既約表現の対角和を**指標**と呼ぶ．

ここで必要な群は，考えている原子・分子の構造を不変に保つ回転，鏡映などの操作の作る群で，**点群**と呼ばれる．

例として，正四面体の頂点方向に延びた 4 つの等価な軌道である sp^3 混成軌道（式 (2.15)）を導く．正四面体を不変に保つ回転，鏡映などの操作が作る点群 T_d の既約表現の指標の表は，

[1] 詳しくは群論の教科書を参照．例えば，犬井鉄郎，田辺行人，小野寺嘉孝：応用群論（裳華房，1980 年）．

	I	$8C_3$	$3C_2$	$6S_4$	$6\sigma_d$	代表的な基底関数
A_1	1	1	1	1	1	s
A_2	1	1	1	-1	-1	
E	2	-1	2	0	0	$d_{x^2-y^2}, d_{3z^2-r^2}$
T_1	3	0	-1	1	-1	d_{xy}, d_{yz}, d_{zx}
T_2	3	0	-1	-1	1	p_x, p_y, p_z

で与えられる．ここで，I：恒等変換，C_n：$1/n$ 回転，S_n：$1/n$ 回映，σ_d：回転軸を含む面に対する鏡映である．“$8C_3$” は，4 本の異なった回転軸それぞれに対して ±120° 回転があるので，合計 8 個の C_3 があることを示す．一方 T_d 群は，我々が求めたい，正四面体の中心から頂点 4 方向に突き出した 4 つの同じ形をした軌道を基底とした**置換表現** P として表現できる[2]．P の対角和は，対称操作によって動かない頂点の数で与えられるので，

	I	$8C_3$	$3C_2$	$6S_4$	$6\sigma_d$
P	4	1	0	0	2

となる．P は既約表現ではないので，既約表現に分解することができる．P の対角和を上記の既約表現の指標の表と比べて，P が A_1（s 軌道）と T_2（p 軌道）に分解されることがわかる：$P = A_1 + T_2$．したがって，4 方向に突き出した 4 つの軌道は，sp^3 混成軌道として作ることができることがわかる．

もうひとつの例として，正八面体の中心から頂点方向に延びた 6 つの等価な混成軌道を求める．正八面体を不変に保つ回転・鏡映などの操作が作る点群 O_h の既約表現の指標の表は，

2　例えば，(1, 1, 1) を軸とする 1/3 回転 $C_3(111)$ の，正四面体の頂点 4 方向に突き出した軌道を基底にした置換表現は，

$$\begin{pmatrix} 1 & 0 & 0 & 0 \\ 0 & 0 & 1 & 0 \\ 0 & 0 & 0 & 1 \\ 0 & 1 & 0 & 0 \end{pmatrix}$$

である．

	I	$8C_3$	$3C_2$	$6C_4$	$6C_2'$	R	$8S_3$	$3\sigma_h$	$6S_4$	$6\sigma_d$
A_{1g}	1	1	1	1	1	1	1	1	1	1
A_{2g}	1	1	1	−1	−1	1	1	1	−1	−1
E_g	2	−1	2	0	0	2	−1	2	0	0
T_{1g}	3	0	−1	1	−1	3	0	−1	1	−1
T_{2g}	3	0	−1	−1	1	3	0	−1	−1	1
A_{1u}	1	1	1	1	1	1	1	1	1	1
A_{2u}	1	1	1	−1	−1	1	1	1	−1	−1
E_u	2	−1	2	0	0	2	−1	2	0	0
T_{1u}	3	0	−1	1	−1	3	0	1	−1	1
T_{2u}	3	0	−1	−1	1	3	0	−1	−1	1

	代表的な基底関数
A_{1g}	s
A_{2g}	
E_g	$d_{x^2-y^2}$, $d_{3z^2-r^2}$
T_{1g}	
T_{2g}	d_{xy}, d_{yz}, d_{zx}
A_{1u}	
A_{2u}	
E_u	
T_{1u}	p_x, p_y, p_z
T_{2u}	

（ここで，R：反転，σ_h：回転軸に垂直な面に対する鏡映）である．したがって，求める 6 つの軌道を基底とした置換表現 P の対角和

	I	$8C_3$	$3C_2$	$6C_4$	$6C_2'$	R	$8S_3$	$3\sigma_h$	$6S_4$	$6\sigma_d$
P	6	0	2	2	0	0	0	4	0	2

は，A_{1g}（s 軌道），T_{1u}（p 軌道），E_g（d e_g 軌道）に分解される：$P = A_{1g} + T_{1u} + E_g$．これより，6 方向に突き出した同じ形の軌道を sp^3d^2 混成軌道で作ることができることがわかる．

付録 B

第2量子化

B

原子，分子，固体等の多電子系を考える．ここでは，規格直交系をなす任意の 1 電子状態（原子軌道，分子軌道，Bloch 軌道など）の量子数を k $(k = k', k'', ..., k^{(N)}, ..., k^{(\mathcal{L})}$．$N$ は全電子数，$\mathcal{L}$ はすべての 1 電子状態の数で，$\mathcal{L} \geq N)$ とする．Slater 行列式（式 (2.29) と同様）

$$\begin{aligned}
&\frac{1}{\sqrt{N!}}\begin{vmatrix}
\psi_{k'}(\mathbf{x}_1) & \psi_{k'}(\mathbf{x}_2) & ... & \psi_{k'}(\mathbf{x}_N) \\
\psi_{k''}(\mathbf{x}_1) & \psi_{k''}(\mathbf{x}_2) & ... & \psi_{k''}(\mathbf{x}_N) \\
... & ... & ... & ... \\
\psi_{k^{(N)}}(\mathbf{x}_1) & \psi_{k^{(N)}}(\mathbf{x}_2) & ... & \psi_{k^{(N)}}(\mathbf{x}_N)
\end{vmatrix} \\
&\equiv |\psi_{k'}\psi_{k''}......\psi_{k^{(N)}}| \\
&\equiv |k'k''......k^{(N)}| \qquad \text{(B.1)}
\end{aligned}$$

を第 2 量子化形式では，電子のいない状態 $|0\rangle$ に電子の生成演算子 $c_k^\dagger$ $(k = k', k'', ..., k^{(N)})$ を次々に作用させた状態

$$c_{k'}^\dagger c_{k''}^\dagger......c_{k^{(N)}}^\dagger|0\rangle \qquad \text{(B.2)}$$

と表す．式 (B.1) は，Slater 行列式の性質から，任意の状態の交換 $(k \leftrightarrow k')$ によって符号を変える．したがって，式 (B.2) も $c_k^\dagger$ と $c_{k'}^\dagger$ の順序の交換により符号が変わらなければならないので，

$$\{c_k^\dagger, c_{k'}^\dagger\} \equiv c_k^\dagger c_{k'}^\dagger + c_{k'}^\dagger c_k^\dagger = 0 \qquad \text{(B.3)}$$

の関係が成り立つ．$c_k^\dagger$ とエルミート共役[1]の関係にある電子の消滅演算子 c_k についても，同様な関係

$$\{c_k, c_{k'}\} \equiv c_k c_{k'} + c_{k'} c_k = 0 \qquad \text{(B.4)}$$

が成り立つ．さらに，$c_k^\dagger c_k$ は状態 k を占める電子数を表し，$c_k c_k^\dagger$ は状態 k を占めるホール数を表すので[2]，ある状態を占める電子数とホール数の

和が常に 1 に等しいことから，$c_k^\dagger c_k + c_k c_k^\dagger = 1$ であり，これを拡張した

$$\{c_k^\dagger, c_{k'}\} \equiv c_k^\dagger c_{k'} + c_{k'} c_k^\dagger = \delta_{k,k'} \tag{B.5}$$

の関係も成り立つことがわかる．

一般の演算子を，生成・消滅演算子を用いて表すことができる．1 電子演算子 o_i（電子 i の座標のみで表される演算子）の和 $\sum_i o_i$ は，第 2 量子化形式では

$$\sum_{k,k'}^{k^{(\mathcal{L})}} \langle k|o|k'\rangle c_k^\dagger c_{k'} \tag{B.6}$$

と表される．2 電子演算子 o_{ij}（電子 i，j の座標で表される演算子）の和 $\sum_{i>j=1} o_{ij}$ は第 2 量子化では，

$$\frac{1}{2} \sum_{k,k',k'',k'''}^{k^{(\mathcal{L})}} \langle kk'|o|k''k'''\rangle c_{k'}^\dagger c_k^\dagger c_{k''} c_{k'''} \tag{B.7}$$

となる．したがって，ハミルトニアン (2.17) は，第 2 量子化では

$$H = \sum_{k,k'}^{k^{(\mathcal{L})}} \langle k|h|k'\rangle c_k^\dagger c_{k'} + \frac{1}{2} \sum_{k,k',k'',k'''}^{k^{(\mathcal{L})}} \langle kk'|v|k''k'''\rangle c_{k'}^\dagger c_k^\dagger c_{k''} c_{k'''} \tag{B.8}$$

と書き表される．

Hartree-Fock 近似の基底状態 (B.2) における 1 電子演算子 (B.6) の期待値を，(B.3)，(B.4)，(B.5) や

$$(c_{k'}^\dagger c_{k''}^\dagger)^\dagger = c_{k''} c_{k'}$$

---

[1] 演算子 O に対して，ケット $O|\psi\rangle$ に対応するブラ $\langle\psi|O^\dagger$ に現れる演算子 $O^\dagger$ を，O にエルミート共役な演算子という．行列表示では，O と $O^\dagger$ は互いにエルミート共役な（行列要素の間に $(O^\dagger)_{kl} = O_{lk}^*$ の関係がある）行列となっている．自分自身にエルミート共役な演算子，すなわち $O^\dagger = O$ を満たす演算子をエルミート演算子という．量子力学では，観測可能な物理量（電子の位置，運動量，エネルギーなど）はエルミート演算子である．

[2] 式 (B.2) に $c_k^\dagger$ が含まれていると，$c_k^\dagger c_k$ を作用させたときに状態 (B.2) は変化せず，$c_k^\dagger c_k$ の固有値が 1 であることがわかる．一方，$c_k c_k^\dagger$ を作用させると状態 (B.2) はゼロに変わり，$c_k c_k^\dagger$ の固有値が 0 であることが導かれる．式 (B.2) に $c_k^\dagger$ が含まれていないと，$c_k^\dagger c_k$ の固有値が 0，$c_k c_k^\dagger$ の固有値が 1 となる．これらのことから，$c_k^\dagger c_k$ が電子数，$c_k c_k^\dagger$ がホール数の演算子であることがわかる．

などの関係式を使って計算すると，$n_k \equiv c_k^\dagger c_k$ の期待値 $\langle n_k \rangle$（$= 0$ または 1）を用いて，

$$\langle 0|c_{k^{(N)}}.....c_{k''}c_{k'}\left[\sum_{k,k'}^{k^{(\mathcal{L})}}\langle k|h|k'\rangle c_k^\dagger c_{k'}\right]c_{k'}^\dagger c_{k''}^\dagger......c_{k^{(N)}}^\dagger|0\rangle$$

$$= \sum_{k}^{k^{(N)}}\langle k|h|k\rangle = \sum_{k}^{k^{(\mathcal{L})}}\langle k|h|k\rangle\langle n_k\rangle \tag{B.9}$$

が得られる．2 電子演算子 (B.7) の期待値を求めると，

$$\langle 0|c_{k^{(N)}}.....c_{k'}\left[\frac{1}{2}\sum_{k,k',k'',k'''}^{k^{(\mathcal{L})}}\langle kk'|v|k''k'''\rangle c_{k'}^\dagger c_k^\dagger c_{k'''}\right]c_{k'}^\dagger c_{k''}^\dagger......c_{k^{(N)}}^\dagger|0\rangle$$

$$= \frac{1}{2}\sum_{k,k'}^{k^{(N)}}[U_{kk'} - J_{k'k}] = \frac{1}{2}\sum_{k,k'}^{k^{(\mathcal{L})}}[U_{kk'} - J_{k'k}]\langle n_k\rangle\langle n_{k'}\rangle \tag{B.10}$$

が得られる．これらは，Slater 行列式を用いて求めた期待値 (2.33)，(2.34) と同じである．

以上は，1 電子状態が規格直交系をなす場合であるが，そうでない場合，例えば k と k' が直交しない場合は，$S_{kk'} \equiv \langle k|k'\rangle$ を重なり積分として，

$$\{c_k^\dagger,\ c_{k'}\} = S_{k,k'} \tag{B.11}$$

となる．

付録 C

原子内2電子積分のパラメータ化

C

原子内の原子軌道間のクーロン積分，交換積分のパラメータ化は，以下のように行われる．

一般の 2 電子積分 (2.23) の計算は，e^2/r_{12} を，

$$\frac{e^2}{r_{12}} = e^2 \sum_{\kappa=0}^{\infty} \frac{4\pi}{2\kappa+1} \frac{r_<^\kappa}{r_>^{\kappa+1}} \sum_{\mu=-\kappa}^{\kappa} Y_\kappa^\mu(\theta_1, \phi_1)^* Y_\kappa^\mu(\theta_2, \phi_2) \tag{C.1}$$

（$r_<, r_>$ は，それぞれ r_1, r_2 のうち，小さい方と大きい方）と展開し，原子の波動関数，

$$\phi_\gamma(\mathbf{r}) \equiv \phi_{nlm}(\mathbf{r}) = R_{nl}(r) Y_l^m(\theta, \phi)$$

で挟んで積分する．角度方向の（θ_1，ϕ_1，θ_2，ϕ_2 に関する）積分は

$$\begin{aligned} &\int d\phi_1 \int \sin\theta_1 d\theta_1 Y_l^m(\theta_1, \phi_1)^* Y_\kappa^\mu(\theta_1, \phi_1)^* Y_{l''}^{m''}(\theta_1, \phi_1) \\ &\times \int d\phi_2 \int \sin\theta_2 d\theta_2 Y_{l'}^{m'}(\theta_2, \phi_2)^* Y_\kappa^\mu(\theta_2, \phi_2) Y_{l'''}^{m'''}(\theta_2, \phi_2) \end{aligned} \tag{C.2}$$

を計算して得られ，文献に表として与えられている[1]．式 (C.2) は，$|l-l''| \leq \kappa \leq l+l''$，$|l'-l'''| \leq \kappa \leq l'+l'''$，$\mu+m=m''$，$m'=\mu+m'''$，以外はゼロになる．

動径方向の（r_1，r_2 に関する）積分は動径方向の波動関数によるので，それぞれの原子のそれぞれの軌道に固有である．式 (2.23) に関与するすべての原子軌道の n, l が等しい動径方向の積分は，**Slater-Condon パラメータ**あるいは **Slater 積分**（Slater integrals）と呼ばれる次のパラメー

[1] 上村洸，菅野暁，田辺行人：配位子場理論とその応用（裳華房，1969 年）p.27.

タを用いて表される：

$$F^\kappa(nl,nl) = e^2 \int_0^\infty r_1^2 dr_1 \int_0^\infty r_2^2 dr_2 \frac{r_<^\kappa}{r_>^{\kappa+1}} R_{nl}(r_1)^2 R_{nl}(r_2)^2. \qquad \text{(C.3)}$$

この積分は，$0 \leq \kappa \leq 2l$ 以外はゼロである．したがって，$l = 0, 1, 2$ それぞれの場合，有限で独立なパラメータは，

$$\begin{aligned} &l = 0\ (s\ \text{電子}) : F^0, \\ &l = 1\ (p\ \text{電子}) : F^0, F^2, \\ &l = 2\ (d\ \text{電子}) : F_0 \equiv F^0, \quad F_2 \equiv \frac{1}{49}F^2, \quad F_4 \equiv \frac{1}{144}F^4 \end{aligned} \qquad \text{(C.4)}$$

である．

p 電子間のクーロン・交換積分 $U, U', J_{\rm H}$（式 (2.41)）を Slater 積分を用いて表すと，

$$\begin{aligned} U &= F^0 + \frac{4}{25}F^2, \\ U' &= F^0, \\ J_{\rm H} &= \frac{2}{25}F^2 \end{aligned} \qquad \text{(C.5)}$$

となる[2]．

d 電子系に対しても，

$$U \equiv U_{\gamma\gamma}, \quad U' \equiv U_{\gamma\gamma'}, \quad J_{\rm H} \equiv J_{\gamma\gamma'} \quad (\gamma \neq \gamma') \qquad \text{(C.6)}$$

---

[2] 同じ軌道にある p 電子間のクーロン積分は

$$U = F^0 + \frac{4}{25}F^2$$

となる．これと，p^6 電子配置のクーロン・交換エネルギーが

$$3U + 12U' - 6J_{\rm H} = 15F^0$$

であること，および座標の回転に対して積分値が不変であることから導かれる関係式 $U - U' = 2J_{\rm H}$ を用いると，式 (C.5) のすべてが導かれる．

関係式 $U - U' = 2J_{\rm H}$ は次のようにして導かれる：積分 U，U'，$J_{\rm H}$ が座標の回転に対して不変であれば，例えば $\phi' \equiv (x+y)/\sqrt{2}$ 間のクーロン積分は U である：$U = \langle\phi'\phi'|v|\phi'\phi'\rangle$．一方，

$$\begin{aligned} \langle\phi'\phi'|v|\phi'\phi'\rangle &= (1/4)(\langle xx|v|xx\rangle + \langle xy|v|xy\rangle + \langle yx|v|yx\rangle + \langle xy|v|yx\rangle \\ &+\langle xy|v|xy\rangle + \langle yy|v|xx\rangle + \langle xx|v|yy\rangle + \langle yy|v|yy\rangle) = (1/2)U + (1/2)U' + J_{\rm H} \end{aligned}$$

と変形できる．これを U と等しいとおくと，$U - U' = 2J_{\rm H}$ が導かれる．ここで，実関数 x, y に対して $\langle xx|v|yy\rangle = \langle xy|v|yx\rangle$ 等の関係式を用いた．

を定義することができ，**金森パラメータ**と呼ばれる[3]．ここでも，U，U'，$J_{\rm H}$ の値は位置座標の回転に対して不変でなければならないため，$U-U'=2J_{\rm H}$ を満たさなければならない[4]．したがって，$U, U', J_{\rm H}$ のうち独立なパラメータの数は 2 個となる．式 (C.4), (C.7) によれば，d 電子間の 2 電子積分を表す独立な 3 個のパラメータ（Slater 積分 F_0, F_2, F_4）が必要であったから，独立なパラメータが 2 個しかない $U, U', J_{\rm H}$ をパラメータに採用すると近似的な取り扱いになることがわかる．d 電子に対しては，Slater 積分の代わりに **Racah パラメータ**

$$A \equiv F_0 - 49F_4, \quad B \equiv F_2 - 5F_4, \quad C \equiv 35F_4 \tag{C.7}$$

が用いられることも多い．$U, U', J_{\rm H}$ パラメータ，Racah パラメータ，Slater 積分はすべて正である．これらのパラメータの間には，

$$\begin{aligned} U &= A + 4B + 3C = F_0 + 4F_2 + 36F_4, \\ U' &= A - B + C = F_0 - F_2 - 9F_4, \\ J_{\rm H} &= \frac{5}{2}B + C = \frac{5}{2}F_2 + \frac{45}{2}F_4 \end{aligned} \tag{C.8}$$

の関係がある[5]．

ここで，クーロン・交換相互作用の平均値 $\bar{U}$ は以下のように求められる．p 電子の $\bar{U}$ を求めるには，p^6 電子配置のクーロン・交換エネルギー $15F_0$ を 6 電子からの 2 電子の組み合わせ数 ${}_6C_2 = 15$ で割って，

$$\bar{U} = F_0 \tag{C.9}$$

---

[3] J. Kanamori: *Prog. Theor. Phys.* **30**, 275 (1963).

[4] これらの積分が座標系の回転に対して不変であれば，$\eta \equiv d_{zx}$，$\xi \equiv d_{yz}$ とすると，$U = \langle\phi'\phi'|v|\phi'\phi'\rangle$ である．一方，

$$\begin{aligned} \langle\phi'\phi'|v|\phi'\phi'\rangle &= (1/4)(\langle\xi\xi|v|\xi\xi\rangle + \langle\xi\eta|v|\xi\eta\rangle + \langle\eta\xi|v|\eta\xi\rangle + \langle\xi\eta|v|\eta\xi\rangle \\ &+\langle\xi\eta|v|\xi\eta\rangle + \langle\eta\eta|v|\xi\xi\rangle + \langle\xi\xi|v|\eta\eta\rangle + \langle\eta\eta|v|\eta\eta\rangle) = (1/2)U + (1/2)U' + J_{\rm H} \end{aligned}$$

であり，これは U に等しい．これより，$U - U' = 2J_{\rm H}$ が導かれる．

[5] 同じ軌道にある d 電子間のクーロン積分は

$$U = A + 4B + 3C$$

となる．これと，d^{10} 電子配置のクーロン・交換エネルギーが

$$5U + 40U' - 20J_{\rm H} = 45A - 70B + 35C$$

であること，および回転不変性の条件 $U - U' = 2J_{\rm H}$ を用いると，式 (C.8) のすべてが導かれる．

となる．d 電子の $\bar{U}$ を求めるには，d^{10} 電子配置のクーロン・交換エネルギー

$$5U + 40U' - 20J_{\rm H} = 45A - 70B + 35C$$

を 10 電子中の 2 電子の組み合わせの数 ${}_{10}C_2 = 45$ で割れば，

$$\bar{U} = \frac{1}{9}U + \frac{8}{9}U' - \frac{4}{9}J_{\rm H} = A - \frac{14}{9}B + \frac{7}{9}C \tag{C.10}$$

が得られる．$\bar{U}$ とクーロン積分の等方的部分である F_0 の間には，

$$\bar{U} = F_0 - \frac{14}{9}B - \frac{28}{45}C$$

の関係がある．$\bar{U}$ と F_0 の差は，$\bar{U}$ が含むクーロン相互作用の異方性と交換相互作用の寄与に起因する．

付録 D

光電子・逆光電子分光

D

1粒子スペクトル関数 $A(\mathbf{k}, \varepsilon)$（式 (2.49)，(6.44)）を測定する実験的手段が，光電効果の原理を利用した光電子分光・逆光電子分光である．光電子分光は $A(\mathbf{k}, \varepsilon)$ の占有部分（絶対零度で $\varepsilon < \mu$）を，逆光電子分光は非占有部分（絶対零度で $\varepsilon > \mu$）を測定できる．実際は，光電子放出・逆光電子放出は双極子遷移のために，$A(\mathbf{k}, \varepsilon)$ に双極子遷移行列要素の振幅の2乗が乗じられたものを測定するが，ここでは簡単のために遷移行列要素は一定とする．

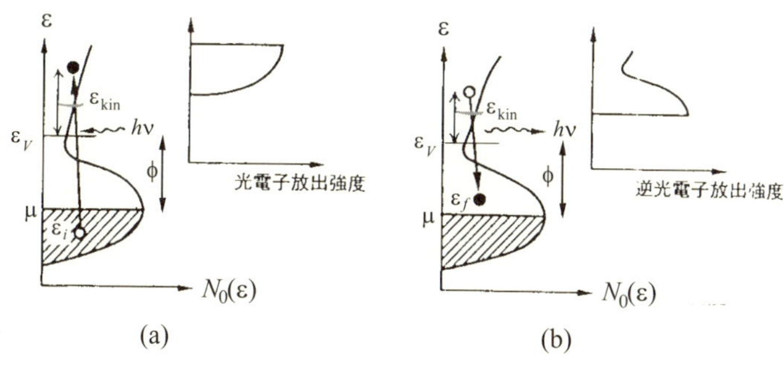

図 D.1: 1電子近似における光電子分光 (a)，逆光電子分光 (b) の原理 [小林俊一編：物性測定の進歩 II（シリーズ物性物理の新展開第8巻）(丸善，1993 年)].

図 D.1 に，光電子分光・逆光電子分光の原理を模式的に示す．1電子近似では，光のエネルギー $h\nu$，遷移の始状態の電子エネルギー ε_i（$< \mu$），真空準位 ε_V，光電子の（真空準位から測った）運動エネルギー $\varepsilon_{\rm kin}$ を用

いて，図 D.1 に示すようなエネルギー保存則

$$\varepsilon_i + h\nu = \varepsilon_V + \varepsilon_{\mathrm{kin}} \tag{D.1}$$

が成り立つ．逆光電子分光では，ε_i の代わりに遷移の終状態の電子エネルギー ε_f $(> \mu)$ が式 (D.1) に現れる（仕事関数 ϕ は，化学ポテンシャル μ を用いて $\phi = \varepsilon_V - \mu$ で与えられる）．

単結晶試料を用い，特定の方向に放出される光電子を観測する**角度分解型光電子分光・逆光電子分光**では，ブロッホ電子のエネルギー $\varepsilon_i = \varepsilon_{\mathbf{k}}$ のみならず運動量 $\hbar\mathbf{k}$ も決定できる．結晶中の Bloch 電子を 1 電子近似で取り扱える場合を例に説明する．簡単のため特定のバンドに注目し，バンドやスピン区別する指標 λ を省略する．$\hbar\mathbf{k}$ を決めるには，エネルギー保存則 (D.1) に加えて，運動量の単結晶表面に平行な成分が（逆格子ベクトル $\mathbf{G}$ 分の変化を除いて）光電子放出で保存することを用いる．光電子の運動量を $\hbar\mathbf{K}$ とすると，$\varepsilon_{\mathrm{kin}} = \hbar^2\mathbf{K}^2/2m_e$（$m_e$: 自由電子の質量）であるから，運動量の結晶表面に平行な成分は，

$$\hbar|\mathbf{k}_{\parallel}| = \hbar|\mathbf{K}_{\parallel}| = \sqrt{2m_e\varepsilon_{\mathrm{kin}}}\cos\theta = \sqrt{2m_e(h\nu - \phi - \varepsilon_B)}\cos\theta \tag{D.2}$$

（$\varepsilon_B \equiv \mu - \varepsilon_{\mathbf{k}}$：Fermi 準位を基準とした始状態の**結合エネルギー**，θ: $\mathbf{K}$ と表面のなす角）で与えれれる．1 次元性または 2 次元性の強い物質を 1 次元鎖または 2 次元面に平行な面で劈開した場合は，ブロッホ電子の結晶表面に垂直な方向の $\mathbf{k}$-分散を無視できるので，式 (D.2) を用いて $\hbar\mathbf{k}_{\parallel}$ を決めれば，バンドの分散関係 $\varepsilon = \varepsilon_{\mathbf{k}}$ を完全に決定できる．3 次元結晶の場合には，結晶表面に垂直な成分 $k_{\perp}$ も決めなければならず，そのためにはいろいろな仮定を設けてスペクトルを解析する必要がある．**角度積分型光電子分光・逆光電子分光**では，1 粒子スペクトル関数を運動量で積分した**状態密度** $N(\varepsilon) \equiv \int \frac{d\mathbf{k}}{(2\pi)^3} A(\mathbf{k}, \varepsilon)$（式 (6.46)）が測定される．1 電子近似では，状態密度は結晶中のブロッホ電子の状態密度に他ならない：$N_b(\varepsilon) = \int \frac{d\mathbf{k}}{(2\pi)^3} \delta(\varepsilon - \varepsilon_{\mathbf{k}})$（式 (6.50)）．

付録 E

Clebsch-Gordan係数

E

1電子のShrödinger方程式を解いて得られる固有関数は，その原子・分子・クラスターの構造を不変に保つ対称操作のつくる群（原子ならば回転群）の既約表現の基底となっている．2電子問題では，固有関数の積の線型結合から系の構造を不変に保つ対称操作のなす群の既約表現の基底をつくらなければならない[1]．その線型結合の係数は，Clebsch-Gordan係数で与えられる．まず回転群のClebsch-Gordan係数を表E.1に示す[2]．回転群のClebsch-Gordan係数は**Wigner係数**とも呼ばれ，初等量子力学で各運動量の合成に使われるものである．

回転群のClebsch-Gordan係数のうち最も簡単でよく使われるのは，2個の電子（それぞれ $s=\frac{1}{2}$）からスピン1重項（$S=0$）とスピン3重項（$S=1$）をつくる $\langle\frac{1}{2}m_{s1}\frac{1}{2}m_{s2}|SM_S\rangle$（表E.1の上の表で $J_1=\frac{1}{2}$ と置いたもの）

S	$m_{s2}=\frac{1}{2}$	$m_{s2}=-\frac{1}{2}$
1	$\sqrt{\frac{1+M_S}{2}}$	$\sqrt{\frac{1-M_S}{2}}$
0	$-\sqrt{\frac{1}{2}}$	$\sqrt{\frac{1}{2}}$

である．ここで，$M_S=-1,\ 0,\ 1$ の値をとる．したがって，2電子のスピン部分だけについて角運動量合成を行ったスピン角運動量の固有関数 $\Psi_2(SM_S)$ は，

$$\Psi_2(00)=\frac{1}{\sqrt{2}}[|\psi_{\gamma\uparrow}\psi_{\gamma'\downarrow}|-|\psi_{\gamma\downarrow}\psi_{\gamma'\uparrow}|],$$

1 群論の教科書は，例えば，犬井鉄郎，田辺行人，小野寺嘉孝：応用群論（裳華房，1980年）．

2 上村洸，菅野暁，田辺行人：配位子場理論とその応用（裳華房，1969年）p.376. F. U. Condon and G. H. Shortley: *The Theory of Atomic Spectra* (Cambridge University Press, London, 1951) p.45.

$$\Psi_2(11) = |\psi_{\gamma\uparrow}\psi_{\gamma'\uparrow}|,$$
$$\Psi_2(10) = \frac{1}{\sqrt{2}}[|\psi_{\gamma\uparrow}\psi_{\gamma'\downarrow}| + |\psi_{\gamma\downarrow}\psi_{\gamma'\uparrow}|],$$
$$\Psi_2(1-1) = |\psi_{\gamma\downarrow}\psi_{\gamma'\downarrow}| \tag{E.1}$$

となる．分子（第 3.1 節），クラスター・モデル（第 4.2.5 節），磁性不純物（第 4.3.4 節）に現れるスピン 1 重項の波動関数は，すべてこの形をもつ．

表 E.2 には，点群 O_h の Clebsch-Gordan 係数を示す[3]．例えば，表 E.2 の中の $E \times E$ の表を用いると，式 (4.24) に示した e_g^2 電子配置の波動関数が，全スピン角運動量 $\mathbf{S}^2$，S_z の固有関数であるばかりでなく O_h 群の規約表現にもなっていることが確かめられる．

表 E.1: 回転群の Clebsch-Gordan 係数 $\langle J_1M_1J_2M_2|JM\rangle$ $(M = M_1 + M_2)$.

$J_2 = \frac{1}{2}$

J	$M_2 = \frac{1}{2}$	$M_2 = -\frac{1}{2}$
$J_1 + \frac{1}{2}$	$\sqrt{\frac{J_1+M+\frac{1}{2}}{2J_1+1}}$	$\sqrt{\frac{J_1-M+\frac{1}{2}}{2J_1+1}}$
$J_1 - \frac{1}{2}$	$-\sqrt{\frac{J_1-M+\frac{1}{2}}{2J_1+1}}$	$\sqrt{\frac{J_1+M+\frac{1}{2}}{2J_1+1}}$

$J_2 = 1$

J	$M_2 = 1$	$M_2 = 0$	$M_2 = -1$
J_1+1	$\sqrt{\frac{(J_1+M)(J_1+M+1)}{(2J_1+1)(2J_1+2)}}$	$\sqrt{\frac{(J_1-M+1)(J_1+M+1)}{(2J_1+1)(J_1+1)}}$	$\sqrt{\frac{(J_1-M)(J_1-M+1)}{(2J_1+1)(2J_1+2)}}$
J_1	$-\sqrt{\frac{(J_1+M)(J_1-M+1)}{2J_1(J_1+1)}}$	$\frac{M}{\sqrt{J_1(J_1+1)}}$	$\sqrt{\frac{(J_1-M)(J_1+M+1)}{2J_1(J_1+1)}}$
J_1-1	$\sqrt{\frac{(J_1-M)(J_1-M+1)}{J_1(2J_1+2)}}$	$-\sqrt{\frac{(J_1-M)(J_1+M)}{J_1(2J_1+1)}}$	$\sqrt{\frac{(J_1+M+1)(J_1+M)}{2J_1(J_1+1)}}$

[3] 上村洸，菅野暁，田辺行人：配位子場理論とその応用（裳華房，1969 年）p.373.

表 E.2: Oh 群の Clebsch-Gordan 係数 $\langle\Gamma_1\gamma_1\Gamma_2\gamma_2|\Gamma\gamma\rangle$.

$A_2 \times E$

		$\Gamma =$ E	
γ_1	γ_2	$\gamma = u$	v
	u		-1
e_2			
	v	1	

$A_2 \times T_1$

		$\Gamma =$ T_2		
γ_1	γ_2	$\gamma = \xi$	η	ζ
	α	1		
e_2	β		1	
	γ			1

$A_2 \times T_2$

		$\Gamma =$ T_1		
γ_1	γ_2	$\gamma = \alpha$	β	γ
	ε	-1		
e_2	η		-1	
	ζ			-1

$E \times E$

		$\Gamma = A_1$	A_2	E	
γ_1	γ_2	$\gamma = e_1$	e_2	u	v
	u	$1/\sqrt{2}$		$-1/\sqrt{2}$	
u					
	v		$1/\sqrt{2}$		$1/\sqrt{2}$
	u		$-1/\sqrt{2}$		$1/\sqrt{2}$
v					
	v	$1/\sqrt{2}$		$1/\sqrt{2}$	

$E \times T_1$

		$\Gamma =$	T_1			T_2	
γ_1	γ_2	$\gamma = \alpha$	β	γ	ξ	η	ζ
	α	$-1/2$			$\sqrt{3}/2$		
u	β		$-1/2$			$-\sqrt{3}/2$	
	γ			1			
	α	$\sqrt{3}/2$			$1/2$		
v	β		$-\sqrt{3}/2$			$1/2$	
	γ						-1

$E \times T_2$

		$\Gamma =$	T_1			T_2	
γ_1	γ_2	$\gamma = \alpha$	β	γ	ξ	η	ζ
	ξ	$-\sqrt{3}/2$			$-1/2$		
u	η		$\sqrt{3}/2$			$-1/2$	
	ζ						1
	ξ	$-1/2$			$-\sqrt{3}/2$		
v	β		$-1/2$			$-\sqrt{3}/2$	
	ζ			1			

$T_1 \times T_1$

		$\Gamma = A_1$	E			T_1			T_2	
γ_1	γ_2	$\gamma = e_1$	u	v	α	β	γ	ξ	η	ζ
α	α	$\frac{-1}{\sqrt{3}}$	$\frac{1}{\sqrt{6}}$	$\frac{-1}{\sqrt{2}}$						
	β						$\frac{-1}{\sqrt{2}}$			$\frac{-1}{\sqrt{2}}$
	γ					$\frac{1}{\sqrt{2}}$			$\frac{-1}{\sqrt{2}}$	
β	α						$\frac{1}{\sqrt{2}}$			$\frac{-1}{\sqrt{2}}$
	β	$\frac{-1}{\sqrt{3}}$	$\frac{1}{\sqrt{6}}$	$\frac{1}{\sqrt{2}}$						
	γ				$\frac{-1}{\sqrt{2}}$			$\frac{-1}{\sqrt{2}}$		
γ	α					$\frac{-1}{\sqrt{2}}$			$\frac{-1}{\sqrt{2}}$	
	β				$\frac{1}{\sqrt{2}}$			$\frac{-1}{\sqrt{2}}$		
	γ	$\frac{-1}{\sqrt{3}}$	$\frac{-2}{\sqrt{6}}$							

$T_1 \times T_2$

		$\Gamma = A_2$	E			T_1			T_2	
γ_1	γ_2	$\gamma = e_2$	u	v	α	β	γ	ξ	η	ζ
α	ξ	$\frac{-1}{\sqrt{3}}$	$\frac{-1}{\sqrt{2}}$	$\frac{-1}{\sqrt{6}}$						
	η						$\frac{1}{\sqrt{2}}$			$\frac{-1}{\sqrt{2}}$
	ζ					$\frac{1}{\sqrt{2}}$			$\frac{1}{\sqrt{2}}$	
β	ξ						$\frac{1}{\sqrt{2}}$			$\frac{1}{\sqrt{2}}$
	η	$\frac{-1}{\sqrt{3}}$	$\frac{1}{\sqrt{2}}$	$\frac{-1}{\sqrt{6}}$						
	ζ				$\frac{1}{\sqrt{2}}$			$\frac{-1}{\sqrt{2}}$		
γ	ξ					$\frac{1}{\sqrt{2}}$			$\frac{-1}{\sqrt{2}}$	
	η				$\frac{1}{\sqrt{2}}$			$\frac{1}{\sqrt{2}}$		
	ζ	$\frac{-1}{\sqrt{3}}$		$\frac{2}{\sqrt{6}}$						

$T_2 \times T_2$

		$\Gamma = A_1$	E			T_1			T_2	
γ_1	γ_2	$\gamma = e_1$	u	v	α	β	γ	ξ	η	ζ
	ξ	$\frac{1}{\sqrt{3}}$	$\frac{-1}{\sqrt{6}}$	$\frac{1}{\sqrt{2}}$						
ξ	η						$\frac{1}{\sqrt{2}}$			$\frac{1}{\sqrt{2}}$
	ζ					$\frac{-1}{\sqrt{2}}$			$\frac{1}{\sqrt{2}}$	
	ξ						$\frac{-1}{\sqrt{2}}$			$\frac{1}{\sqrt{2}}$
η	η	$\frac{1}{\sqrt{3}}$	$\frac{-1}{\sqrt{6}}$	$\frac{-1}{\sqrt{2}}$						
	ζ				$\frac{1}{\sqrt{2}}$			$\frac{1}{\sqrt{2}}$		
	ξ					$\frac{1}{\sqrt{2}}$			$\frac{-1}{\sqrt{2}}$	
ζ	η				$\frac{-1}{\sqrt{2}}$			$\frac{1}{\sqrt{2}}$		
	ζ	$\frac{1}{\sqrt{3}}$	$\frac{2}{\sqrt{6}}$							

付録 F

原子の電子配置

F

中性原子の電子配置を表 F.1 に示す．原子番号の増加とともに電子に占有される順序から，軌道のエネルギーは，

$$\varepsilon_{1s} < \varepsilon_{2s} < \varepsilon_{2p} < \varepsilon_{3s} < \varepsilon_{3p} < \varepsilon_{4s} < \varepsilon_{4p} < \varepsilon_{5s} < \varepsilon_{5p} < \varepsilon_{6s} < \varepsilon_{6p} < \varepsilon_{7s}$$

であることがわかる．しかし，エネルギーの近接した軌道（例えば，$3d$ と $4s$）では，電子が入る順序がこれに従わないところも見られる．

表 F.1: 中性原子の電子配置．

Z		$1s$	$2s$	$2p$	$3s$	$3p$	$3d$	$4s$	$4p$	$4d$	$4f$
1	H	1									
2	He	2									
3	Li	2	1								
4	Be	2	2								
5	B	2	2	1							
6	C	2	2	2							
7	N	2	2	3							
8	O	2	2	4							
9	F	2	2	5							
10	Ne	2	2	6							
11	Na	2	2	6	1						
12	Mg	2	2	6	2						

Z		$3s$	$3p$	$3d$	$4s$	$4p$	$4d$	$4f$	$5s$	$5p$	$5d$	$5f$
13	Al	2	1									
14	Si	2	2									
15	P	2	3									
16	S	2	4									
17	Cl	2	5									
18	Ar	2	6									
19	K	2	6		1							
20	Ca	2	6		2							
21	Sc	2	6	1	2							
22	Ti	2	6	2	2							
23	V	2	6	3	2							
24	Cr	2	6	5	1							
25	Mn	2	6	5	2							
26	Fe	2	6	6	2							
27	Co	2	6	7	2							
28	Ni	2	6	8	2							
29	Cu	2	6	10	1							
30	Zn	2	6	10	2							
31	Ga	2	6	10	2	1						
32	Ge	2	6	10	2	2						
33	As	2	6	10	2	3						
34	Se	2	6	10	2	4						
35	Br	2	6	10	2	5						
36	Kr	2	6	10	2	6						
37	Rb	2	6	10	2	6			1			
38	Sr	2	6	10	2	6			2			
39	Y	2	6	10	2	6	1		2			
40	Zr	2	6	10	2	6	2		2			

Z		$4s$	$4p$	$4d$	$4f$	$5s$	$5p$	$5d$	$5f$	$6s$	$6p$	$6d$
41	Nb	2	6	4		1						
42	Mo	2	6	5		1						
43	Te	2	6	5		2						
44	Ru	2	6	7		1						
45	Rh	2	6	8		1						
46	Pd	2	6	10								
47	Ag	2	6	10		1						
48	Cd	2	6	10		2						
49	In	2	6	10		2	1					
50	Sn	2	6	10		2	2					
51	Sb	2	6	10		2	3					
52	Te	2	6	10		2	4					
53	I	2	6	10		2	5					
54	Xe	2	6	10		2	6					
55	Cs	2	6	10		2	6			1		
56	Ba	2	6	10		2	6			2		
57	La	2	6	10		2	6	1		2		
58	Ce	2	6	10	2	2	6			2		
59	Pr	2	6	10	3	2	6			2		
60	Nd	2	6	10	4	2	6			2		
61	Pm	2	6	10	5	2	6			2		
62	Sm	2	6	10	6	2	6			2		
63	Eu	2	6	10	7	2	6			2		
64	Gd	2	6	10	7	2	6	1		2		
65	Tb	2	6	10	9	2	6			2		
66	Dy	2	6	10	10	2	6			2		

Z		$4p$	$4d$	$4f$	$5s$	$5p$	$5d$	$5f$	$6s$	$6p$	$6d$	$7s$
67	Ho	6	10	11	2	6			2			
68	Er	6	10	12	2	6			2			
69	Tm	6	10	13	2	6			2			
70	Yb	6	10	14	2	6			2			
71	Lu	6	10	14	2	6	1		2			
72	Hf	6	10	14	2	6	2		2			
73	Ta	6	10	14	2	6	3		2			
74	W	6	10	14	2	6	4		2			
75	Re	6	10	14	2	6	5		2			
76	Os	6	10	14	2	6	6		2			
77	Ir	6	10	14	2	6	7		2			
78	Pt	6	10	14	2	6	9		1			
79	Au	6	10	14	2	6	10		1			
80	Hg	6	10	14	2	6	10		2			
81	Tl	6	10	14	2	6	10		2	1		
82	Pb	6	10	14	2	6	10		2	2		
83	Bi	6	10	14	2	6	10		2	3		
84	Po	6	10	14	2	6	10		2	4		
85	At	6	10	14	2	6	10		2	5		
86	Rn	6	10	14	2	6	10		2	6		
87	Fr	6	10	14	2	6	10		2	6		1
88	Ra	6	10	14	2	6	10		2	6		2
89	Ac	6	10	14	2	6	10		2	6	1	2
90	Th	6	10	14	2	6	10		2	6	2	2
91	Pa	6	10	14	2	6	10	2	2	6	1	2

Z		$4p$	$4d$	$4f$	$5s$	$5p$	$5d$	$5f$	$6s$	$6p$	$6d$	$7s$
92	U	6	10	14	2	6	10	3	2	6	1	2
93	Np	6	10	14	2	6	10	4	2	6	1	2
94	Pu	6	10	14	2	6	10	5	2	6	1	2
95	Am	6	10	14	2	6	10	6	2	6	1	2
96	Cm	6	10	14	2	6	10	7	2	6	1	2
97	Bk	6	10	14	2	6	10	8	2	6	1	2
98	Cf	6	10	14	2	6	10	10	2	6		2
99	E	6	10	14	2	6	10	11	2	6		2
100	Fm	6	10	14	2	6	10	12	2	6		2
101	Md	6	10	14	2	6	10	13	2	6		2
102	No	6	10	14	2	6	10	14	2	6		2
103	Lw	6	10	14	2	6	10	14	2	6	1	2

付録 G

原子軌道間の移動積分

G

異なる原子の s, p, d 原子軌道間の移動積分をパラメータ化する．位置 $\mathbf{R}_a$, $\mathbf{R}_b$ にある原子 a, b の s 軌道，p 軌道，d 軌道は，

$$\phi_a(\mathbf{r}) \equiv R_{n_a l_a}(|\mathbf{r}-\mathbf{R}_a|)Y_{l_a}^{m_a}(\theta_a, \phi_a),$$

$$\phi_b(\mathbf{r}) \equiv R_{n_b l_b}(|\mathbf{r}-\mathbf{R}_b|)Y_{l_b}^{m_b}(\theta_b, \phi_b)$$

で与えられる．ここで，θ_a, ϕ_a は $\mathbf{r}-\mathbf{R}_a$ の方向を，θ_b, ϕ_b は $\mathbf{r}-\mathbf{R}_b$ の方向を表す角度，$Y_l^m(\theta,\phi)$ は式 (2.5)-(2.7) で与えられる球面調和関数である．両原子を結ぶ軸が z 軸に平行である（$\mathbf{R}_b-\mathbf{R}_a \parallel (0,0,1)$）とすると，移動積分 $-t_{ab}(0,0,1) \equiv \langle a|h|b\rangle$ が有限となるのは，$m_a = m_b$ ($\equiv \mu$) の場合のみである．この移動積分 $-t_{ab}(0,0,1)$ を $(l_a l_b \mu)$ と表し，**Slater-Koster パラメータ**と呼ぶ．ここで，$l_a, l_b = 0, 1, 2, ...$ を $s, p, d, ...$，$\mu = 0, \pm 1, \pm 2, ...$ を $\sigma, \pi, \delta, ...$ と記す．具体的には，Slater-Koster パラメータは，

$$\begin{aligned}
&(ss\sigma) \equiv -t_{s,s}(0,0,1) \ \ (<0), \ \ (sp\sigma) \equiv -t_{s,z}(0,0,1) \ \ (>0),\\
&(pp\sigma) \equiv -t_{z,z}(0,0,1) \ \ (>0), \ \ (pp\pi) \equiv -t_{x,x}(0,0,1) \ \ (<0),\\
&(sd\sigma) \equiv -t_{s,3z^2-r^2}(0,0,1) \ \ (<0),\\
&(pd\sigma) \equiv -t_{z,3z^2-r^2}(0,0,1) \ \ (<0),\\
&(pd\pi) \equiv -t_{x,xz}(0,0,1) \ \ (>0),\\
&(dd\sigma) \equiv -t_{3z^2-r^2,3z^2-r^2}(0,0,1) \ \ (<0),\\
&(dd\pi) \equiv -t_{xz,xz}(0,0,1) \ \ (>0),\\
&(dd\delta) \equiv -t_{xy,xy}(0,0,1) \ \ (<0)
\end{aligned} \tag{G.1}$$

と定義される．これらの定義を図 G.1 に示す．符号は，対応する重なり積分と逆符号になる．

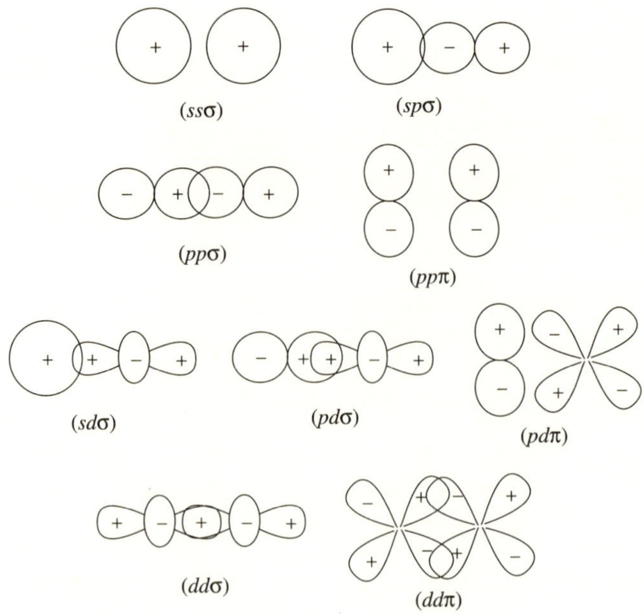

図 G.1: Slater-Koster パラメータを定義する波動関数同士の重なり.

次に，両原子の相対位置 $\mathbf{R}_b - \mathbf{R}_a$ が一般の方向を向いている場合を考える．方向余弦を

$$(e_x, e_y, e_z) \equiv \frac{\mathbf{R}_b - \mathbf{R}_a}{|\mathbf{R}_b - \mathbf{R}_a|} = (\sin\theta\cos\phi, \sin\theta\sin\phi, \cos\theta)$$

とし，移動積分を $-t_{ab}(e_x, e_y, e_z) \equiv \langle a|h|b\rangle$ の方向依存性を考える．s 軌道間の移動積分は方向依存性がないので，単に

$$-t_{s,s}(e_x, e_y, e_z) = (ss\sigma)$$

となる．p 軌道と s 軌道の間の移動積分は，p 軌道を (e_x, e_y, e_z) 方向に平行な p 軌道成分と垂直な p 軌道成分に分離すると，(e_x, e_y, e_z) 方向に平行な成分からのみ寄与があるので，

$$-t_{s,x}(e_x, e_y, e_z) = e_x(sp\sigma)$$

などとなる．同様な考察を全ての原子軌道の組み合わせについて行うと，表 G.1 が得られる[1]．

重なり積分 $S_{ab}(e_x, e_y, e_z) \equiv \langle\phi_a|\phi_b\rangle$ についても，$(ss\sigma)$, $(sp\sigma)$, ... の代わりにパラメータ $S_{ss\sigma}$, $S_{sp\sigma}$, ... を用い，移動積分 $-t_{ab}(e_x, e_y, e_z)$ と同じ方向依存性が得られる．

表 G.1: Slater-Koster パラメータで表した s, p, d 軌道間の移動積分 $-t_{ab}(e_xe_ye_z)$. ϕ_a は原子 a の，ϕ_b は原子 b の原子軌道，(e_x, e_y, e_z) は，原子 a から見た原子 b の方向余弦．

$-t_{ab}(e_x, e_y, e_z)$	Slater-Koster パラメータによる表示
$-t_{s,s}$	$(ss\sigma)$
$-t_{s,x}$	$e_x(sp\sigma)$
$-t_{x,x}$	$e_x^2(pp\sigma) + (1 - {e_x}^2)(pp\pi)$
$-t_{x,y}$	$e_xe_y(pp\sigma) - e_xe_y(pp\pi)$
$-t_{x,z}$	$e_xe_z(pp\sigma) - e_xe_z(pp\pi)$
$-t_{s,xy}$	$\sqrt{3}e_xe_y(sd\sigma)$
$-t_{s,x^2-y^2}$	$\frac{1}{2}\sqrt{3}(e_x^2 - e_y^2)(sd\sigma)$
$-t_{s,3z^2-r^2}$	$[e_z^2 - \frac{1}{2}(e_x^2 + e_y^2)](sd\sigma)$
$-t_{x,xy}$	$\sqrt{3}e_x^2e_y(pd\sigma) + e_y(1 - 2e_x^2)(pd\pi)$
$-t_{x,yz}$	$\sqrt{3}e_xe_ye_z(pd\sigma) - 2e_xe_ye_z(pd\pi)$
$-t_{x,zx}$	$\sqrt{3}e_x^2e_z(pd\sigma) + e_z(1 - 2e_x^2)(pd\pi)$
$-t_{x,x^2-y^2}$	$\frac{1}{2}\sqrt{3}e_x(e_x^2 - e_y^2)(pd\sigma) + e_x(1 - e_x^2 + e_y^2)(pd\pi)$
$-t_{y,x^2-y^2}$	$\frac{1}{2}\sqrt{3}e_y(e_x^2 - e_y^2)(pd\sigma) - e_y(1 + e_x^2 - e_y^2)(pd\pi)$
$-t_{z,x^2-y^2}$	$\frac{1}{2}\sqrt{3}e_z(e_x^2 - e_y^2)(pd\sigma) - e_z(e_x^2 - e_y^2)(pd\pi)$
$-t_{x,3z^2-r^2}$	$e_x[e_z^2 - \frac{1}{2}(e_x^2 + e_y^2)](pd\sigma) - \sqrt{3}e_xe_z^2(pd\pi)$
$-t_{y,3z^2-r^2}$	$e_y[e_z^2 - \frac{1}{2}(e_x^2 + e_y^2)](pd\sigma) - \sqrt{3}e_ye_z^2(pd\pi)$
$-t_{z,3z^2-r^2}$	$e_z[e_z^2 - \frac{1}{2}(e_x^2 + e_y^2)](pd\sigma) + \sqrt{3}e_z(e_x^2 + e_y^2)(pd\pi)$

[1] A. Nussbaum: *Solid State Physics*, Vol.18 (Academic Press, New York, 1966).

Slater-Koster パラメータの間には，いくつかの近似的な関係がある[2]：

$$
\begin{aligned}
(pp\sigma)/(pp\pi) &\simeq -4.0, \\
(pd\sigma)/(pd\pi) &\simeq -2.2, \\
(sd\sigma)/(pd\sigma) &\simeq 1.1.
\end{aligned}
$$

原子間距離 d の関数として，

$$
\begin{aligned}
(ss\mu), (sp\mu), (pp\mu) &\propto d^{-2}, \\
(pd\mu) &\propto d^{-3.5}
\end{aligned}
$$

と変化する．

[2] W. A. Harrison: *Electronic Structure and Physical Properties of Solids* (Freeman, San Francisco, 1980).

参考文献

本書では，以下に挙げた書と総説記事および本文中で引用した多くの論文を参考にした．

上村洸，菅野暁，田辺行人：配位子場理論とその応用 (裳華房，1969 年)

井口洋夫：元素と周期律（裳華房，1969 年）.

F. U. Condon and G. H. Shortley: *The Theory of Atomic Spectra* (Cambridge University Press, London, 1951).

L. Hedin and S. Lundqvist: Effects of Electron-Electron and Electron-Phonon Interactions on the One-Electron States of Solids, *Solid State Physics*, Vol.23 (Academic Press, New York, 1969)

津田惟雄，那須圭一郎，藤森淳，白鳥紀一：電気伝導性酸化物（改訂版)（裳華房，1993 年）.

田辺行人監修：新しい配位子場の科学（講談社，1998 年）.

A. Fujimori, A.E. Bocquet, T. Saitoh and T. Mizokawa: Electronic Structure of 3*d* Transition-Metal Compounds: Systematic Chemical Trends and Multiplet Effects, *J. Electron. Spectrosc. Relat. Phenom.* **62** 141 (1993).

伊達宗行監修：大学院物性物理 2 強相関電子系（講談社，1996 年）.

M. Imada, A. Fujimori and Y. Tokura: Metal-Insulator Transitions, *Rev. Mod. Phys.* **70**, 1039 (1998).

山田耕作：電子相関（岩波書店，1993 年）.

J. Zaanen and G. A. Sawatzky: The Electronic Structure and Superexchange Interactions in Transition-Metal Compounds *Can. J. Phys.* **62**, 1262 (1987).

金森順次郎：磁性（培風館，1969 年）．

A. Nussbaum: Crystal Symmetry, Group Theory, and Band Structure Calculation, *Solid State Physics*, Vol.18 (Academic Press, New York, 1966) p.165.

W. A. Harrison: *Electronic Structure and Physical Properties of Solids* (Freeman, San Francisco, 1980).

小林俊一編：物性測定の進歩 II（シリーズ物性物理の新展開第 8 巻）（丸善，1993 年）．

索　引

け

こ

さ

し

す

せ

そ

た

著者略歴

藤森　淳（ふじもり　あつし）

1953 年　東京に生まれる
1978 年　東京大学大学院理学系研究科修士課程修了
　　　　科学技術庁無機材質研究所研究員
1981 年　東京大学理学博士
1988 年　東京大学理学部助教授
1999 年　東京大学大学院新領域創成科学研究科教授
2007 年　東京大学大学院理学系研究科教授

2005 年 3 月 31 日　第 1 版発行
2013 年 4 月 25 日　第 2 版発行

検印省略

材料学シリーズ
強相関物質の基礎
原子，分子から固体へ

著　者© 藤　森　淳
発 行 者　内　田　学
印 刷 者　山　岡　景　仁

発行所　株式会社　内田老鶴圃　〒112-0012 東京都文京区大塚3丁目34番3号
電話（03）3945-6781(代)・FAX（03）3945-6782
http://www.rokakuho.co.jp
印刷・製本/三美印刷 K.K.

Published by UCHIDA ROKAKUHO PUBLISHING CO., LTD.
3-34-3 Otsuka, Bunkyo-ku, Tokyo, Japan

U. R. No. 540-2

ISBN 978-4-7536-5624-0 C3042